中华人民共和国农业农村部科技专项研究报告
中国农业科学院智库报告

项目资助

中国农业科学院科技创新工程（中国农业科学院科技情报分析与评估创新团队）
中央级公益性科研院所基本科研业务费专项农业智库建设计划项目

2020 中国农业科技论文与专利全球竞争力分析

吴 蕾 徐 倩 马晓敏 主编

中国农业科学技术出版社

图书在版编目（CIP）数据

2020 中国农业科技论文与专利全球竞争力分析 / 吴蕾，徐倩，马晓敏主编. --北京：中国农业科学技术出版社，2021.8

ISBN 978-7-5116-5426-7

Ⅰ.①2… Ⅱ.①吴…②徐…③马… Ⅲ.①农业技术-技术发展-世界 Ⅳ.①S-1

中国版本图书馆 CIP 数据核字（2021）第 144193 号

责任编辑 史咏竹
责任校对 贾海霞
责任印制 姜义伟 王思文

出 版 者 中国农业科学技术出版社
北京市中关村南大街 12 号 邮编：100081
电 话 (010)82105169(编辑室)
(010)82109702(发行部)
(010)82109709(读者服务部)
传 真 (010)82105169
网 址 http://www.castp.cn
经 销 者 各地新华书店
印 刷 者 北京建宏印刷有限公司
开 本 185 mm×260 mm 1/16
印 张 19
字 数 392 千字
版 次 2021 年 8 月第 1 版 2021 年 8 月第 1 次印刷
定 价 86.00 元

《2020中国农业科技论文与专利全球竞争力分析》

编　委　会

目　录

1　方法论与数据说明 ………………………………………………………… (1)

1.1　研究背景 ………………………………………………………………… (1)

1.2　科技论文竞争力分析数据来源与分析方法 ……………………………… (2)

1.3　专利竞争力分析数据来源与分析方法 ………………………………… (4)

2　全球农业科技论文竞争力分析 ………………………………………… (7)

2.1　农业总体科技论文竞争力指数 ………………………………………… (7)

2.2　农业学科领域科技论文竞争力分析 …………………………………… (23)

3　全球农业专利竞争力分析 ……………………………………………… (254)

3.1　总体专利竞争力指数 …………………………………………………… (254)

3.2　技术领域专利竞争力分析 ……………………………………………… (269)

4　主要结论与启示 ………………………………………………………… (290)

4.1　科技论文竞争力分析结论 ……………………………………………… (290)

4.2　专利竞争力分析结论 …………………………………………………… (292)

4.3　问题与启示 ……………………………………………………………… (293)

附录1　学科领域映射对照表 …………………………………………… (295)

附录2　技术领域内容描述 ……………………………………………… (298)

1

方法论与数据说明

1.1 研究背景

全球化 4.0 时代，国际科技与经济竞争日益激烈，科技进步与创新已成为影响和推动世界经济发展的主导性力量。全面贯彻党的十九大和十九届四中、五中全会精神，形成中国特色科技竞争力评价体系，考察中国农业科技竞争的整体布局现状，剖析中国农业科技发展中存在的不足，将有利于提升我国科技创新能力、加快建设创新型国家和世界科技强国，同时，有助于中国科技管理部门制定合理的创新体系发展规划，以有限的资源来支持和推进中国农业科技创新工作。

中国农业科学院农业信息研究所科技情报研究中心（科技情报分析与评估创新团队）长期开展农业科技情报分析研究与决策支撑工作，近几年产出了诸如农业研究前沿、国家机构及创新团队科技竞争力分析、重大科技进展等多份有影响力的智库系列报告，2018 年、2019 年面向全球发布了年度中国农业科技论文与专利全球竞争力分析报告，引起了全球农业界的广泛关注。

2020 年，本书继续以科技论文和专利这两大主导科技竞争力的核心要素作为主要分析数据类型，以构建科学、规范、高效、诚信的农业科技论文与专利全球竞争力指数指标体系为目标，从“质”和“量”两个方面对国家和机构的农业科技论文与专利进行全球竞争力评价。在基于科技论文产出的分析中，从农业领域整体和 16 个农业学科两个层面，以及科技论文产出能力、学科规范化引文影响力、高被引论文量、被引频次等角度，对包括中国在内的 22 个国家及其机构的科技论文研究竞争力开展了深入分析与评价；在基于发明专利产出的分析中，从农业技术领域整体和八大农业核心技术领域两个层面，以及专利技术生产能力、授权率、被引频次、家族规模和域外申请等角度，对包括中国在内的 22 个国家及其机构的专利竞争力开展了深入分析与评价。本书客观准确地揭示了全球农业的科技竞争格局，并在此基础上，综合分析考察了中国农业科技整体布局的合理性，提出当前中国科技创新发展的问题和启示，为有关部门在“十四五”期间开展农业科技研发布局、资源配置和创新管理等提供决策参考。

本书力求“以数据支撑，用事实说话”，完全基于 Web of Science 的科技论文数据以及 Derwent Innovation 系统的专利数据开展统计分析，秉持客观的态度，确保评价结果的准确性、权威性和持续性。

1.2 科技论文竞争力分析数据来源与分析方法

1.2.1 分析对象及数据来源

在科技论文竞争力分析部分，本书以中国、美国、德国、印度、英国、澳大利亚、巴西、西班牙、意大利、日本、法国、韩国、加拿大、波兰、荷兰、比利时、墨西哥、丹麦、瑞士、瑞典、挪威和以色列 22 个国家作为主要国家分析对象，全面深入分析各国及其机构在农业领域以及农艺学、环境科学、园艺学、兽医学、农业乳品与动物科学、渔业学、林业学、基因与遗传学、生物学、生物技术与应用微生物学、食品科学与技术、农业工程、分析化学与应用化学、农业交叉学科、农业经济政策学和农业信息技术 16 个农业学科的全球农业科技论文竞争能力。其中，16 个农业学科分类是基于 Web of Science 学科分类，辅助以专家知识重构得出。本书数据来源于 Web of Science 核心合集收录的 2015—2019 年 SCI 和 SSCI 论文数据，检索时间为 2020 年 7 月，部分数据基于分析需求检索时间有延伸。具体学科领域映射表详见附录 1。

1.2.2 指数编制方法

1.2.2.1 科技论文竞争力指数评价指标构成

本书重点从农业领域整体以及各学科领域两个层面来度量国家和机构的科技论文竞争力，揭示 22 国及其机构在农业整体以及农业 16 个学科两个层面的基础研究科技创新活跃程度。

国家/机构科技论文竞争力指数是用以衡量国家/机构的论文成果产出规模、产出质量与影响力的综合评估指标，指标体系详见表 1-1。

表 1-1 国家/机构科技论文竞争力指数

一级指标	二级指标
国家科技论文竞争力指数	发文量
	学科规范化引文影响力（CNCI）
	高被引论文量
机构科技论文竞争力指数	发文量
	被引频次
	高被引论文量

1.2.2.2 国家/机构科技论文竞争力指数评价指标计算方法

（1）一级指标计算方法

国家科技论文竞争力指数得分＝发文量得分+学科规范化引文影响力得分+高被引论文量得分

机构科技论文竞争力指数得分＝发文量得分+被引频次得分+高被引论文量得分

该指数得分是通过分别计算其对应的二级指标得分加和后归一化获得，重点从国家/机构科研生产力、学术质量与影响力来考察分析对象的科研竞争能力。

（2）二级指标得分计算方法

国家/机构发文量得分是通过计算目标分析国家/机构集合内一个国家/机构科技论文发文量的归一化值获得，用以揭示国家/机构的相对科技论文成果产出能力，即科研生产力。

国家学科规范化引文影响力（Category Normalized Citation Impact，CNCI）① 和高被引论文量②这两个指标的得分均是通过计算指标数值后归一化获得，分别表示一个国家的科

① 学科规范化的引文影响力是对不同文献类型、不同出版年、不同学科领域进行归一化后的评价指标，是一个十分有价值且无偏的引文影响力指标。若等于 1，则说明该国家的文献被引表现与全球水平相当；若小于 1，则低于全球平均水平。具体计算方法详见：科睿唯安公司 . InCites 数据库常用指标手册［EB/OL］.［2018 - 09 - 04］. http：//ipscience - help. thomsonreuters. com/inCites2Live/8980 - TRS/version/default/part/AttachmentData/data/InCites-Indicators-Handbook%20-%20June%202018. pdf。

② 高被引论文（Highly Cited Paper）是指按照同一年同一个 ESI 学科发表论文的被引用次数按照由高到低进行排序，排在前 1%的论文。具体计算方法详见：科睿唯安公司 . InCites 数据库常用指标手册［EB/OL］.［2018-09-04］. http：//ipscience-help. thomsonreuters. com/inCites2Live/8980-TRS/version/default/part/AttachmentData/data/InCites-Indicators-Handbook%20-%20June%202018. pdf。

技论文无偏引文影响力和高质量科技论文成果现有存量，多角度反映一个国家科研产出质量。

机构总被引频次和高被引论文量两个指标得分是通过分别计算目标分析机构集合内某个机构某段时间内发表科技论文的总被引频次和高被引论文量，并归一化后获得，分别表示一个机构的科技论文总体影响力和高质量科技论文成果现有存量，多角度反映一个机构科研产出质量。在这里需要特别说明的是，CNCI 值用于国家影响，可以排除出版年、学科领域和文献类型差别的影响，但在机构统计层面由于出版物样本量少，机构 CNCI 值会存在违背客观事实的可能。故机构学术质量指标中采用机构发文的总被引频次指标来揭示机构的科研影响力。

本书还采用了若干描述性指标对国家竞争力进行多角度辅助说明，这些指标分别为：Q1 期刊发文量①、CNS 期刊发文量②、国际合作发文量③、高质量论文④列表、高产作者⑤列表、第一作者和通讯作者国际合作发文量⑥。

1.3 专利竞争力分析数据来源与分析方法

1.3.1 分析对象及数据来源

在全球农业专利竞争力分析部分，报告选取了与科技论文竞争力分析中同样的 22 个国家作为主要分析对象，全面深入分析各国及其机构在农业领域以及动物疫病防控、农

① 期刊 JCR 分区把某一个学科的所有期刊都按照上一年的影响因子降序排列，前 25% 的期刊被称为 Q1 期刊。本书将在 Q1 期刊上表的论文数量称为 Q1 期刊发文量。

② CNS（*Cell*，*Nature*，*Science*）是美国《细胞》（*Cell*）、英国《自然》（*Nature*）及美国《科学》（*Science*）三大公认的顶极科学期刊简称。本书将在这 3 份期刊上发表的论文数量称为 CNS 期刊发文量。

③ 本书将由两个及两个以上国家作者参与撰写的科技论文称为国际合作论文，这些科技论文的数量就被称为国际合作发文量。

④ 本书将所有论文在某一学科内按照被引频次从高到低排序，排名位于前 100 位的论文被称为高质量论文。列表中给出的国家和机构均为高质量论文的通讯作者国家和机构。

⑤ 本书将发表论文 h 指数（h index）高的作者称为高产作者。即对发表论文量前 50000 位的作者进行 h 指数排名，排名位于前 100 位的作者被称为高产作者。h 指数是一个混合的量化指标，通常被用于综合评估研究人员的学术产出数量与学术产出水平。

⑥ 第一作者通常是贡献度最大的主要工作执行者、论文的主要撰写人。通讯作者通常是论文研究的总负责人、初始设计者和指导者，并作为文章和研究材料的联系人担负着文章可靠性的责任。本书在考察国际合作发文量时，仅将第一作者或通讯作者是某个国家的文章的数量，称为该国家第一作者和通讯作者国际合作发文量。

业生物技术、作物种质资源与育种、动物养殖与管理、作物有害生物防控、农业机械装备、动物营养与饲料和植物营养与肥料 8 个技术领域的技术创新竞争能力。本部分数据来源于 Derwent Innovation 专利数据库及分析系统，检索时间为 2020 年 7 月。以农业领域国际专利分类（International Patent Classification，IPC）和德温特手工代码为检索条件，对 2015—2019 年全球 22 个重要农业国家的农业专利公开数据进行采集。考虑到发明专利的创造性高于实用新型专利和外观设计专利，本书的分析主要基于发明专利展开。

1.3.2　指数编制方法

1.3.2.1　专利竞争力指数评价指标构成

本书重点从农业领域整体以及各技术领域两个层面来度量国家和机构的专利竞争力，揭示 22 国及其机构在农业整体以及农业八大技术领域两个层面的科技创新活跃程度。

国家/机构专利竞争力指数是用以衡量国家/机构技术创新活跃度的综合评估指标，指标体系详见表 1-2。

表 1-2　国家/机构专利竞争力指数

一级指标	二级指标
国家/机构专利竞争力指数	发明专利申请量
	发明专利授权率
	专利平均被引频次
	专利家族规模
	PCT 专利申请占比

1.3.2.2　国家/机构专利竞争力指数评价指标计算方法

（1）一级指标计算方法

国家/机构专利竞争力指数得分=发明专利申请量得分+发明专利授权率得分+专利平均被频次得分+专利家族规模得分+PCT 专利申请占比得分

该指数得分通过计算 5 个二级指标得分加和后归一化获得。

（2）二级指标得分计算方法

发明专利申请量指标得分通过计算目标国家或机构在特定时间内的发明专利公开量的归一化值获取，用以反映目标国家或机构对全球农业技术产出的贡献情况。

发明专利授权率指标得分通过计算目标国家/机构在特定时间内的发明专利授权量占发明专利公开量比例的归一化值获取，用以反映目标国家或机构专利申请的质量。

专利平均被引频次指标得分是通过计算目标国家/机构的发明专利平均被引频次的归一化值获取，用以反映目标国家或机构技术被关注的程度。

专利家族规模指标得分是通过计算目标国家/机构公开专利的专利家族成员平均数量的归一化值获取。通常把具有共同优先权，且在不同国家或国际专利组织多次申请、多次公布或批准的内容相同或基本相同的一组专利文献称作专利家族。这里用专利家族拥有专利成员的数量，即专利家族规模来间接反映目标技术在全球不同国家或地区实施保护的情况，家族成员越多，则专利家族规模越大，对该技术的保护程度越高。

PCT 专利申请占比指标得分是通过计算目标分析国家/机构集合内一个国家或机构的 PCT 申请专利占比的归一化值获取，用以反映目标国家或机构在域外进行技术布局的战略规划。PCT 是《专利合作条约》（*Patent Cooperation Treaty*）的英文缩写，是有关专利的国际条约。根据 PCT 的规定，专利申请人可以通过 PCT 途径递交国际专利申请，向多个国家申请专利。

2

全球农业科技论文竞争力分析

2.1 农业总体科技论文竞争力指数

2.1.1 国家农业总体科技论文竞争力指数

（1）中国农业总体科技论文竞争力最强

从国家科技论文竞争力来看，中国占据领头羊位置。中国、美国、英国跻身世界前三位（表2-1）。

（2）中国科技论文基数大，优质论文多，但平均质量有待提高

从国家科研生产力来看，2015—2019年，22个国家发文量直接加和为565258篇。其中，中国发表136046篇，排名第一，占总发文量的24.07%，与上个滚动5年（2014—2018年，余同）相比增长约2%；美国发表103571篇，排名第二，占总发文量的18.32%；英国、德国和澳大利亚分列第三位至第五位。

从国家学术质量来看，瑞士、荷兰和英国CNCI排名前三，中国CNCI排名第十六位，中国高被引论文量排名第一。说明中国的优质学术论文大量存在，但是总发文多，基数较大，质量均值有待提高。

表 2-1　2015—2019 年国家农业科技论文竞争力指数

国家	国家科技论文竞争力（一级指标）		发文量（二级指标）			CNCI（二级指标）			高被引论文量（二级指标）		
	得分	排名	数量（篇）	得分	排名	数值	得分	排名	数量（篇）	得分	排名
中国	10.00	1	136046	10.00	1	1.22	5.74	16	1857	10.00	1
美国	8.54	2	103571	7.61	2	1.30	6.10	15	1535	8.27	2
英国	7.64	3	41629	3.06	3	1.87	8.81	3	1447	7.79	3
德国	4.90	4	22429	1.65	8	1.61	7.59	9	628	3.38	4
澳大利亚	4.64	5	23698	1.74	6	1.54	7.24	11	550	2.96	5
荷兰	4.61	6	9079	0.67	15	1.96	9.25	2	362	1.95	10
瑞士	4.59	7	6246	0.46	19	2.12	10.00	1	251	1.35	15
意大利	4.54	8	21967	1.61	10	1.54	7.26	10	520	2.80	6
法国	4.50	9	14974	1.10	13	1.71	8.04	7	453	2.44	7
加拿大	4.07	10	22330	1.64	9	1.38	6.52	14	431	2.32	8
西班牙	3.98	11	20131	1.48	11	1.42	6.70	13	383	2.06	9
瑞典	3.94	12	10302	0.76	14	1.65	7.78	8	299	1.61	11
丹麦	3.94	13	6193	0.46	20	1.85	8.72	4	178	0.96	18
挪威	3.85	14	4881	0.36	21	1.83	8.60	5	177	0.95	19
比利时	3.77	15	6808	0.50	18	1.73	8.13	6	198	1.07	17
以色列	3.00	16	3426	0.25	22	1.49	7.02	12	85	0.46	22
日本	2.97	17	26431	1.94	5	0.90	4.22	20	275	1.48	12
巴西	2.89	18	29496	2.17	4	0.83	3.89	21	257	1.38	14
韩国	2.78	19	16558	1.22	12	1.03	4.83	19	206	1.11	16
印度	2.68	20	23000	1.69	7	0.80	3.77	22	268	1.44	13
波兰	2.41	21	8951	0.66	16	1.06	5.00	17	104	0.56	20
墨西哥	2.34	22	7112	0.52	17	1.05	4.93	18	104	0.56	20

2.1.2 机构农业总体科技论文竞争力指数

中国上榜机构数量全球第二，且分布靠前。

从机构科技论文竞争力来看，美国、中国和法国分别有 36 家、17 家和 9 家机构进入全球 Top100 机构行列①（表 2-2）。从细节来看，中国这 17 家机构中有 8 家机构（占 47.06%）进入全球 Top20，有 4 家机构（占 23.53%）进入全球 Top10。与美国大部分优势机构排在 Top100 机构中部位置不同，中国科技论文竞争力较强的机构大多分布在前部位置（图 2-1）。美国进入 Top100 的机构数量是中国数量的 2 倍有余，但 36 家机构中仅有 4 家机构（占 11.11%）进入全球 Top20，3 家机构（占 8.33%）进入全球 Top10。

从机构发文量来看，美国机构仍然主要分布在 Top100 中部位置。中国机构依然集中在前部位置。发文量 Top10 机构中有 5 家中国机构，2 家美国机构，法国、瑞典和印度的机构各 1 家。发文量 Top20 机构中有 8 家中国机构，4 家美国机构，法国和巴西的机构各有 2 家，荷兰、瑞典、西班牙和印度的机构各 1 家。

从机构被引频次和高被引论文量来看，美国机构仍然主要分布在 Top100 中部位置。中国机构排名分布更加均匀化。被引频次 Top10 机构中有 5 家中国机构，美国和法国的机构各 2 家，1 家瑞典机构。被引频次 Top20 机构中有 8 家中国机构，5 家美国机构，2 家法国机构，德国、荷兰、瑞典和西班牙各有 1 家机构。高被引论文量 Top10 机构中，美国和中国机构各有 3 家，法国有 2 家，荷兰和瑞典各有 1 家。高被引论文量 Top20 机构中，中国有 6 家，美国有 5 家，法国有 3 家，澳大利亚有 2 家，德国、荷兰、瑞典和西班牙各有 1 家。

表 2-2　2015—2019 年全球机构农业科技论文竞争力指数

机构	所属国家	机构科技论文竞争力（一级指标）		发文量（二级指标）			被引频次（二级指标）			高被引论文量（二级指标）		
		得分	排名	数量（篇）	得分	排名	数量（篇）	得分	排名	数量（篇）	得分	排名
中国科学院	中国	10.00	1	23022	10.00	1	240156	10.00	1	434	10.00	1
美国农业部	美国	8.48	2	22421	9.74	2	205208	8.54	2	311	7.17	3
中国农业科学院	中国	6.43	3	18819	8.17	3	149875	6.24	3	212	4.88	8
加利福尼亚大学系统	美国	6.13	4	10984	4.77	6	142992	5.95	4	333	7.67	2
中国农业大学	中国	5.47	5	14702	6.39	4	135634	5.65	5	190	4.38	10
法国国家农业食品与环境研究院	法国	4.63	6	8659	3.76	10	100769	4.20	8	257	5.92	5
法国国家科学研究中心	法国	4.46	7	6381	2.77	15	98241	4.09	9	283	6.52	4

① 本书将发文量大于 500 篇的机构按照机构科技论文竞争力指数得分进行排名，排名前 100 的机构称为 Top100 机构。

（续表）

机构	所属国家	机构科技论文竞争力（一级指标）		发文量（二级指标）			被引频次（二级指标）			高被引论文量（二级指标）		
		得分	排名	数量（篇）	得分	排名	数量（篇）	得分	排名	数量（篇）	得分	排名
瑞典农业科学大学	瑞典	4.40	8	9648	4.19	9	104383	4.35	7	203	4.68	9
南京农业大学	中国	4.39	9	12090	5.25	5	109569	4.56	6	146	3.36	15
佛罗里达州立大学系统	美国	3.90	10	7429	3.23	11	83912	3.49	11	216	4.98	6
华中农业大学	中国	3.80	11	10466	4.55	7	95302	3.97	10	125	2.88	18
瓦格宁根大学	荷兰	3.65	12	6097	2.65	18	80124	3.34	12	215	4.95	7
佛罗里达大学	美国	3.19	13	6294	2.73	16	67585	2.81	15	175	4.03	11
西班牙高等科学研究理事会	西班牙	3.16	14	6179	2.68	17	75303	3.14	13	159	3.66	14
澳大利亚联邦科学与工业研究组织	澳大利亚	2.92	15	4965	2.16	26	68553	2.85	14	163	3.76	13
华南农业大学	中国	2.81	16	7322	3.18	12	64688	2.69	16	111	2.56	25
浙江大学	中国	2.71	17	5678	2.47	20	61712	2.57	17	134	3.09	16
德国亥姆霍兹联合会	德国	2.61	18	3059	1.33	53	59203	2.47	18	175	4.03	11
西北农林科技大学	中国	2.48	19	6919	3.01	13	58088	2.42	19	87	2.00	37
昆士兰大学	澳大利亚	2.43	20	4525	1.97	29	54394	2.26	21	133	3.06	17
康奈尔大学	美国	2.39	21	4588	1.99	27	56964	2.37	20	122	2.81	19
圣保罗大学	巴西	2.34	22	6446	2.80	14	51240	2.13	22	91	2.10	32
印度农业研究委员会	印度	2.33	23	10157	4.41	8	40745	1.70	35	38	0.88	94
加拿大农业与农业食品部	加拿大	2.12	24	5632	2.45	21	49309	2.05	24	81	1.87	46
北卡罗来纳大学	美国	2.10	25	5073	2.20	25	49920	2.08	23	88	2.03	36
明尼苏达大学系统	美国	2.07	26	3625	1.57	45	48290	2.01	27	114	2.63	24
威斯康星大学系统	美国	2.05	27	3939	1.71	37	46486	1.94	29	109	2.51	28
意大利国家研究委员会	意大利	2.02	28	3892	1.69	38	44278	1.84	32	110	2.53	27
密歇根州立大学	美国	1.98	29	4430	1.92	31	48444	2.02	25	87	2.00	37
美国能源部	美国	1.96	30	2711	1.18	64	48301	2.01	26	117	2.70	22
得克萨斯 A&M 大学系统	美国	1.94	31	5255	2.28	24	46312	1.93	30	70	1.61	58

（续表）

机构	所属国家	机构科技论文竞争力（一级指标）		发文量（二级指标）			被引频次（二级指标）			高被引论文量（二级指标）		
		得分	排名	数量（篇）	得分	排名	数量（篇）	得分	排名	数量（篇）	得分	排名
伊利诺伊大学系统	美国	1.93	32	4340	1.89	33	47837	1.99	28	83	1.91	42
哥本哈根大学	丹麦	1.88	33	3174	1.38	51	45107	1.88	31	104	2.40	29
法国发展研究所	法国	1.85	34	2645	1.15	67	39751	1.66	37	119	2.74	20
马里兰大学系统	美国	1.83	35	2675	1.16	66	42195	1.76	33	111	2.56	25
佐治亚大学系统	美国	1.81	36	4296	1.87	34	41603	1.73	34	80	1.84	47
马萨诸塞大学系统	美国	1.81	37	2463	1.07	68	39454	1.64	38	118	2.72	21
福建农林大学	中国	1.79	38	4547	1.98	28	35931	1.50	47	82	1.89	43
东北农业大学	中国	1.67	39	4380	1.90	32	30680	1.28	65	80	1.84	47
根特大学	比利时	1.67	40	3288	1.43	49	40369	1.68	36	82	1.89	43
美国森林管理局	美国	1.62	41	3871	1.68	41	37259	1.55	41	71	1.64	57
巴黎萨克雷大学	法国	1.61	42	2150	0.93	79	36283	1.51	44	103	2.37	30
西澳大学	澳大利亚	1.58	43	2850	1.24	61	33768	1.41	53	91	2.10	32
东京大学	日本	1.57	44	4484	1.95	30	35275	1.47	50	56	1.29	80
四川农业大学	中国	1.57	45	5483	2.38	22	36855	1.53	42	34	0.78	96
巴西农牧研究院	巴西	1.56	46	5829	2.53	19	31313	1.30	62	36	0.83	95
圭尔夫大学	加拿大	1.54	47	3884	1.69	39	33637	1.40	54	66	1.52	62
马克斯·普朗克科学促进学会	德国	1.51	48	1305	0.57	97	31673	1.32	59	115	2.65	23
墨尔本大学	澳大利亚	1.50	49	3345	1.45	48	36462	1.52	43	67	1.54	61
普渡大学	美国	1.50	50	3635	1.58	44	34533	1.44	51	65	1.50	67
俄亥俄州立大学	美国	1.50	51	3234	1.40	50	37940	1.58	39	66	1.52	62
爱荷华州立大学	美国	1.50	52	3879	1.68	40	35623	1.48	48	58	1.34	73
苏黎世联邦理工学院	瑞士	1.49	53	2153	0.94	78	35432	1.48	49	90	2.07	34
美国内政部	美国	1.49	54	2987	1.30	58	30799	1.28	63	82	1.89	43
奥胡斯大学	丹麦	1.49	55	3009	1.31	56	36003	1.50	46	72	1.66	56
阿尔伯塔大学	加拿大	1.49	56	3414	1.48	47	36112	1.50	45	64	1.47	70
不列颠哥伦比亚大学	加拿大	1.47	57	2384	1.04	72	33511	1.40	55	86	1.98	39
湖南农业大学	中国	1.47	58	2911	1.26	60	27667	1.15	73	86	1.98	39
首尔大学	韩国	1.40	59	3953	1.72	36	37276	1.55	40	41	0.94	88
华南理工大学	中国	1.39	60	1767	0.77	86	24662	1.03	91	103	2.37	30
圣保罗州立大学	巴西	1.36	61	5335	2.32	23	25442	1.06	89	31	0.71	99
伦敦大学	英国	1.35	62	1830	0.79	83	31346	1.31	61	84	1.94	41

（续表）

机构	所属国家	机构科技论文竞争力（一级指标）		发文量（二级指标）			被引频次（二级指标）			高被引论文量（二级指标）		
		得分	排名	数量（篇）	得分	排名	数量（篇）	得分	排名	数量（篇）	得分	排名
北卡罗来纳州立大学	美国	1.32	63	3619	1.57	46	30042	1.25	66	50	1.15	84
华盛顿州立大学	美国	1.32	64	2998	1.30	57	33068	1.38	56	56	1.29	80
俄勒冈大学系统	美国	1.32	65	3014	1.31	55	31976	1.33	58	57	1.31	79
宾夕法尼亚州立高等教育系统	美国	1.32	66	2757	1.20	62	33891	1.41	52	58	1.34	73
哥廷根大学	德国	1.31	67	2267	0.98	76	28085	1.17	71	77	1.77	53
美国地质调查局	美国	1.30	68	2398	1.04	71	26588	1.11	77	76	1.75	54
堪萨斯州立大学	美国	1.29	69	3062	1.33	52	30791	1.28	64	55	1.27	82
牛津大学	英国	1.29	70	1337	0.58	95	29221	1.22	69	90	2.07	34
得克萨斯大学系统	美国	1.27	71	1574	0.68	89	31644	1.32	60	79	1.82	51
哈佛大学	美国	1.27	72	1400	0.61	94	32599	1.36	57	80	1.84	47
京都大学	日本	1.24	73	3666	1.59	43	28856	1.20	70	40	0.92	90
蒙彼利埃大学	法国	1.23	74	2344	1.02	73	26256	1.09	81	69	1.59	59
内布拉斯加大学系统	美国	1.23	75	3036	1.32	54	29544	1.23	68	49	1.13	85
法国农业发展研究中心	法国	1.22	76	2459	1.07	69	26581	1.11	78	65	1.50	67
中国水产科学研究院	中国	1.21	77	4160	1.81	35	25508	1.06	87	33	0.76	97
山东农业大学	中国	1.19	78	3768	1.64	42	29628	1.23	67	31	0.71	99
那不勒斯费德里科二世大学	意大利	1.16	79	2235	0.97	77	27930	1.16	72	58	1.34	73
索邦大学	法国	1.13	80	1119	0.49	98	26532	1.10	79	78	1.80	52
巴黎高科农业学院	法国	1.13	81	1974	0.86	82	24096	1.00	92	66	1.52	62
悉尼大学	澳大利亚	1.12	82	2122	0.92	80	26786	1.12	76	58	1.34	73
都灵大学	意大利	1.10	83	1813	0.79	84	23061	0.96	97	68	1.57	60
斯坦福大学	美国	1.10	84	854	0.37	100	26268	1.09	80	80	1.84	47
宾夕法尼亚州立大学	美国	1.10	85	2456	1.07	70	27378	1.14	74	47	1.08	86
华盛顿大学	美国	1.09	86	1554	0.68	90	25998	1.08	83	66	1.52	62
剑桥大学	英国	1.08	87	966	0.42	99	26223	1.09	82	75	1.73	55
图卢兹大学	法国	1.06	88	1497	0.65	92	25001	1.04	90	65	1.50	67
爱丁堡大学	英国	1.05	89	1457	0.63	93	25590	1.07	86	63	1.45	71
麦吉尔大学	加拿大	1.04	90	1798	0.78	85	23956	1.00	94	58	1.34	73

（续表）

机构	所属国家	机构科技论文竞争力（一级指标）		发文量（二级指标）			被引频次（二级指标）			高被引论文量（二级指标）		
		得分	排名	数量（篇）	得分	排名	数量（篇）	得分	排名	数量（篇）	得分	排名
美国国家海洋和大气管理局	美国	1.03	91	1694	0.74	87	21953	0.91	99	63	1.45	71
乌得勒支大学	荷兰	1.03	92	1310	0.57	96	23990	1.00	93	66	1.52	62
意大利农业科研和农业经济分析理事会	意大利	1.03	93	2943	1.28	59	25627	1.07	85	32	0.74	98
上海交通大学	中国	1.03	94	2338	1.02	74	27373	1.14	75	40	0.92	90
弗吉尼亚理工大学	美国	1.01	95	2696	1.17	65	22443	0.93	98	40	0.92	90
亚利桑那大学	美国	1.01	96	1635	0.71	88	25707	1.07	84	54	1.24	83
阿德莱德大学	澳大利亚	1.00	97	2310	1.00	75	25499	1.06	88	41	0.94	88
北京大学	中国	1.00	98	1544	0.67	91	23952	1.00	95	58	1.34	73
北海道大学	日本	0.98	99	2730	1.19	63	20299	0.85	100	39	0.90	93
田纳西大学系统	美国	0.97	100	2118	0.92	81	23305	0.97	96	44	1.01	87

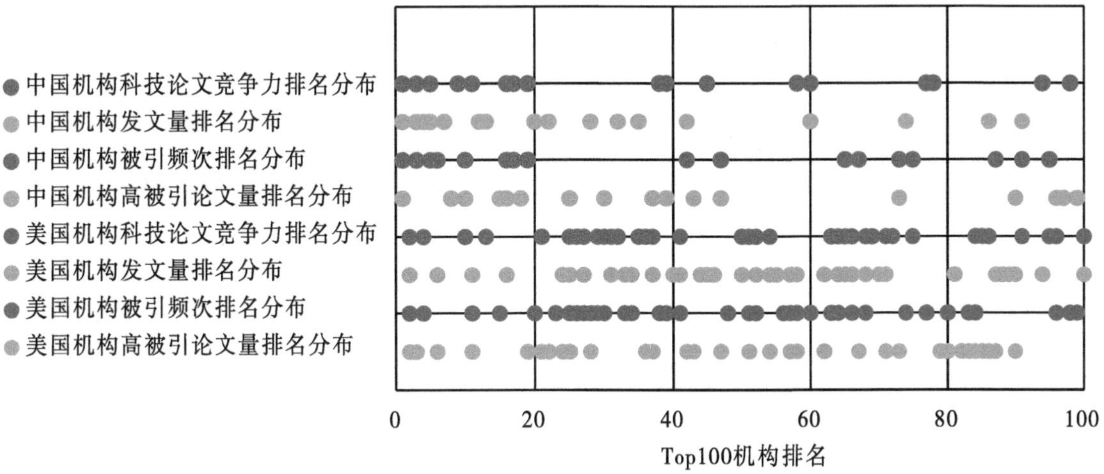

图 2-1　2015—2019 年中国和美国进入全球 Top100 机构排名分布

2.1.3　科研生产力分析

中国和美国科研生产力持续领跑，中国科研生产力持续快速提升。

2015—2019 年，中国、美国农业领域论文发文量远超英国等其他国家（图 2-2）。在发文量 Top5 国家中，五国均呈现发文量逐年增长的趋势，其中中国各年增长的论文数量最多（图 2-3）。

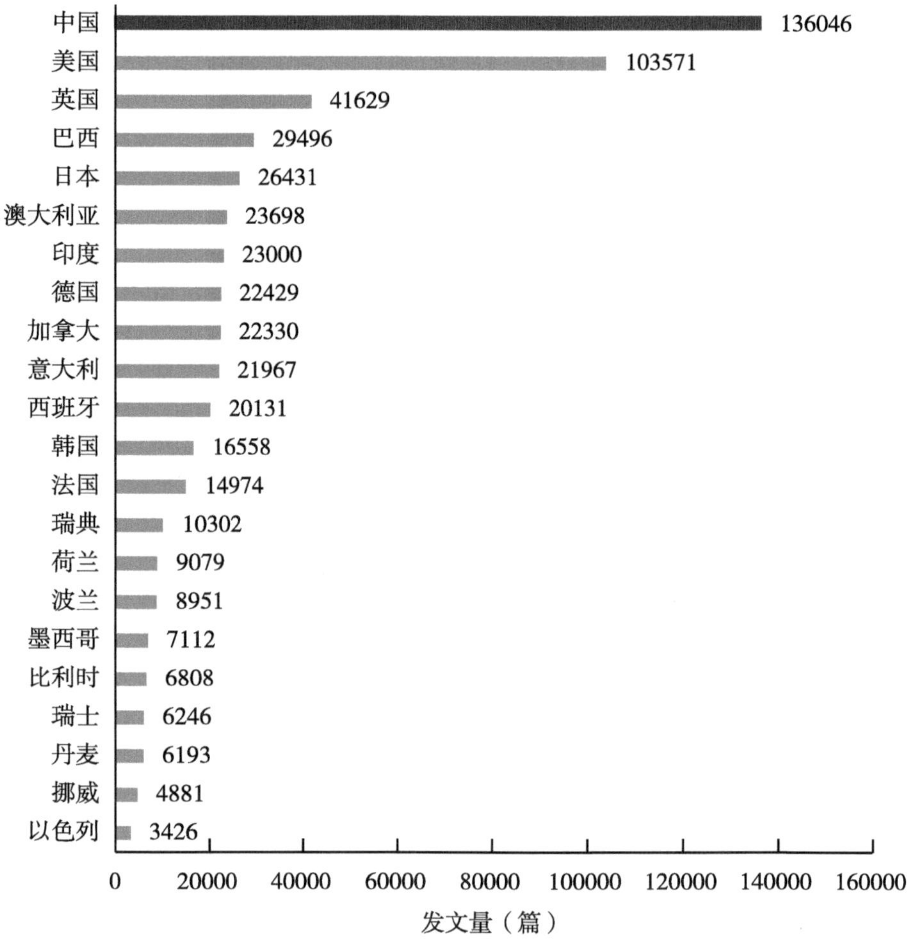

图 2-2　2015—2019 年国家农业科技论文发文量国别分布

2. 1. 4　学术质量分析

（1）中国农业科技论文学科规范化引文影响力指数略有提升

2015—2019 年，22 国 CNCI 值排名瑞士第一，荷兰第二。中国排名第十六，且与上个滚动 5 年排名保持一致（图 2-4）。包括中国在内，有 19 个国家的 CNCI 值大于 1①，这些国家论文的平均被引表现高于全球平均水平。中国 CNCI 值为 1. 22，对比过去 3 个滚动

① CNCI 值大于 1 表明论文的被引表现高于全球平均水平；CNCI 值等于 1 表明论文的被引表现与全球平均水平相当；CNCI 值小于 1 则表明论文的被引表现低于全球平均水平。

5 年 CNCI 值（1. 13、1. 15 和 1. 14），略有提升。

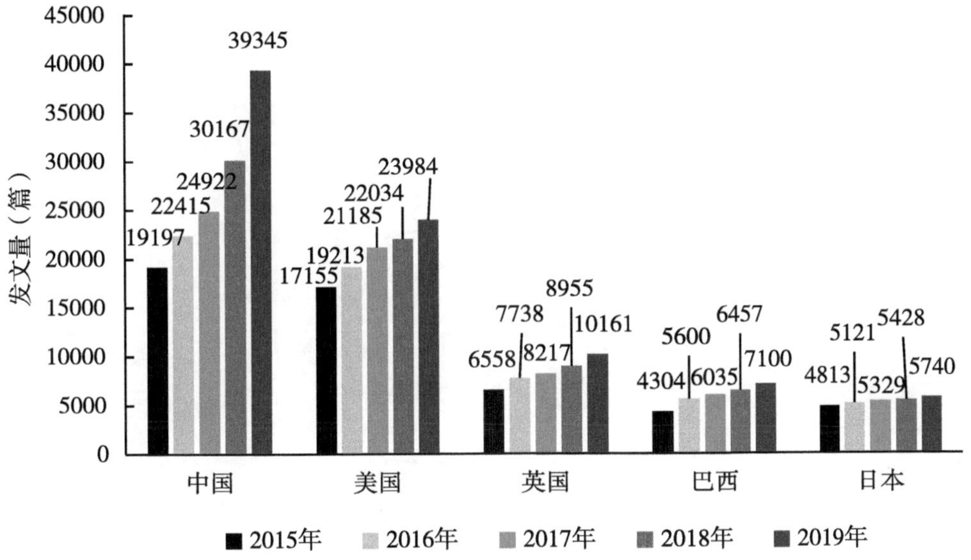

图 2-3　2015—2019 年发文量 Top5 国家各年发文量

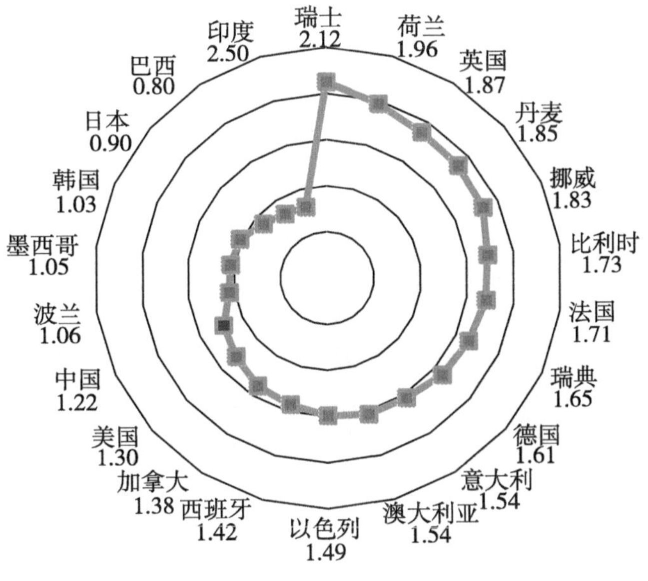

图 2-4　2015—2019 年国家农业科技论文 CNCI 值国别分布

（2）中国高被引论文量全球第一，且仍在持续快速提升中，但高被引论文量相对中国发文量的占比较低

2015—2019 年，22 个国家在农业领域共发表高被引论文量直接加和为 10568 篇。中国高被引论文量排名第一，为 1857 篇（图 2-5），且近 5 年数量逐年增长（图 2-6）。在

过去3个滚动5年里，中国高被引论文量分别为869篇、1077篇和1180篇，呈现持续快速增长趋势。但是，高被引论文量相对国家发文总量的占比，中国排在第十七位(1.36%)(图2-7)。

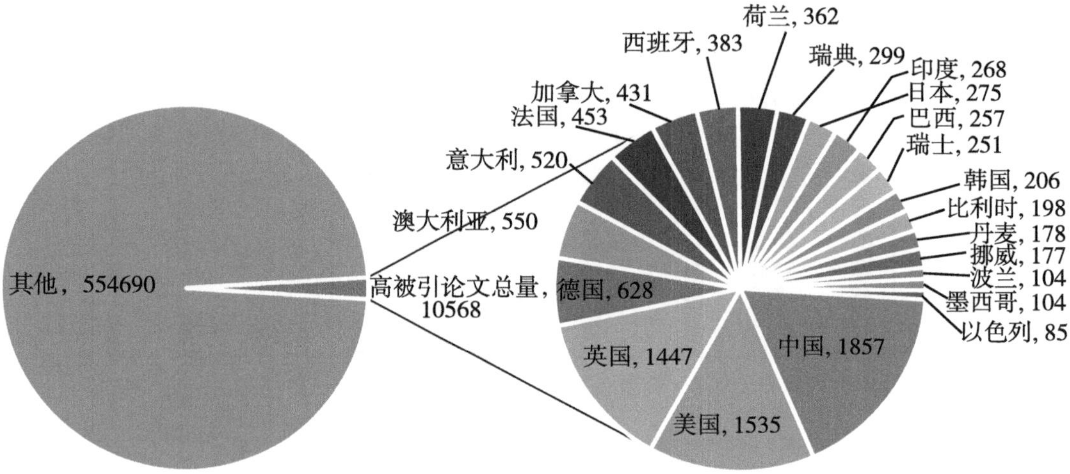

图2-5 2015—2019年国家农业科技论文高被引论文量国别分布(单位：篇)

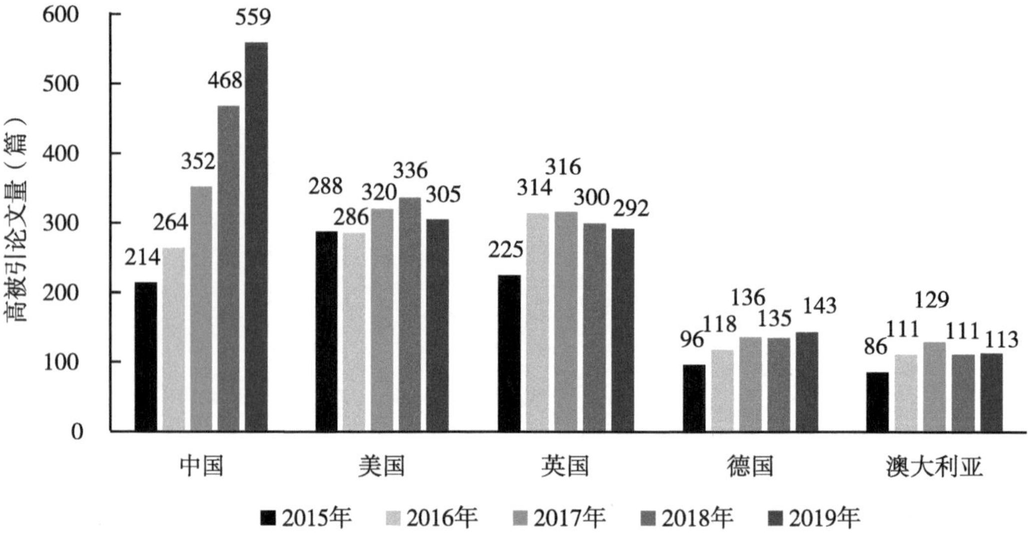

图2-6 高被引论文量Top5国家2015—2019年高被引论文量

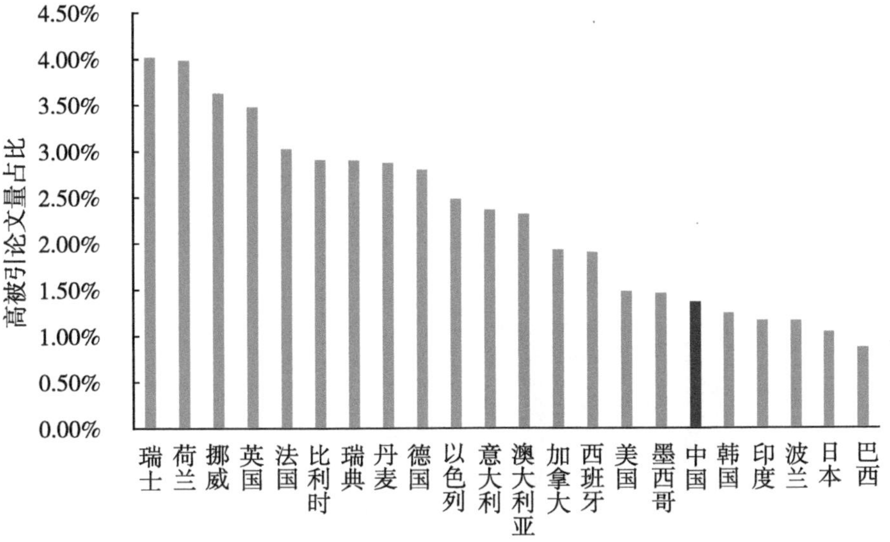

图 2-7　2015—2019 年国家农业科技论文高被引论文量占比分布

（3）中国 Q1 期刊发文量全球第一，且仍在持续快速提升中，但相对中国发文量的占比较低

2015—2019 年，22 个国家在农业领域共发表 Q1 期刊论文量直接加和为 303021 篇。中国 Q1 期刊发文量排名第一，为 71989 篇（图 2-8），且近 5 年数量逐年增长

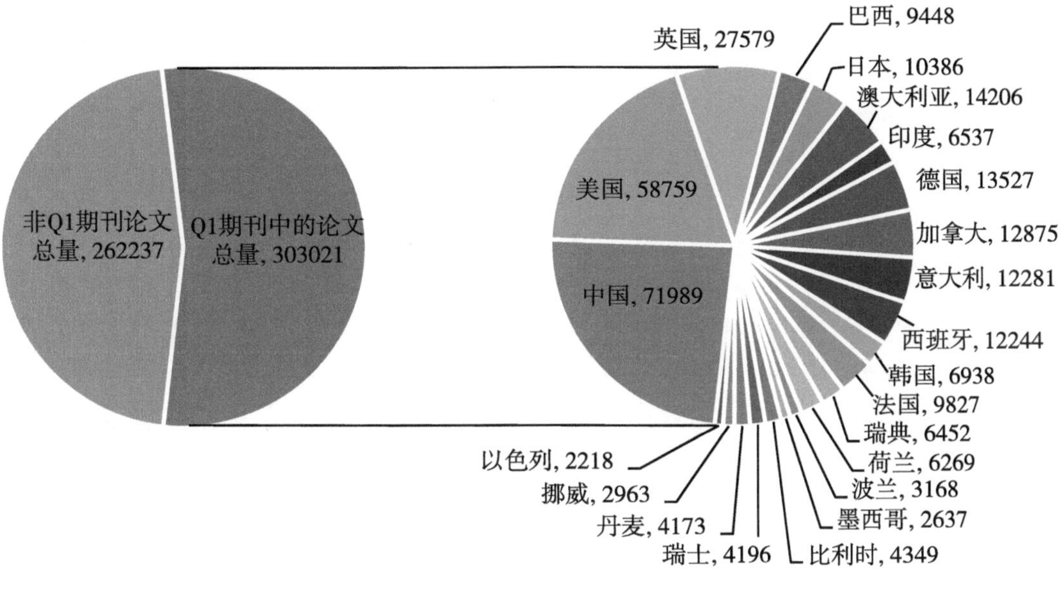

图 2-8　2015—2019 年国家农业科技论文 Q1 期刊发文量国别分布（单位：篇）

（图 2-9）。在过去 3 个滚动 5 年里，中国 Q1 期刊发文量分别为 42472 篇、49531 篇和 63581 篇，呈现持续快速增长趋势。但是 Q1 期刊发文量相对国家发文总量的占比，中国排在第十六位（52.92%）（图 2-10）。

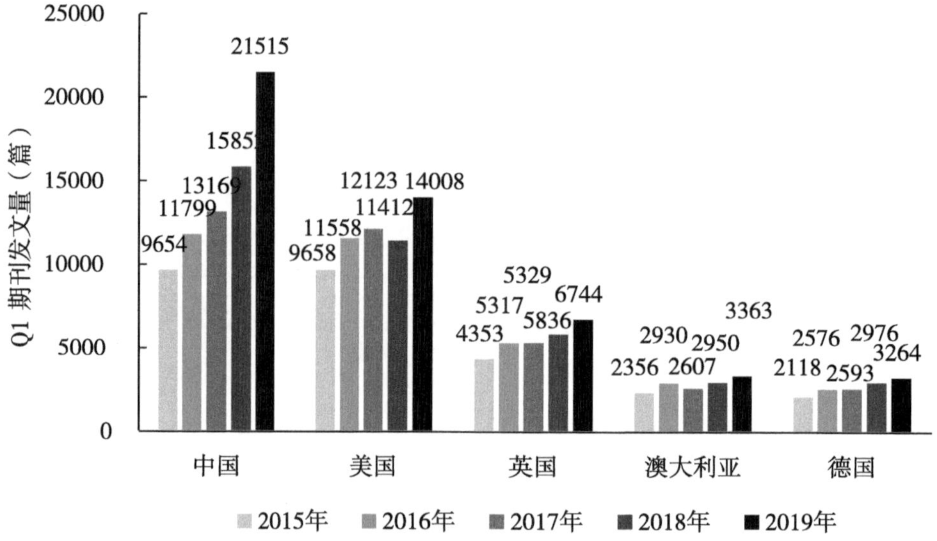

图 2-9　Q1 期刊发文量 Top5 国家 2015—2019 年 Q1 期刊发文量

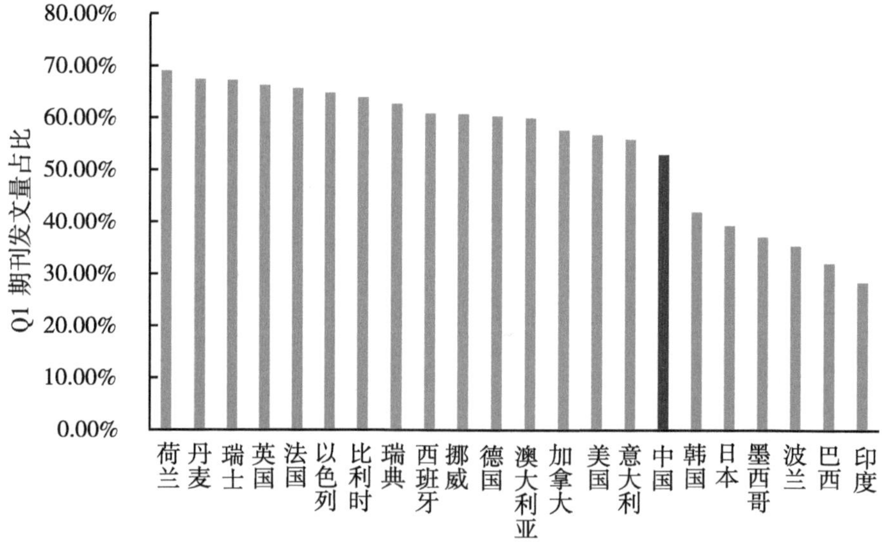

图 2-10　2015—2019 年国家农业科技论文 Q1 期刊发文量占比国别分布

（4）中国 CNS 期刊发文量全球第三，但相对中国发文量的占比较低

2015—2019 年，22 个国家在农业领域共发表 CNS（*Cell*、*Nature*、*Science*）期刊论文

直接加和为 2021 篇。中国 CNS 期刊发文量排名第三，为 194 篇（图 2-11）。但是 CNS 期刊发文量相对对国家发文总量的占比，中国排在第二十位（0. 14%）（图 2-12）。

	英国	美国	中国	德国	澳大利亚	法国	加拿大	瑞典	日本	瑞士	西班牙	意大利	荷兰	巴西	丹麦	比利时	挪威	印度	以色列	墨西哥	波兰	韩国
2015年（篇）	71	54	35	16	12	13	15	10	11	12	7	13	5	6	5	7	3	3	1	1	3	2
2016年（篇）	95	52	29	30	24	14	15	14	17	9	10	7	14	12	6	7	4	7	6	3	3	3
2017年（篇）	69	52	35	17	20	13	15	15	15	10	12	10	6	8	9	7	3	2	5	7	1	2
2018年（篇）	60	77	38	24	23	21	17	15	10	11	11	11	13	6	11	6	10	5	4	1	6	3
2019年（篇）	114	69	57	49	25	33	23	24	21	27	25	24	20	21	16	15	11	12	7	11	9	6
5年累计（篇）	409	304	194	136	104	94	85	78	74	69	65	65	58	53	47	42	31	29	23	23	22	16

图 2-11　2015—2019 年国家农业科技论文 CNS 期刊发文量分布

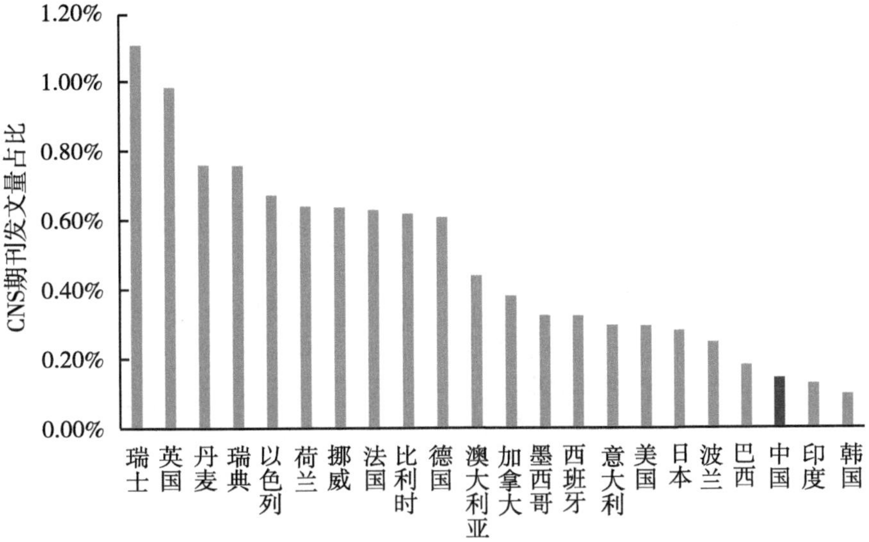

图 2-12　2015—2019 年国家农业科技论文 CNS 期刊发文量占比国别分布

CNS 期刊发文量 Top30 的机构中美国有 14 家，英国有 4 家，法国有 3 家，德国和中国各 2 家，其他国家和组织仅有 1 家机构。加利福尼亚大学 CNS 发文量第一，远超第二名中国科学院，实力最为雄厚。中国农业科学院以27篇文章排名第二十一，与上个滚动5年的产出量20篇相比略有提高（表2-3）。

表2-3　2015—2019年机构农业科技论文CNS期刊发文量Top30机构

排名	机构	国家/国际组织	CNS期刊发文量（篇）
1	加利福尼亚大学	美国	101
2	中国科学院	中国	61
3	法国国家科学研究中心	法国	54
4	牛津大学	英国	49
5	瑞典农业科学大学	瑞典	48
6	德国亥姆霍兹联合会	德国	44
7	西班牙高等科学研究理事会	西班牙	41
8	马克斯·普朗克科学促进学会	德国	40
9	剑桥大学	英国	38
10	佛罗里达州立大学	美国	36
11	哈佛大学	美国	35
12	美国农业部	美国	34
13	明尼苏达大学	美国	33
13	法国农业科学院	法国	33
15	霍华德·休斯医学研究所	美国	31
15	史密森学会	美国	31
17	康奈尔大学	美国	30
18	哥本哈根大学	丹麦	29
19	马里兰大学	美国	28
19	伦敦大学	英国	28
21	中国农业科学院	中国	27
22	威斯康星大学	美国	26
23	佛罗里达大学	美国	25
23	瓦格宁根大学	荷兰	25
23	法国发展研究所	法国	25
26	联合国粮食及农业组织	国际组织	24
26	美国能源部	美国	24
26	阿根廷国家科学与技术研究理事会	阿根廷	24
29	耶鲁大学	美国	23
29	斯坦福大学	美国	23
29	爱丁堡大学	英国	23

（5）中国被引频次全球第一，篇均被引频次排名靠后

2015—2019年，中国科技论文被引频次总量为1129685次，排名第一（图2-13）。

但是篇均被引频次为 8. 3 仅排名第十六位（图 2-14）。

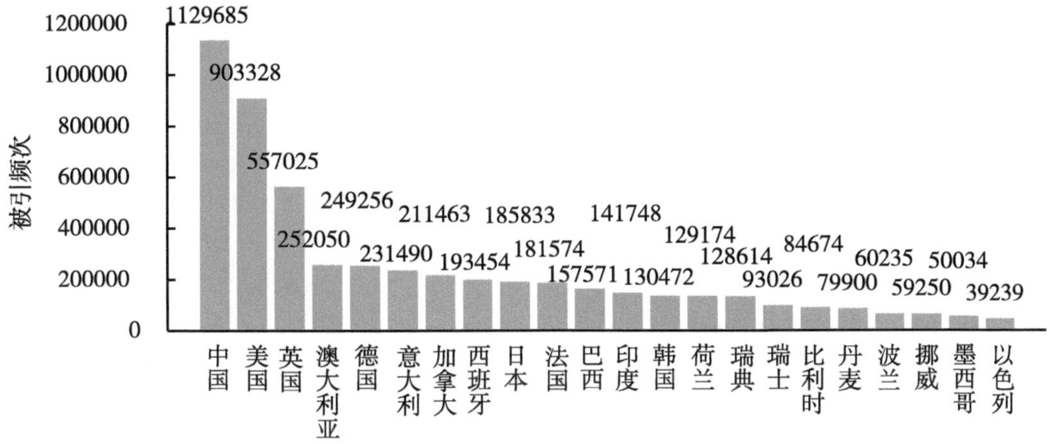

图 2-13　2015—2019 年国家农业科技论文被引频次统计

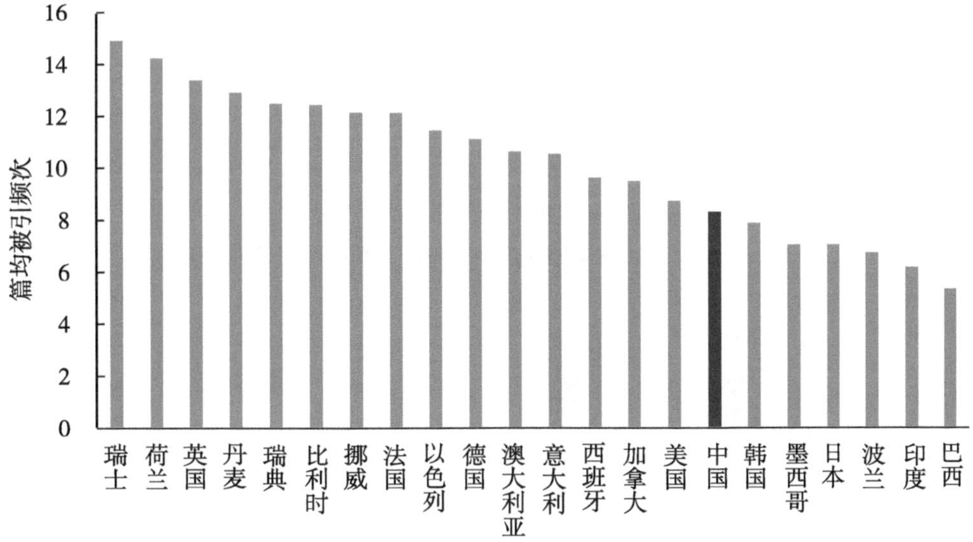

图 2-14　2015—2019 年国家农业科技论文篇均被引频次国别分布

（6）中国国际合作发文量全球排名第二，且仍在持续快速提升中，主要合作国家为美国和英国

2015—2019 年，22 个国家的国际合作发文量直接加和为 290016 篇。中国排名第二，为 44236 篇（图 2-15），且近 5 年数量逐年增长（图 2-16）。在过去 3 个滚动 5 年里，中国国际合作发文量依次为 26879 篇、31498 篇和 37101 篇，呈现快速增长趋势。但是各国国际合作发文量相对各国发文量的占比，中国仅排在第二十一位（32. 52%）（图 2-17）。与中国合作最多的国家依次是美国、英国、澳大利亚、加拿大和德国等（图 2-18）。可

见全球国际合作发文量排名靠前的国家都与中国建立了较为密切的合作关系。

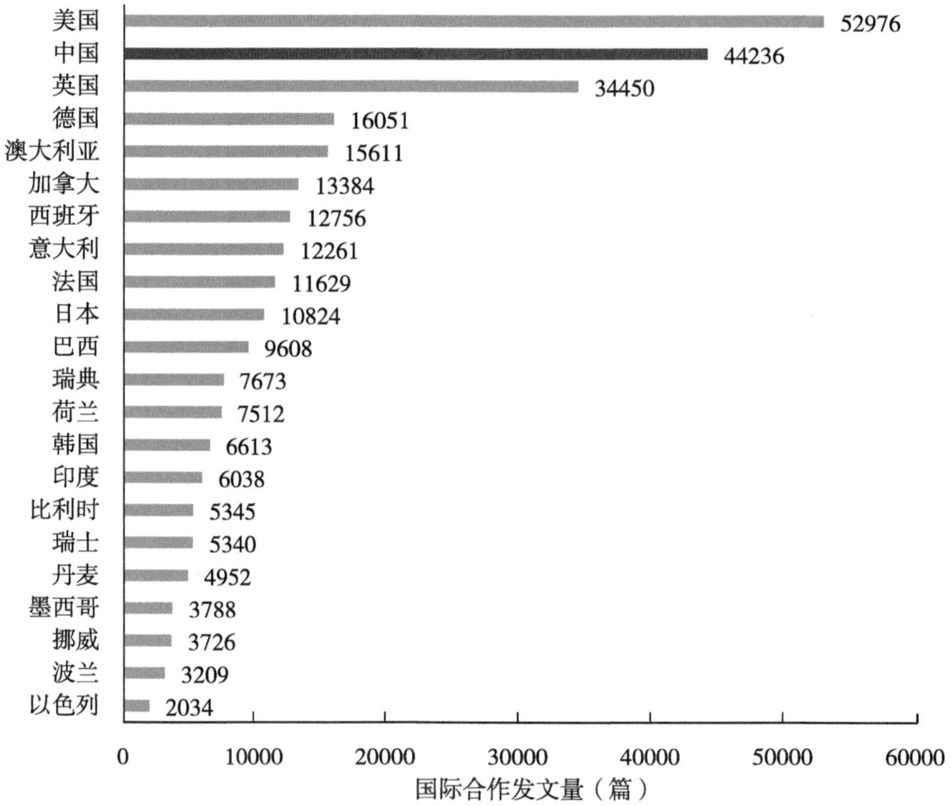

图 2-15　2015—2019 年国家农业科技论文国际合作发文量分布

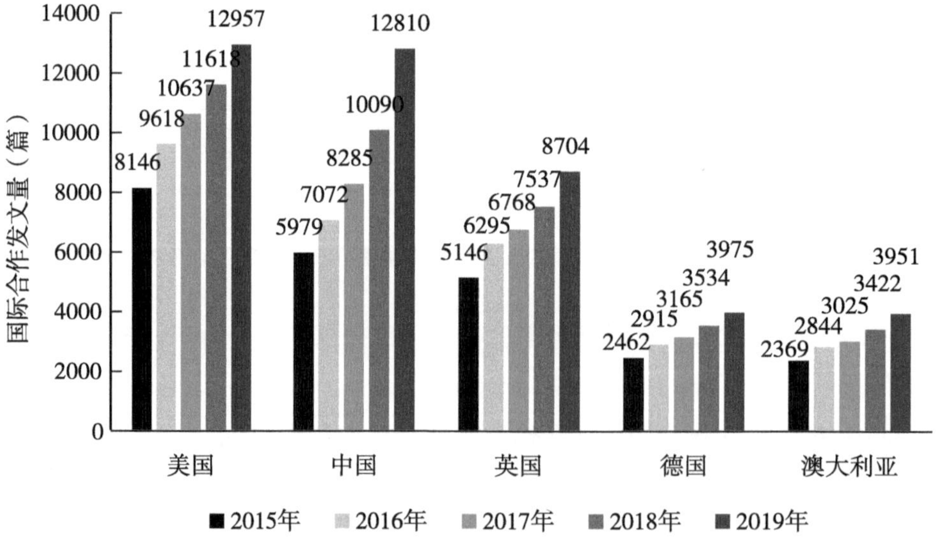

图 2-16　国际合作发文量 Top5 国家 2015—2019 年国际合作发文量

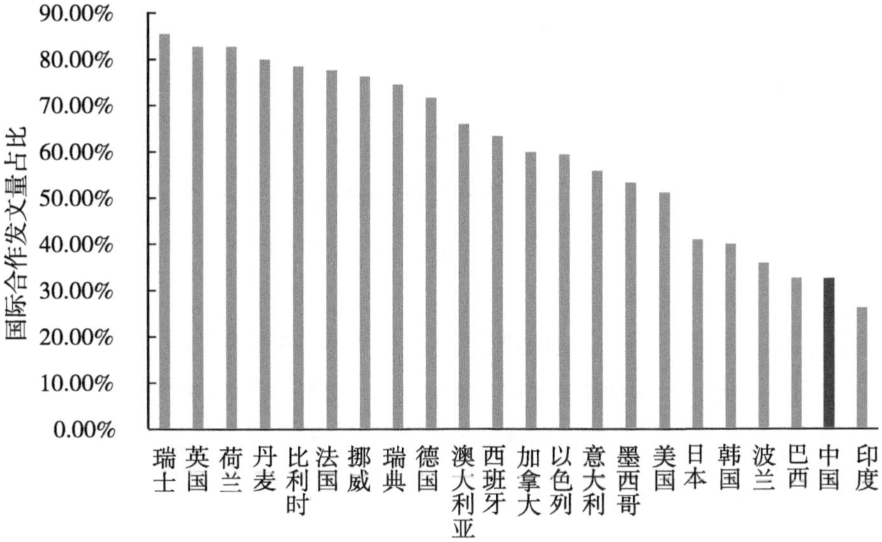

图 2-17　2015—2019 年国家农业科技论文国际合作发文量对各国发文量占比国别分布

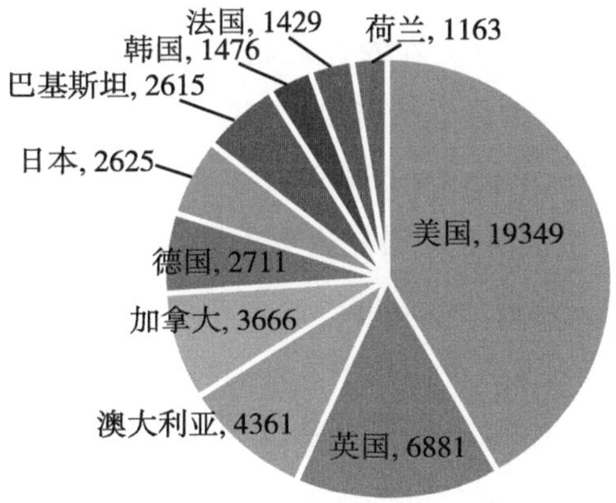

图 2-18　2015—2019 年国家农业科技论文中与中国合作发文量 Top10 国家分布（单位：篇）

2.2　农业学科领域科技论文竞争力分析

2.2.1　十六大学科领域科技论文竞争力分析

（1）主要 22 个国家十六大学科领域科技论文竞争力分析

美国在各学科领域均保持领先的竞争优势；中国众多学科竞争力表现突出，但仍有短板。

中国农业总体科技论文竞争力排名第一，统计22国在16个学科领域的科技论文竞争力得出，中国有12个学科科技论文竞争力排名第一，分别为农艺学、环境科学、园艺学、兽医学、基因与遗传学、生物学、生物技术与应用微生物学、食品科学与技术、农业工程、分析化学与应用化学、农业交叉学科和农业信息技术。与上个滚动5年相比，中国有4个新增第一学科领域，分别为农艺学、环境科学、基因与遗传学和农业交叉学科（使用与本统计年度相同的指标体系）。

在农业乳品与动物科学领域，美国排名第一且得分远高于排名第二的中国。在渔业学领域排名前三的英国、中国、美国得分接近。在林业学领域，美国排名第一，中国虽排名第二但得分与美国还有一定差距。在农业经济政策学领域，美国和英国排名分别为第一和第二，意大利、瑞典和荷兰得分紧跟美英且接近，中国排名第六且得分与美英两国差距较大。

美国在16个学科的发展较为均衡，均保持在全球前三名。英国在除园艺学、分析化学与应用化学和食品科学与技术的其他13个学科都位居全球前三名。意大利在园艺学、食品科学与技术、分析化学与应用化学、农业经济政策学排名均为全球第三名。法国在基因与遗传学排名全球第四。加拿大在农业乳品与动物科学、食品科学与技术排名全球第五。瑞典在农业经济政策学排名全球第四。挪威在渔业学、生物技术与应用微生物学排名全球第四。以色列在园艺学排名全球第四（表2-4和表2-5）。

（2）全球综合机构16个学科领域科技论文竞争力分析

中国进入农业16个学科总体Top10的机构有4家，分别为中国科学院、中国农业科学院、中国农业大学和南京农业大学。其中，中国科学院和中国农业大学12个学科进入全球综合机构竞争力Top10；中国农业科学院11个学科进入全球综合机构竞争力Top10；南京农业大学8个学科进入全球综合机构竞争力Top10（表2-6和表2-7）。

- 农艺学领域有64个机构进入全球综合机构Top100，其中，美国23家，中国13家，法国6家。中国科学院、中国农业科学院、中国农业大学3家中国机构进入全球Top10，Top10机构数全球排名第一。
- 环境科学领域有77个机构进入全球综合机构Top100，其中，美国26家，中国13家，法国7家。中国科学院1家中国机构进入全球Top10。
- 园艺学领域有53个机构进入全球综合机构Top100，其中，美国19家，中国13家，澳大利亚5家。中国农业科学院、南京农业大学、中国农业大学、华中农业大学4家中国机构进入全球Top10，Top10机构数全球排名第一。

表 2-4 22 个国家农业各学科科技论文竞争力指数（一）

国家	16 个学科		农艺学		环境科学		园艺学		兽医学		农业乳品与动物科学		渔业学		林业学		基因与遗传学	
	得分	排名	得分	排名	得分	排名	得分	排名	得分	排名	得分	排名	得分	排名	得分	排名	得分	排名
中国	10.00	1	10.00	1	10.00	1	10.00	1	10.00	1	6.70	2	9.92	2	7.31	2	10.00	1
美国	8.54	2	9.40	2	9.81	2	8.11	2	7.90	2	10.00	1	9.53	3	10.00	1	9.44	3
英国	7.64	3	7.43	3	9.40	3	4.17	6	7.46	3	6.44	3	10.00	1	6.77	3	9.48	2
德国	4.90	4	5.22	4	6.23	4	3.72	10	4.82	4	3.72	11	4.52	12	6.30	4	5.65	5
澳大利亚	4.64	5	4.94	7	5.63	5	3.88	9	4.70	7	4.09	7	6.14	5	4.36	12	5.52	7
荷兰	4.61	6	4.52	9	5.46	6	4.02	7	4.41	8	3.69	12	4.91	11	4.80	9	5.40	8
瑞士	4.59	7	3.86	12	4.99	8	3.03	14	3.86	12	3.20	16	3.51	17	5.08	7	5.57	6
意大利	4.54	8	5.14	5	4.99	9	7.89	3	4.78	6	6.35	4	5.54	7	5.48	6	5.06	9
法国	4.50	9	5.11	6	5.18	7	4.85	5	4.82	5	4.17	6	5.08	10	5.49	5	5.81	4
加拿大	4.07	10	3.46	15	4.65	11	3.33	12	3.32	14	4.75	5	5.64	6	4.78	10	4.66	11
西班牙	3.98	11	4.63	8	4.45	13	3.40	11	4.25	9	3.83	9	5.29	8	4.92	8	3.89	16
瑞典	3.94	12	3.67	13	4.66	10	2.44	17	3.92	11	3.27	15	4.47	13	4.42	11	4.41	14
丹麦	3.94	13	4.01	11	4.41	14	3.11	13	3.99	10	3.34	14	5.14	9	3.74	15	4.01	15
挪威	3.85	14	2.55	20	4.52	12	1.94	22	2.53	20	2.99	17	6.53	4	3.40	16	4.56	12
比利时	3.77	15	3.56	14	4.16	15	2.87	16	3.50	13	3.63	13	4.04	15	4.18	13	4.89	10
以色列	3.00	16	3.32	17	2.92	20	5.16	4	3.32	15	3.92	8	3.14	19	2.80	18	4.46	13
日本	2.97	17	2.53	21	3.11	19	2.37	18	2.91	17	2.17	20	3.83	16	2.77	19	3.32	18
巴西	2.89	18	4.25	10	3.22	17	2.92	15	2.60	18	3.73	10	4.33	14	2.97	17	3.16	19
韩国	2.78	19	2.34	22	3.93	16	2.27	20	2.42	21	2.93	18	3.19	18	2.42	20	2.83	20
印度	2.68	20	3.40	16	3.16	18	2.28	19	2.22	22	1.82	22	2.95	21	1.97	22	2.33	22
波兰	2.41	21	2.82	19	2.65	21	2.14	21	2.59	19	2.37	19	2.98	20	3.78	14	2.80	21
墨西哥	2.34	22	3.08	18	2.56	22	4.02	8	2.95	16	2.14	21	2.54	22	1.97	21	3.41	17

表 2-5　22 个国家农业各学科科技论文竞争力指数（二）

国家	16 个学科		生物学		生物技术与应用微生物学		食品科学与技术		农业工程		分析化学与应用化学		农业交叉学科		农业经济政策学		农业信息技术	
	得分	排名	得分	排名	得分	排名	得分	排名	得分	排名	得分	排名	得分	排名	得分	排名	得分	排名
中国	10.00	1	10.00	1	10.00	1	10.00	1	10.00	1	10.00	1	10.00	1	4.56	6	10.00	1
美国	8.54	2	7.78	2	8.25	2	6.66	2	5.34	2	4.80	2	9.61	3	10.00	1	9.15	2
英国	7.64	3	7.57	3	7.33	3	4.69	4	4.32	3	3.29	7	9.92	2	7.68	2	5.93	3
德国	4.90	4	4.67	6	3.80	5	3.49	12	3.14	11	2.63	16	5.74	4	4.10	9	5.76	4
澳大利亚	4.64	5	3.93	12	3.63	6	4.12	6	3.59	5	3.54	4	5.10	8	3.66	12	5.19	6
荷兰	4.61	6	4.90	4	3.43	11	3.89	7	2.92	16	3.02	10	5.15	7	4.59	5	4.83	8
瑞士	4.59	7	4.88	5	3.53	8	3.44	13	3.86	4	2.66	14	5.59	5	4.13	8	4.72	9
意大利	4.54	8	4.27	10	3.27	12	4.78	3	3.32	10	3.55	3	4.33	13	5.52	3	5.35	5
法国	4.50	9	4.28	9	3.49	9	3.50	11	3.36	8	2.73	12	5.29	6	2.95	15	4.69	10
加拿大	4.07	10	3.60	14	3.56	7	4.23	5	2.71	19	3.43	6	4.75	11	3.46	13	4.51	11
西班牙	3.98	11	4.00	11	2.68	14	3.75	8	3.32	9	3.17	8	4.01	15	3.29	14	4.85	7
瑞典	3.94	12	3.48	15	3.04	13	3.18	17	2.98	13	2.47	18	4.93	9	4.89	4	3.38	15
丹麦	3.94	13	4.39	8	3.48	10	3.37	15	2.85	17	2.65	15	4.37	12	3.96	11	3.84	12
挪威	3.85	14	4.59	7	4.49	4	3.70	10	2.94	15	3.45	5	4.78	10	4.01	10	3.64	13
比利时	3.77	15	3.70	13	2.39	18	3.42	14	3.07	12	2.67	13	4.05	14	4.21	7	3.33	17
以色列	3.00	16	2.43	20	2.30	20	3.71	9	2.26	22	2.26	20	3.78	16	1.99	21	2.21	22
日本	2.97	17	3.39	16	2.42	17	2.32	22	2.34	20	2.20	21	3.38	17	2.07	20	3.38	16
巴西	2.89	18	2.88	18	2.58	15	3.25	16	2.28	21	2.74	11	3.16	18	2.14	18	2.90	20
韩国	2.78	19	2.36	21	2.47	16	2.85	18	3.41	7	3.13	9	2.17	22	1.78	22	3.26	18
印度	2.68	20	2.92	17	2.32	19	2.65	19	3.46	6	2.62	17	2.47	20	2.09	19	3.55	14
波兰	2.41	21	2.18	22	1.99	21	2.53	20	2.96	14	2.46	19	2.68	19	2.17	17	2.39	21
墨西哥	2.34	22	2.57	19	1.91	22	2.36	21	2.80	18	1.89	22	2.33	21	2.27	16	3.14	19

表 2-6 全球综合机构农业各学科论文竞争力指数（一）

机构	所属国家	16个学科		农艺学		环境科学		园艺学		兽医学		农业乳品与动物科学		渔业学		林业学		基因与遗传学	
		得分	排名	得分	排名	得分	排名	得分	排名	得分	排名	得分	排名	得分	排名	得分	排名	得分	排名
中国科学院	中国	10.00	1	6.51	2	10.00	1	1.91	15	5.96	5	1.56	72	9.58	2	5.40	3	4.92	4
美国农业部	美国	8.48	2	10.00	1	6.26	2	10.00	1	9.47	2	10.00	1	2.40	33	10.00	1	10.00	1
中国农业科学院	中国	6.43	3	4.17	4	3.27	12	4.40	3	10.00	1	6.40	5	1.32	67	0.61	82	8.13	2
加利福尼亚大学系统	美国	6.13	4	3.85	7	5.09	5	2.53	8	4.30	11	4.90	11	5.10	8	2.31	12	5.25	3
中国农业大学	中国	5.47	5	4.09	5	3.29	11	2.57	7	7.10	4	5.54	9	—	—	0.65	80	3.39	8
法国国家农业食品与环境研究院	法国	4.63	6	6.20	3	4.96	6	1.77	17	3.56	14	7.64	2	2.54	30	4.51	4	2.72	11
法国国家科学研究中心	法国	4.46	7	3.26	9	5.17	4	—	—	2.34	31	1.15	82	4.67	11	2.19	14	3.31	10
瑞典农业科学大学	瑞典	4.40	8	2.04	24	5.63	3	0.61	73	5.84	7	2.95	33	2.87	26	4.33	5	3.33	9
南京农业大学	中国	4.39	9	2.34	17	2.76	15	3.72	5	4.70	10	3.60	20	2.41	32	—	—	3.94	6
佛罗里达州立大学系统	美国	3.90	10	2.43	14	3.80	9	2.51	9	2.91	19	3.97	16	5.10	7	1.36	24	2.52	13
华中农业大学	中国	3.80	11	1.44	43	1.75	32	2.49	10	5.86	6	0.94	89	2.29	35	—	—	4.72	5
瓦格宁根大学	荷兰	3.65	12	3.86	6	4.38	7	1.24	32	2.53	26	5.75	6	2.88	25	2.22	13	2.04	21
佛罗里达大学	美国	3.19	13	2.36	16	2.98	14	2.48	11	2.29	33	3.91	17	4.09	14	1.01	47	2.37	16
西班牙高等科学研究理事会	西班牙	3.16	14	2.48	13	3.05	13	1.33	29	0.93	85	2.81	35	3.80	19	1.57	20	1.30	42
澳大利亚联邦科学与工业研究组织	澳大利亚	2.92	15	2.40	15	3.48	10	1.32	30	1.51	56	1.95	58	5.08	9	1.16	35	2.50	14
华南农业大学	中国	2.81	16	0.87	71	0.95	71	0.99	44	7.86	3	1.44	75	1.33	65	—	—	1.37	39

（续表）

机构	所属国家	16 个学科		农艺学		环境科学		园艺学		兽医学		农业乳品与动物科学		渔业学		林业学		基因与遗传学	
		得分	排名	得分	排名	得分	排名	得分	排名	得分	排名	得分	排名	得分	排名	得分	排名	得分	排名
浙江大学	中国	2.71	17	1.40	44	1.90	25	1.45	23	4.03	12	2.22	51	1.20	73	—	—	1.48	36
德国亥姆霍兹联合会	德国	2.61	18	1.38	46	3.84	8	—	—	—	—	—	—	1.95	44	1.12	38	—	—
西北农林科技大学	中国	2.48	19	2.67	11	2.14	20	1.90	16	2.53	25	2.67	42	0.98	86	1.32	26	1.67	27
昆士兰大学	澳大利亚	2.43	20	1.96	28	1.54	37	0.76	62	3.09	18	2.77	37	1.58	53	—	—	2.42	15
康奈尔大学	美国	2.39	21	2.18	19	1.34	48	2.31	13	1.95	40	3.48	23	—	—	—	—	3.66	7
圣保罗大学	巴西	2.34	22	2.05	23	1.79	28	1.06	39	2.86	20	3.30	27	1.98	42	0.88	58	1.40	38
印度农业研究委员会	印度	2.33	23	3.47	8	0.66	95	2.25	14	1.67	50	5.66	7	3.47	20	—	—	1.49	34
加拿大农业与农业食品部	加拿大	2.12	24	2.05	22	1.33	49	1.72	18	2.49	28	5.58	8	—	—	—	—	1.42	37
北卡罗来纳大学	美国	2.10	25	1.52	38	1.34	47	1.08	37	2.39	30	2.24	50	1.89	46	1.38	23	1.73	26
明尼苏达大学系统	美国	2.07	26	1.51	39	1.81	27	0.80	57	2.03	36	3.10	29	—	—	0.80	68	1.53	28
威斯康星大学系统	美国	2.05	27	1.55	37	1.77	30	0.67	69	—	—	6.57	4	0.73	98	0.93	55	1.82	24
意大利国家研究委员会	意大利	2.02	28	1.97	27	1.68	35	0.80	58	—	—	—	—	2.53	31	1.16	34	1.17	46
密歇根州立大学	美国	1.98	29	1.27	53	1.68	34	1.37	27	0.90	87	3.44	26	1.34	61	0.75	71	1.24	44
美国能源部	美国	1.96	30	1.35	48	2.15	19	—	—	—	—	—	—	—	—	0.72	74	1.90	23
得克萨斯 A&M 大学系统	美国	1.94	31	1.25	55	1.94	22	0.98	45	1.93	41	3.02	32	1.26	69	0.51	92	1.17	47
伊利诺伊大学系统	美国	1.93	32	1.72	31	1.35	46	0.89	47	1.16	71	5.38	10	—	—	—	—	1.97	22
哥本哈根大学	丹麦	1.88	33	1.39	45	1.91	23	—	—	1.62	52	1.97	57	1.53	56	1.21	31	0.91	60
法国发展研究所	法国	1.85	34	1.99	26	2.56	16	—	—	—	—	—	—	2.74	27	1.11	40	1.14	48

（续表）

机构	所属国家	16 个学科		农艺学		环境科学		园艺学		兽医学		农业乳品与动物科学		渔业学		林业学		基因与遗传学	
		得分	排名	得分	排名	得分	排名	得分	排名	得分	排名	得分	排名	得分	排名	得分	排名	得分	排名
马里兰大学系统	美国	1.83	35	—	—	1.90	24	—	—	—	—	—	—	1.09	81	—	—	0.90	61
佐治亚大学系统	美国	1.81	36	0.83	73	0.93	73	1.02	43	2.53	27	3.09	30	0.88	93	0.67	78	2.69	12
马萨诸塞大学系统	美国	1.81	37	—	—	1.45	41	—	—	—	—	—	—	1.33	66	—	—	—	—
福建农林大学	中国	1.79	38	0.55	92	0.78	89	1.08	36	1.71	48	—	—	—	—	0.48	94	1.79	25
东北农业大学	中国	1.67	39	0.88	69	1.28	51	0.60	74	3.42	16	0.82	96	1.18	75	—	—	0.91	58
根特大学	比利时	1.67	40	0.79	75	1.28	52	0.27	99	1.69	49	2.84	34	1.37	60	1.26	29	—	—
美国森林管理局	美国	1.62	41	—	—	—	—	—	—	—	—	—	—	—	—	8.89	2	—	—
巴黎萨克雷大学	法国	1.61	42	1.72	32	1.79	29	—	—	—	—	2.70	40	—	—	—	—	1.37	40
西澳大学	澳大利亚	1.58	43	3.15	10	1.77	31	1.54	19	—	—	—	—	1.96	43	—	—	1.53	29
东京大学	日本	1.57	44	—	—	0.89	80	—	—	2.84	21	—	—	1.23	71	—	—	0.68	75
四川农业大学	中国	1.57	45	0.58	90	0.88	81	0.93	46	2.81	23	3.30	28	1.45	58	—	—	2.18	19
巴西农牧研究院	巴西	1.56	46	2.59	12	0.86	83	0.87	51	1.05	78	2.77	36	—	—	0.88	59	1.51	32
圭尔夫大学	加拿大	1.54	47	1.04	65	1.18	60	0.41	84	2.81	22	6.62	3	—	—	—	—	0.69	73
马克斯·普朗克科学促进学会	德国	1.51	48	—	—	—	—	—	—	—	—	—	—	—	—	—	—	2.25	18
墨尔本大学	澳大利亚	1.50	49	—	—	1.10	63	—	—	3.99	13	3.45	25	—	—	1.13	37	1.52	30
普渡大学	美国	1.50	50	0.95	67	0.91	76	1.11	35	—	—	2.34	47	—	—	0.87	61	0.87	62
俄亥俄州立大学	美国	1.50	51	0.91	68	1.37	43	0.45	78	3.44	15	3.45	24	—	—	—	—	—	—
爱荷华州立大学	美国	1.50	52	1.14	63	0.91	75	0.44	80	1.81	44	4.50	12	—	—	—	—	2.35	17
苏黎世联邦理工学院	瑞士	1.49	53	—	—	2.20	18	—	—	—	—	—	—	—	—	3.06	6	—	—

（续表）

机构	所属国家	16个学科		农艺学		环境科学		园艺学		兽医学		农业乳品与动物科学		渔业学		林业学		基因与遗传学	
		得分	排名	得分	排名	得分	排名	得分	排名	得分	排名	得分	排名	得分	排名	得分	排名	得分	排名
美国内政部	美国	1.49	54	—	—	2.23	17	—	—	—	—	—	—	6.22	5	1.42	22	—	—
奥胡斯大学	丹麦	1.49	55	1.69	34	1.50	39	—	—	—	—	3.69	19	—	—	—	—	0.46	93
阿尔伯塔大学	加拿大	1.49	56	0.50	98	0.85	85	—	—	1.19	69	2.13	52	—	—	1.60	18	0.85	63
不列颠哥伦比亚大学	加拿大	1.47	57	—	—	1.02	68	—	—	—	—	—	—	3.24	23	1.88	16	—	—
湖南农业大学	中国	1.47	58	—	—	1.26	54	0.69	67	0.72	98	—	—	—	—	—	—	0.92	57
首尔大学	韩国	1.40	59	—	—	—	—	0.76	61	2.30	32	0.93	90	—	—	—	—	0.93	54
华南理工大学	中国	1.39	60	1.19	61	—	—	—	—	—	—	—	—	—	—	—	—	—	—
圣保罗州立大学	巴西	1.36	61	2.19	18	0.56	98	—	—	2.40	29	3.85	18	1.86	48	0.53	87	0.62	82
伦敦大学	英国	1.35	62	—	—	1.19	59	—	—	3.29	17	—	—	—	—	—	—	—	—
北卡罗来纳州立大学	美国	1.32	63	1.45	41	0.84	86	1.02	42	1.86	43	1.98	56	—	—	1.00	48	1.13	49
华盛顿州立大学	美国	1.32	64	1.80	30	—	—	1.44	24	0.71	99	—	—	—	—	—	—	1.22	45
俄勒冈大学系统	美国	1.32	65	—	—	—	—	—	—	—	—	—	—	—	—	—	—	—	—
宾夕法尼亚州立高等教育系统	美国	1.32	66	1.25	54	0.96	70	—	—	—	—	1.20	79	—	—	0.83	65	—	—
哥廷根大学	德国	1.31	67	1.36	47	1.81	26	—	—	—	—	—	—	—	—	2.61	8	—	—
美国地质调查局	美国	1.30	68	—	—	2.07	21	—	—	—	—	—	—	5.22	6	1.05	43	—	—
堪萨斯州立大学	美国	1.29	69	2.02	25	—	—	1.21	33	1.14	76	4.20	14	—	—	—	—	1.52	31
牛津大学	英国	1.29	70	—	—	1.74	33	—	—	—	—	—	—	—	—	—	—	—	—
得克萨斯大学系统	美国	1.27	71	—	—	—	—	—	—	—	—	—	—	—	—	—	—	0.53	86
哈佛大学	美国	1.27	72	—	—	—	—	—	—	—	—	—	—	—	—	—	—	2.16	20

（续表）

机构	所属国家	16个学科		农艺学		环境科学		园艺学		兽医学		农业乳品与动物科学		渔业学		林业学		基因与遗传学	
		得分	排名	得分	排名	得分	排名	得分	排名	得分	排名	得分	排名	得分	排名	得分	排名	得分	排名
京都大学	日本	1.24	73	—	—	0.66	96	0.43	81	—	—	—	—	—	—	0.86	62	0.63	80
蒙彼利埃大学	法国	1.23	74	0.74	76	1.21	57	—	—	—	—	—	—	1.07	82	1.02	46	—	—
内布拉斯加大学系统	美国	1.23	75	2.14	21	0.92	74	—	—	—	—	1.28	78	—	—	—	—	0.64	79
法国农业发展研究中心	法国	1.22	76	—	—	—	—	—	—	—	—	—	—	—	—	—	—	—	—
中国水产科学研究院	中国	1.21	77	—	—	—	—	—	—	5.55	8	—	—	8.01	3	—	—	1.49	35
山东农业大学	中国	1.19	78	0.81	74	—	—	1.51	20	1.21	66	—	—	—	—	—	—	1.04	52
那不勒斯费德里科二世大学	意大利	1.16	79	—	—	—	—	4.60	2	—	—	—	—	—	—	—	—	—	—
索邦大学	法国	1.13	80	—	—	1.37	44	—	—	—	—	—	—	1.66	52	—	—	—	—
巴黎高科农业学院	法国	1.13	81	1.62	36	1.42	42	—	—	—	—	2.73	38	—	—	1.35	25	—	—
悉尼大学	澳大利亚	1.12	82	0.63	84	1.28	53	0.41	87	1.92	42	1.84	61	—	—	—	—	—	—
都灵大学	意大利	1.10	83	—	—	—	—	0.88	48	—	—	—	—	—	—	—	—	—	—
斯坦福大学	美国	1.10	84	—	—	—	—	—	—	—	—	—	—	—	—	—	—	—	—
宾夕法尼亚州立大学	美国	1.10	85	1.24	56	0.85	84	—	—	—	—	—	—	—	—	—	—	—	—
华盛顿大学	美国	1.09	86	—	—	—	—	—	—	—	—	—	—	4.42	12	1.00	50	—	—
剑桥大学	英国	1.08	87	—	—	—	—	—	—	—	—	—	—	—	—	—	—	—	—
图卢兹大学	法国	1.06	88	—	—	—	—	—	—	—	—	1.68	68	—	—	—	—	—	—
爱丁堡大学	英国	1.05	89	—	—	—	—	—	—	1.78	45	4.04	15	—	—	—	—	1.51	33
麦吉尔大学	加拿大	1.04	90	—	—	1.20	58	—	—	—	—	—	—	—	—	—	—	—	—

（续表）

机构	所属国家	16个学科		农艺学		环境科学		园艺学		兽医学		农业乳品与动物科学		渔业学		林业学		基因与遗传学	
		得分	排名	得分	排名	得分	排名	得分	排名	得分	排名	得分	排名	得分	排名	得分	排名	得分	排名
美国国家海洋和大气管理局	美国	1.03	91	—	—	—	—	—	—	—	—	—	—	10.00	1	—	—	—	—
乌得勒支大学	荷兰	1.03	92	—	—	—	—	—	—	2.00	38	2.36	46	—	—	—	—	—	—
意大利农业科研和农业经济分析理事会	意大利	1.03	93	1.22	57	0.62	97	2.38	12	—	—	—	—	—	—	0.55	85	0.66	78
上海交通大学	中国	1.03	94	—	—	—	—	—	—	1.15	73	—	—	—	—	—	—	0.63	81
弗吉尼亚理工大学	美国	1.01	95	0.54	94	0.75	90	0.40	88	—	—	1.76	63	—	—	0.98	52	—	—
亚利桑那大学	美国	1.01	96	—	—	1.25	55	—	—	—	—	—	—	—	—	0.52	90	—	—
阿德莱德大学	澳大利亚	1.00	97	0.55	93	0.68	94	0.80	59	—	—	0.90	92	—	—	—	—	1.07	51
北京大学	中国	1.00	98	—	—	0.98	69	—	—	—	—	—	—	—	—	0.76	70	—	—
北海道大学	日本	0.98	99	—	—	0.55	99	—	—	1.32	58	—	—	1.80	50	—	—	—	—
田纳西大学系统	美国	0.97	100	—	—	—	—	—	—	—	—	—	—	—	—	—	—	—	—

表 2-7　全球综合机构农业各学科论文竞争力指数（二）

机构	所属国家	16个学科		生物学		生物技术与应用微生物学		食品科学与工程		农业工程		分析化学与应用化学		农业交叉学科		农业经济政策学		农业信息技术	
		得分	排名	得分	排名	得分	排名	得分	排名	得分	排名	得分	排名	得分	排名	得分	排名	得分	排名
中国科学院	中国	10.00	1	10.00	1	9.80	2	3.71	12	10.00	1	7.14	3	10.00	1	1.94	30	10.00	1
美国农业部	美国	8.48	2	6.69	3	10.00	1	9.59	2	3.68	7	3.45	13	6.94	4	3.75	12	8.16	2
中国农业科学院	中国	6.43	3	7.51	2	9.20	3	8.64	3	2.91	15	10.00	1	7.31	3	—	—	4.76	7

（续表）

机构	所属国家	16个学科		生物学		生物技术与应用微生物学		食品科学与工程		农业工程		分析化学与应用化学		农业交叉学科		农业经济政策学		农业信息技术	
		得分	排名	得分	排名	得分	排名	得分	排名	得分	排名	得分	排名	得分	排名	得分	排名	得分	排名
加利福尼亚大学系统	美国	6.13	4	5.21	6	8.04	4	3.71	13	3.08	11	1.67	27	9.04	2	10.00	1	3.33	15
中国农业大学	中国	5.47	5	5.61	4	7.61	5	10.00	1	4.32	4	8.60	2	4.75	6	1.74	38	6.49	3
法国国家农业食品与环境研究院	法国	4.63	6	3.01	10	3.92	12	2.91	19	2.23	20	0.61	86	—	—	2.90	17	4.14	8
法国国家科学研究中心	法国	4.46	7	4.16	8	3.57	14	—	—	3.01	13	1.16	46	5.37	5	1.07	62	5.14	5
瑞典农业科学大学	瑞典	4.40	8	3.75	9	3.36	15	1.79	49	2.17	21	0.70	72	4.21	8	4.73	6	2.52	24
南京农业大学	中国	4.39	9	4.69	7	6.88	6	6.79	5	3.21	10	6.68	5	3.70	11	1.40	49	3.55	12
佛罗里达州立大学系统	美国	3.90	10	2.87	12	4.47	8	2.43	25	3.80	5	1.15	47	3.79	10	3.89	11	3.78	10
华中农业大学	中国	3.80	11	5.25	5	5.80	7	4.78	8	3.02	12	6.17	6	3.21	15	0.86	69	2.41	28
瓦格宁根大学	荷兰	3.65	12	1.43	48	2.23	32	3.43	15	1.66	38	0.90	59	4.60	7	5.07	4	1.83	41
佛罗里达大学	美国	3.19	13	2.44	17	3.68	13	1.93	42	3.32	9	0.98	56	2.72	19	3.66	13	3.15	18
西班牙高等科学研究理事会	西班牙	3.16	14	2.85	13	2.30	30	3.05	18	2.16	22	1.61	30	3.87	9	—	—	2.03	36
澳大利亚联邦科学与工业研究组织	澳大利亚	2.92	15	2.00	23	2.90	23	1.90	43	0.81	84	0.72	71	3.46	12	1.31	53	1.26	56
华南农业大学	中国	2.81	16	2.99	11	4.18	10	2.14	36	4.46	3	6.70	4	2.10	33	0.78	74	4.96	6
浙江大学	中国	2.71	17	2.74	14	4.02	11	4.22	11	2.34	18	3.88	9	2.28	27	1.73	39	1.59	47
德国亥姆霍兹联合会	德国	2.61	18	1.93	27	2.51	27	—	—	1.74	35	—	—	3.27	13	—	—	4.07	9
西北农林科技大学	中国	2.48	19	1.58	39	2.44	28	2.35	28	3.35	8	1.77	26	2.37	24	1.11	58	1.12	66
昆士兰大学	澳大利亚	2.43	20	2.34	18	3.01	19	4.72	9	1.07	66	2.23	20	2.12	32	1.46	45	1.17	60
康奈尔大学	美国	2.39	21	2.44	16	2.99	20	2.56	22	1.57	41	0.97	57	3.00	16	4.66	7	—	—

（续表）

机构	所属国家	16个学科		生物学		生物技术与应用微生物学		食品科学与工程		农业工程		分析化学与应用化学		农业交叉学科		农业经济政策学		农业信息技术	
		得分	排名	得分	排名	得分	排名	得分	排名	得分	排名	得分	排名	得分	排名	得分	排名	得分	排名
圣保罗大学	巴西	2.34	22	1.91	28	2.81	24	2.20	35	1.29	56	1.90	23	2.61	21	—	—	1.44	50
印度农业研究委员会	印度	2.33	23	1.22	57	1.21	62	1.97	40	0.76	87	1.52	32	3.25	14	—	—	—	—
加拿大农业与农业食品部	加拿大	2.12	24	1.63	37	3.06	17	5.19	7	—	—	2.49	18	1.48	53	—	—	3.75	11
北卡罗来纳大学	美国	2.10	25	2.10	22	1.80	38	2.29	29	1.63	40	0.86	62	2.07	34	2.28	22	0.62	94
明尼苏达大学系统	美国	2.07	26	1.55	41	2.94	21	0.93	92	1.68	37	—	—	2.85	18	2.19	24	—	—
威斯康星大学系统	美国	2.05	27	1.60	38	2.28	31	1.67	53	1.20	60	—	—	2.30	26	2.06	28	1.48	49
意大利国家研究委员会	意大利	2.02	28	1.78	32	1.42	49	2.88	20	0.66	94	2.09	21	1.71	44	—	—	2.06	33
密歇根州立大学	美国	1.98	29	1.20	60	2.33	29	2.39	26	1.20	58	—	—	2.28	28	5.15	3	1.98	38
美国能源部	美国	1.96	30	—	—	4.43	9	—	—	2.75	16	—	—	2.39	23	—	—	0.59	96
得克萨斯 A&M 大学系统	美国	1.94	31	1.63	36	1.47	45	1.01	88	2.12	24	0.51	97	1.74	43	1.47	44	1.17	59
伊利诺伊大学系统	美国	1.93	32	1.66	35	2.59	26	1.96	41	1.94	28	0.59	90	1.82	39	3.11	15	0.62	93
哥本哈根大学	丹麦	1.88	33	1.67	34	1.87	36	1.80	46	—	—	—	—	2.44	22	2.58	19	—	—
法国发展研究所	法国	1.85	34	1.76	33	—	—	—	—	—	—	—	—	1.91	38	—	—	3.30	16
马里兰大学系统	美国	1.83	35	1.15	62	1.30	58	1.27	67	1.09	65	—	—	2.93	17	1.29	54	3.07	19
佐治亚大学系统	美国	1.81	36	1.94	26	1.84	37	1.78	50	1.10	64	0.90	60	1.92	37	3.56	14	0.90	73
马萨诸塞大学系统	美国	1.81	37	1.11	65	—	—	5.33	6	1.86	30	4.82	8	1.50	52	—	—	—	—
福建农林大学	中国	1.79	38	1.81	29	2.06	33	3.39	16	1.84	32	3.65	10	1.68	45	—	—	1.43	51
东北农业大学	中国	1.67	39	1.79	31	3.12	16	2.50	24	2.14	23	1.90	24	0.80	87	—	—	0.53	99
根特大学	比利时	1.67	40	1.47	45	1.37	53	2.37	27	1.53	45	0.94	58	1.65	46	1.12	56	—	—
美国森林管理局	美国	1.62	41	—	—	—	—	—	—	0.63	98	—	—	—	—	—	—	1.78	42

（续表）

机构	所属国家	16 个学科		生物学		生物技术与应用微生物学		食品科学与工程		农业工程		分析化学与应用化学		农业交叉学科		农业经济政策学		农业信息技术	
		得分	排名	得分	排名	得分	排名	得分	排名	得分	排名	得分	排名	得分	排名	得分	排名	得分	排名
巴黎萨克雷大学	法国	1.61	42	—	—	—	—	—	—	—	—	—	—	1.80	41	0.56	94	—	—
西澳大学	澳大利亚	1.58	43	0.89	84	—	—	—	—	—	—	—	—	2.17	31	1.76	36	—	—
东京大学	日本	1.57	44	2.74	15	1.38	52	1.13	78	0.84	82	1.33	34	1.97	36	—	—	1.26	57
四川农业大学	中国	1.57	45	2.22	19	1.78	39	1.51	58	—	—	1.81	25	1.38	56	—	—	0.75	86
巴西农牧研究院	巴西	1.56	46	1.03	71	1.27	59	1.22	71	0.85	81	1.05	51	2.32	25	—	—	1.16	61
圭尔夫大学	加拿大	1.54	47	0.92	82	1.22	61	3.10	17	0.71	91	1.54	31	0.95	76	0.88	68	2.18	30
马克斯·普朗克科学促进学会	德国	1.51	48	1.54	42	—	—	—	—	—	—	—	—	2.71	20	—	—	—	—
墨尔本大学	澳大利亚	1.50	49	1.39	50	1.35	55	1.79	48	—	—	—	—	1.51	51	0.47	100	—	—
普渡大学	美国	1.50	50	0.99	74	1.67	40	2.22	33	1.89	29	1.32	35	1.47	54	3.01	16	1.13	64
俄亥俄州立大学	美国	1.50	51	1.22	58	1.91	35	1.25	69	1.69	36	—	—	1.24	63	2.18	25	1.32	53
爱荷华州立大学	美国	1.50	52	1.26	55	2.80	25	1.08	84	0.92	75	0.76	69	1.32	61	1.79	35	1.26	55
苏黎世联邦理工学院	瑞士	1.49	53	—	—	—	—	—	—	1.48	47	—	—	1.38	57	1.41	48	1.84	40
美国内政部	美国	1.49	54	—	—	—	—	—	—	—	—	—	—	—	—	—	—	2.72	21
奥胡斯大学	丹麦	1.49	55	—	—	—	—	1.41	61	0.93	74	—	—	1.81	40	—	—	1.20	58
阿尔伯塔大学	加拿大	1.49	56	1.42	49	2.92	22	3.44	14	0.65	96	1.20	41	0.98	73	1.81	34	—	—
不列颠哥伦比亚大学	加拿大	1.47	57	—	—	—	—	—	—	—	—	—	—	—	—	—	—	—	—
湖南农业大学	中国	1.47	58	1.04	70	1.94	34	1.27	68	3.75	6	2.90	15	0.94	77	—	—	—	—
首尔大学	韩国	1.40	59	1.79	30	3.04	18	2.13	37	1.47	49	1.65	29	1.33	60	—	—	—	—
华南理工大学	中国	1.39	60	—	—	—	—	6.84	4	2.43	17	4.96	7	0.84	82	—	—	1.13	65
圣保罗州立大学	巴西	1.36	61	0.92	81	1.03	78	—	—	1.55	42	0.51	98	1.60	48	—	—	—	—
伦敦大学	英国	1.35	62	—	—	—	—	—	—	—	—	—	—	2.22	29	4.20	9	—	—

（续表）

机构	所属国家	16个学科		生物学		生物技术与应用微生物学		食品科学与工程		农业工程		分析化学与应用化学		农业交叉学科		农业经济政策学		农业信息技术	
		得分	排名	得分	排名	得分	排名	得分	排名	得分	排名	得分	排名	得分	排名	得分	排名	得分	排名
北卡罗来纳州立大学	美国	1.32	63	0.92	80	1.03	77	1.28	66	1.06	68	—	—	1.31	62	1.39	50	—	—
华盛顿州立大学	美国	1.32	64	1.01	72	1.65	41	1.76	51	1.42	51	—	—	0.98	74	1.59	41	1.15	62
俄勒冈大学系统	美国	1.32	65	—	—	—	—	—	—	—	—	—	—	—	—	—	—	—	—
宾夕法尼亚州立高等教育系统	美国	1.32	66	1.47	46	1.09	72	1.53	57	0.64	97	0.65	78	1.52	49	1.72	40	—	—
哥廷根大学	德国	1.31	67	—	—	—	—	—	—	—	—	—	—	1.46	55	4.08	10	—	—
美国地质调查局	美国	1.30	68	—	—	—	—	—	—	—	—	—	—	—	—	—	—	2.66	23
堪萨斯州立大学	美国	1.29	69	—	—	1.60	42	1.06	85	1.54	43	—	—	1.20	65	1.48	43	—	—
牛津大学	英国	1.29	70	—	—	—	—	—	—	—	—	—	—	—	—	1.41	47	—	—
得克萨斯大学系统	美国	1.27	71	1.98	24	1.59	43	—	—	—	—	—	—	—	—	—	—	2.71	22
哈佛大学	美国	1.27	72	1.51	44	—	—	—	—	—	—	—	—	2.21	30	1.32	52	—	—
京都大学	日本	1.24	73	2.17	20	1.13	71	1.24	70	—	—	1.14	48	1.63	47	—	—	0.78	83
蒙彼利埃大学	法国	1.23	74	1.35	52	—	—	—	—	—	—	—	—	1.80	42	—	—	1.84	39
内布拉斯加大学系统	美国	1.23	75	1.14	63	1.57	44	1.10	82	1.33	54	—	—	0.94	78	0.67	83	1.27	54
法国农业发展研究中心	法国	1.22	76	—	—	—	—	—	—	—	—	—	—	—	—	—	—	—	—
中国水产科学研究院	中国	1.21	77	2.14	21	0.63	97	—	—	—	—	—	—	—	—	—	—	—	—
山东农业大学	中国	1.19	78	1.95	25	1.40	51	1.06	86	1.05	69	2.37	19	1.09	68	—	—	0.51	100
那不勒斯费德里科二世大学	意大利	1.16	79	—	—	1.19	65	2.85	21	—	—	1.28	38	0.82	84	0.58	90	—	—
索邦大学	法国	1.13	80	—	—	—	—	—	—	—	—	—	—	—	—	—	—	—	—
巴黎高科农业学院	法国	1.13	81	—	—	—	—	—	—	—	—	—	—	—	—	0.68	82	2.13	31
悉尼大学	澳大利亚	1.12	82	—	—	—	—	—	—	—	—	—	—	—	—	—	—	1.34	52

（续表）

机构	所属国家	16 个学科		生物学		生物技术与应用微生物学		食品科学与工程		农业工程		分析化学与应用化学		农业交叉学科		农业经济政策学		农业信息技术	
		得分	排名	得分	排名	得分	排名	得分	排名	得分	排名	得分	排名	得分	排名	得分	排名	得分	排名
都灵大学	意大利	1. 10	83	—	—	—	—	2. 21	34	—	—	—	—	—	—	—	—	—	—
斯坦福大学	美国	1. 10	84	—	—	—	—	—	—	—	—	—	—	—	—	2. 49	20	—	—
宾夕法尼亚州立大学	美国	1. 10	85	—	—	—	—	1. 30	65	—	—	—	—	—	—	—	—	—	—
华盛顿大学	美国	1. 09	86	—	—	—	—	—	—	—	—	—	—	—	—	—	—	—	—
剑桥大学	英国	1. 08	87	—	—	—	—	—	—	—	—	—	—	—	—	—	—	—	—
图卢兹大学	法国	1. 06	88	—	—	—	—	—	—	—	—	—	—	—	—	—	—	3. 51	13
爱丁堡大学	英国	1. 05	89	—	—	—	—	—	—	—	—	—	—	—	—	—	—	—	—
麦吉尔大学	加拿大	1. 04	90	—	—	—	—	2. 22	32	—	—	0. 78	65	—	—	—	—	—	—
美国国家海洋和大气管理局	美国	1. 03	91	—	—	—	—	—	—	—	—	—	—	—	—	—	—	—	—
乌得勒支大学	荷兰	1. 03	92	—	—	—	—	—	—	—	—	—	—	—	—	—	—	—	—
意大利农业科研和农业经济分析理事会	意大利	1. 03	93	—	—	1. 15	70	2. 24	31	—	—	0. 99	55	1. 02	71	—	—	—	—
上海交通大学	中国	1. 03	94	1. 19	61	1. 43	48	1. 98	39	1. 36	53	1. 91	22	1. 08	69	—	—	—	—
弗吉尼亚理工大学	美国	1. 01	95	0. 80	92	1. 21	63	1. 15	75	—	—	—	—	—	—	1. 03	64	0. 84	75
亚利桑那大学	美国	1. 01	96	—	—	—	—	—	—	—	—	—	—	—	—	—	—	1. 66	46
阿德莱德大学	澳大利亚	1. 00	97	1. 08	68	—	—	1. 19	72	—	—	0. 66	76	1. 11	67	0. 86	70	—	—
北京大学	中国	1. 00	98	0. 89	85	1. 26	60	—	—	1. 15	62	—	—	1. 34	58	1. 51	42	0. 58	97
北海道大学	日本	0. 98	99	1. 54	43	1. 21	64	—	—	—	—	0. 88	61	0. 83	83	—	—	—	—
田纳西大学系统	美国	0. 97	100	—	—	—	—	—	—	—	—	—	—	—	—	—	—	—	—

- 兽医学领域有55个机构进入全球综合机构Top100，其中，美国16家，中国15家，澳大利亚4家。中国农业科学院、华南农业大学、中国农业大学、中国科学院、华中农业大学、中国水产科学研究院、中山大学、南京农业大学8家中国机构进入全球Top10，Top10机构数全球排名第一。

- 农业乳品与动物科学领域有56个机构进入全球综合机构Top100，其中，美国20家，中国10家，澳大利亚和法国各5家。中国农业科学院、中国农业大学2家中国机构进入全球Top10，Top10机构数全球排名第二。

- 渔业学领域有46个机构进入全球综合机构Top100，其中，美国15家，中国10家，法国5家。中国科学院、中国水产科学研究院2家中国机构进入全球Top10，Top10机构数全球排名第二。

- 林业学领域有49个机构进入全球综合机构Top100，其中，美国20家，中国6家，法国5家。中国科学院1家中国机构进入全球Top10。

- 基因与遗传学领域有65个机构进入全球综合机构Top100，其中，美国22个，中国15个，澳大利亚5个。中国农业科学院、中国科学院、华中农业大学、南京农业大学、中国农业大学5家中国机构进入全球Top10，Top10机构数全球排名第一。

- 生物学领域有68个机构进入全球综合机构Top100，其中，美国24个，中国16个，澳大利亚5个。中国科学院、中国农业科学院、中国农业大学、华中农业大学、南京农业大学5家中国机构进入全球Top10，Top10机构数全球排名第一。

- 生物技术与应用微生物学领域有65个机构进入全球综合机构Top100，其中美国24个，中国16个，澳大利亚、巴西、加拿大、日本和意大利各3个。中国科学院、中国农业科学院、中国农业大学、南京农业大学、华中农业大学、华南农业大学6家中国机构进入全球Top10，Top10机构数全球排名第一。

- 食品科学与技术领域有64个机构进入全球综合机构Top100，其中，美国24个，中国15个，澳大利亚、加拿大和意大利各4个。中国农业大学、中国农业科学院、华南理工大学、南京农业大学、华中农业大学、江南大学6家中国机构进入全球Top10，Top10机构数全球排名第一。

- 农业工程领域有59个机构进入全球综合机构Top100，其中，美国24个，中国15个，巴西3个。中国科学院、湖南大学、华南农业大学、中国农业大学、湖南农业大学、西北农林科技大学、南京农业大学7家中国机构进入全球Top10，Top10机构数全球排名第一。

- 分析化学与应用化学领域有52个机构进入全球综合机构Top100，其中，中国15个，美国13个，加拿大4个。中国农业科学院、中国农业大学、中国科学院、华南农业大学、南京农业大学、华中农业大学、华南理工大学、浙江大学、福建农林大学9家中国机构进入全球Top10，Top10机构数全球排名第一。

- 农业交叉学科有74个机构进入全球综合机构Top100，其中，美国24个，中国16个，澳大利亚5个。中国科学院、中国农业科学院、中国农业大学3家中国机构进入全球Top10，Top10机构数全球排名第一。
- 农业经济政策学领域52个机构进入全球综合机构Top100，其中，美国24个，中国8个，澳大利亚5个。没有中国机构进入全球Top10。
- 农业信息技术领域有59个机构进入全球综合机构Top100，其中，美国23个，中国14个，法国6个。中国科学院、中国农业大学、华南农业大学、中国农业科学院4家中国机构进入全球Top10，Top10机构数全球排名第一。

2.2.2 农艺学

（1）领域科技论文竞争力指数分析：中美科技论文竞争力全球遥遥领先，英国整体表现均衡且较优

从农艺学论文竞争力整体来看，中国、美国、英国依次位列前三，竞争力得分均大于7。其中，中国和美国的发文量和高被引论文量全球领先，但CNCI均较落后；英国在3个指标上表现较均衡。德国、意大利、法国、澳大利亚、西班牙、荷兰、巴西、丹麦、瑞士、瑞典、比利时、加拿大、印度、以色列、墨西哥15个国家竞争力得分为3~6。其中，荷兰和丹麦的CNCI指标分别排名第一和第二，巴西和印度的发文量分别排名第三和第四，说明该4国有较为突出的科研特点与潜力。波兰、挪威、日本、韩国4个国家竞争力得分小于3（表2-8）。

从发文量指标来看，22个国家发文量直接加和为54938篇。美国发表9919篇，排名第一，占总发文量的18.05%；中国发表9912篇，排名第二，占总发文量的18.04%。中美表现旗鼓相当，中美发文量均约为英国发文量的3倍。

从CNCI指标来看，22个国家中有17个国家的CNCI大于1，表明这17个国家在农艺学领域的论文被引表现高于全球平均水平。其中，荷兰为1.62，排名第一；丹麦和英国分别排名第二和第三；中国CNCI为1.30，排名第十二位，有待进一步提高。从高被引论文量指标来看，中国为94篇，排名第一，领先优势明显；其次是美国和英国，高被引论文量分别为88篇和76篇；其他高被引论文总量在30篇以上的国家有意大利、德国、法国和澳大利亚。

表 2-8　2015—2019 年国家农艺学科技论文竞争力指数

国家	国家科技论文竞争力（一级指标）		发文量（二级指标）			CNCI（二级指标）			高被引论文量（二级指标）		
	得分	排名	数量（篇）	得分	排名	数值	得分	排名	数量（篇）	得分	排名
中国	10.00	1	9912	9.99	2	1.30	8.04	12	94	10.00	1
美国	9.40	2	9919	10.00	1	1.13	6.98	14	88	9.36	2
英国	7.43	3	3392	3.42	5	1.51	9.34	3	76	8.09	3
德国	5.22	4	2355	2.37	7	1.33	8.21	8	38	4.04	5
意大利	5.14	5	2299	2.32	8	1.29	7.95	13	39	4.15	4
法国	5.11	6	1856	1.87	11	1.41	8.72	5	35	3.72	6
澳大利亚	4.94	7	2495	2.52	6	1.32	8.14	11	30	3.19	7
西班牙	4.63	8	2118	2.14	9	1.33	8.19	10	25	2.66	8
荷兰	4.52	9	864	0.87	16	1.62	10.00	1	17	1.81	10
巴西	4.25	10	6319	6.37	3	0.55	3.41	22	20	2.13	9
丹麦	4.01	11	511	0.52	18	1.52	9.36	2	13	1.38	12
瑞士	3.86	12	506	0.51	20	1.48	9.15	4	11	1.17	16
瑞典	3.67	13	509	0.51	19	1.36	8.40	6	13	1.38	12
比利时	3.56	14	683	0.69	17	1.33	8.22	7	10	1.06	17
加拿大	3.46	15	2025	2.04	10	1.01	6.26	17	13	1.38	12
印度	3.40	16	3944	3.98	4	0.61	3.76	21	17	1.81	10
以色列	3.32	17	347	0.35	21	1.33	8.20	9	7	0.74	19
墨西哥	3.08	18	895	0.90	15	1.08	6.66	15	10	1.06	17
波兰	2.82	19	1070	1.08	13	0.90	5.56	18	12	1.28	15
挪威	2.55	20	244	0.25	22	1.05	6.47	16	4	0.43	22
日本	2.53	21	1699	1.71	12	0.75	4.64	20	7	0.74	19
韩国	2.34	22	976	0.98	14	0.78	4.84	19	7	0.74	19

（2）领域高质量论文分析：中国和美国高质量论文数全球领跑，西班牙巴斯克大学高质量论文数最多

在农艺学 Top100 高质量论文中（共 101 篇①），中国和美国均有 17 篇文章，排名第

① 本书将农艺学全部论文按照被引频次总排序，取前 100 篇，可能存在并列数据导致实际大于 100 位，其他学科情况类似，不再赘述。

一，远高于西班牙的10篇。西班牙巴斯克大学有5篇，是全球有高质量论文最多的机构。中国农业大学、中国农业科学院和浙江农林大学分别有3篇、2篇和2篇。被引频次最高的论文是来自中国农业科学院，被引频次为365次。在Top100高质量论文中，75篇来自大学，占比74.26%；20篇来自科研机构，占比19.80%；7篇来自政府部门，占比6.93%；2篇来自企业①，占比1.98%（表2-9）。

这些高质量论文涉及农艺学多方面研究，包括但不限于土壤生物炭、纳米纤维、航空成像、大田作物表型分型、盐胁迫等研究方向。

表2-9 农艺学Top100高质量论文情况

序号	被引频次	论文题目	国家/国际组织	机构	机构类型
1	365	QTL IciMapping：Integrated software for genetic linkage map construction and quantitative trait locus mapping in biparental populations	中国	中国农业科学院	科研机构
2	360	Production of cellulose nanofibrils：A review of recent advances	法国、瑞典	格勒诺布尔大学、查尔默斯技术大学	大学、大学
3	302	Mineral - organic associations：Formation, properties, and relevance in soil environments	美国、德国	俄勒冈大学系统、德国莱布尼茨学会	大学、科研机构
4	250	Biochar stability in soil：Meta-analysis of decomposition and priming effects	德国、中国	哥廷根大学、南京农业大学	大学、大学
5	222	Bioenergy and climate change mitigation：An assessment	德国	柏林工业大学	大学
6	218	Wild boar populations up, numbers of hunters down? A review of trends and implications for Europe	英国	英国野生动物中心	科研机构
7	204	Crop evapotranspiration estimation with FAO56：Past and future	葡萄牙	里斯本大学	大学
8	203	Ecology and evolution of plant diversity in the endangered campo rupestre：A neglected conservation priority	巴西	米纳斯联邦大学	大学
9	191	When does no - till yield more? A global meta-analysis	美国	伊利诺伊大学系统	大学
10	180	Plant extract synthesized silver nanoparticles：An ongoing source of novel biocompatible materials	韩国	全北国立大学	大学
11	177	Plant responses to salt stress：Adaptive mechanisms	西班牙	西班牙高等科学研究理事会	科研机构
12	175	Allelopathy for weed control in agricultural systems	土耳其	阿德南门德斯大学	大学

① 由于存在合著情况，因此文章数之和大于实际高质量论文数，其他学科情况类似，不再赘述。

（续表）

序号	被引频次	论文题目	国家/国际组织	机构	机构类型
13	173	UAVs challenge to assess water stress for sustainable agriculture	西班牙	维戈大学	大学
14	169	Supply chain management：A strategic perspective	美国	密歇根州立大学	大学
15	168	Cover crops and ecosystem services：Insights from studies in temperate soils	美国	内布拉斯加大学	大学
16	167	Arbuscular mycorrhiza and nitrogen：Implications for individual plants through to ecosystems	英国	约克大学	大学
17	166	Ecological interpretations of nitrogen isotope ratios of terrestrial plants and soils	美国	乔纳风险投资	企业
18	162	Low-altitude，high-resolution aerial imaging systems for row and field crop phenotyping：A review	荷兰	瓦赫宁根大学	大学
19	161	The contribution of wheat to human diet and health	英国	英国洛桑试验站	科研机构
20	160	Agroecology and the design of climate change-resilient farming systems	美国	加利福尼亚大学系统	大学
21	157	Phytohormones and their metabolic engineering for abiotic stress tolerance in crop plants	印度	克什米尔农业科技大学、浦那大学	大学
22	156	Eight principles of integrated pest management	法国	法国农业科学院	科研机构
23	155	Genome-wide association study for grain yield and related traits in an elite spring wheat population grown in temperate irrigated environments	国际组织	国际玉米小麦改良中心	科研机构
24	154	From leaf to whole-plant water use efficiency（WUE）in complex canopies：Limitations of leaf WUE as a selection target	西班牙	巴利阿里群岛大学	大学
25	153	Designing agroecological transitions：A review	法国	法国农业科学院	科研机构
26	147	Salt stress in maize：effects，resistance mechanisms，and management. A review	巴基斯坦	费萨拉巴德农业大学	大学
27	138	Improving agricultural water productivity to ensure food security in China under changing environment：From research to practice	中国	中国农业大学	大学
27	138	Ecological principles underlying the increase of productivity achieved by cereal-grain legume intercrops in organic farming：A review	法国	国立高等农业教育培训学院	科研机构
29	136	Simulating the impact of extreme heat and frost events on wheat crop production：A review	澳大利亚	澳大利亚环境和能源部	政府
30	133	Adaptation strategies for agricultural water management under climate change in Europe	西班牙	马德里理工大学	大学
31	129	Biochar to improve soil fertility：A review	中国	湖南大学	大学
32	127	Adoption and economics of alternate wetting and drying water management for irrigated lowland rice	菲律宾	国际水稻研究所	科研机构

（续表）

序号	被引频次	论文题目	国家/国际组织	机构	机构类型
33	126	Magnesium deficiency in plants：An urgent problem	中国	浙江科技大学	大学
33	126	Climate forcing datasets for agricultural modeling：Merged products for gap - filling and historical climate series estimation	美国	美国宇航局	政府
35	125	LC-MS/MS analysis，antioxidant and anticholinergic properties of galanga（*Alpinia officinarum* Hance） rhizomes	土耳其	阿塔图尔克大学	大学
35	125	Innovative methods in soil phosphorus research：A review	德国	罗斯托克大学	大学
37	124	The way forward in biochar research：targeting trade-offs between the potential wins	荷兰	瓦赫宁根大学	大学
37	124	Soil spectroscopy：An alternative to wet chemistry for soil monitoring	比利时	天主教鲁汶大学	大学
39	121	Nanocellulose in bio-based food packaging applications	巴西	巴西农牧研究院	科研机构
40	119	Software Selegen-REML/BLUP：A useful tool for plant breeding	巴西	维索萨联邦大学	大学
41	118	Improving winter wheat yield estimation by assimilation of the leaf area index from Landsat TM and MODIS data into the WOFOST model	中国	中国农业大学	大学
42	116	Spatiotemporal vegetation cover variations associated with climate change and ecological restoration in the Loess Plateau	中国	中国科学院	科研机构
43	115	Effects of different vegetation restoration on soil water storage and water balance in the Chinese Loess Plateau	中国	兰州大学	大学
44	114	The effect of nitrification inhibitors on the nitrous oxide（N_2O） release from agricultural soils：A review	德国	霍恩海姆大学	大学
44	114	Training set optimization under population structure in genomic selection	美国	康奈尔大学	大学
46	112	Rice yields and water use under alternate wetting and drying irrigation：A meta-analysis	美国	加利福尼亚大学系统	大学
46	112	Genes software - extended and integrated with the R，Matlab and Selegen	巴西	维索萨联邦大学	大学
46	112	The relationship between leaf area index and microclimate in tropical forest and oil palm plantation：Forest disturbance drives changes in microclimate	英国	帝国理工学院	大学
49	111	How good is good enough? Data requirements for reliable crop yield simulations and yield-gap analysis	美国	内布拉斯加大学	大学

（续表）

序号	被引频次	论文题目	国家/国际组织	机构	机构类型
49	111	Biostimulants and crop responses：A review	意大利	米兰大学	大学
51	108	High spatial resolution land use and land cover mapping wf the Brazilian Legal Amazon in 2008 using Landsat-5/TM and MODIS data	巴西	巴西国家空间研究所	科研机构
52	106	A renaissance for botanical insecticides?	加拿大	不列颠哥伦比亚大学	大学
52	106	Weed dynamics and conservation agriculture principles：A review	国际组织	国际玉米小麦改良中心	科研机构
54	105	Nonlinear regression models and applications in agricultural research	美国	爱荷华州立大学	大学
55	104	Root distribution by depth for temperate agricultural crops	加拿大	加拿大农业与农业食品部	政府
55	104	Use of antimicrobial nanoemulsions as edible coatings：Impact on safety and quality attributes of fresh-cut Fuji apples	西班牙	莱里达大学	大学
57	102	Microaggregates in soils	德国	耶拿大学	大学
57	102	Regulated deficit irrigation for crop production under drought stress：A review	中国、加拿大	甘肃农业大学、加拿大农业与农业食品部	大学、政府
59	101	Past and future use of wild relatives in crop breeding	国际组织、加拿大	全球农作物多样性信托基金、不列颠哥伦比亚大学	科研机构、大学
60	98	Industrial and crop wastes：A new source for nanocellulose biorefinery	西班牙	巴斯克大学	大学
60	98	Synthesis，crystal structure，herbicidal activities and 3D-QSAR study of some novel 1,2，4-triazolo［4,3-a］pyridine derivatives	中国	浙江工业大学	大学
62	97	Genetic gains in grain yield through genomic selection in eight bi-parental maize populations under drought stress	国际组织	国际玉米小麦改良中心	科研机构
63	96	Development and validation of KASP assays for genes underpinning key economic traits in bread wheat	中国	中国农业科学院	科研机构
63	96	Greener approach for synthesis of antibacterial silver nanoparticles using aqueous solution of neem gum（*Azadirachta indica* L.）	印度	SRM 大学	大学
65	95	Induced resistance to control postharvest decay of fruit and vegetables	意大利	马尔凯理工大学	大学
66	94	Estimation of biomass in wheat using random forest regression algorithm and remote sensing data	中国	扬州大学	大学
67	93	Tensile and flexural properties of polylactic acid-based hybrid green composites reinforced by kenaf，bamboo and coir fibers	日本	德岛大学	大学

（续表）

序号	被引频次	论文题目	国家/国际组织	机构	机构类型
68	92	The science, development, and commercialization of postharvest biocontrol products	以色列	以色列农业农村发展部	政府
68	92	MAGIC populations in crops: Current status and future prospects	澳大利亚	澳大利亚联邦科学与工业研究组织	科研机构
70	91	Thermal and structure analysis on reaction mechanisms during the preparation of activated carbon fibers by KOH activation from liquefied wood-based fibers	中国	北京林业大学	大学
70	91	A meta-analysis on pyrogenic organic matter induced priming effect	瑞士	苏黎世大学	大学
70	91	Contamination and remediation of phthalic acid esters in agricultural soils in China: A review	中国	浙江农林大学	大学
73	90	Biomass production and carbon/nitrogen ratio influence ecosystem services from cover crop mixtures	美国	宾夕法尼亚州立大学	大学
73	90	Surface-modified nano-cellulose as reinforcement in poly (lactic acid) to conform new composites	西班牙	巴斯克大学	大学
73	90	Processing of PLA nanocomposites with cellulose nanocrystals extracted from Posidonia oceanica waste: Innovative reuse of coastal plant	西班牙	巴斯克大学	大学
73	90	Polysaccharides as safer release systems for agrochemicals	巴西	圣保罗州立大学	大学
77	89	The next generation of insecticides: dsRNA is stable as a foliar-applied insecticide	美国	康奈尔大学	大学
77	89	Are vegetation indices derived from consumer-grade cameras mounted on UAVs sufficiently reliable for assessing experimental plots?	丹麦	哥本哈根大学	大学
77	89	Heat stress in cereals: Mechanisms and modelling	德国	波恩大学	大学
80	88	Replacement of the European wheat yellow rust population by new races from the centre of diversity in the near-Himalayan region	丹麦	奥胡斯大学	大学
80	88	Assimilating a synthetic Kalman filter leaf area index series into the WOFOST model to improve regional winter wheat yield estimation	中国	中国农业大学	大学
80	88	Flupyradifurone: a brief profile of a new butenolide insecticide	德国	拜耳公司	企业
80	88	Softwood kraft lignin for value-added applications: Fractionation and structural characterization	芬兰	阿尔托大学	大学
84	87	Azole fungicides-understanding resistance mechanisms in agricultural fungal pathogens	英国	斯旺西大学	大学

（续表）

序号	被引频次	论文题目	国家/国际组织	机构	机构类型
84	87	A systematic study substituting polyether polyol with palm kernel oil based polyester polyol in rigid polyurethane foam	澳大利亚	昆士兰大学	大学
86	86	Edible films and coatings based on starch/gelatin：Film properties and effect of coatings on quality of refrigerated Red Crimson grapes	巴西	Universidade Federal da Grande Dourados	大学
86	86	Sugarcane Agriculture and Sugar Industry in China	中国	中华人民共和国农业农村部	政府
86	86	Perspectives for genomic selection applications and research in plants	美国	康奈尔大学	大学
86	86	Climate change and Mediterranean agriculture：Impacts on winter wheat and tomato crop evapotranspiration，irrigation requirements and yield	意大利	巴里地中海农艺研究所	科研机构
90	85	Overview of glyphosate-resistant weeds worldwide	美国	抗除草剂杂草国际调查组织	科研机构
90	85	DNA sequence-based identification of Fusarium：Current status and future directions	美国	美国农业部	政府
92	84	Climate change and eastern Africa：A review of impact on major crops	美国	密歇根州立大学	大学
93	83	Assesment of technical lignins for uses in biofuels and biomaterials：Structure-related properties，proximate analysis and chemical modification	西班牙、瑞典	巴斯克大学、瑞典皇家理工学院	大学
93	83	Physical and chemical characterizations of corn stalk resulting from hydrogen peroxide presoaking prior to ammonia fiber expansion pretreatment	中国	浙江农林大学	大学
93	83	Struvite：a slow-release fertiliser for sustainable phosphorus management?	英国	School of Environment，Natural Resources and Geography	大学
93	83	Softwood kraft lignin：Raw material for the future	瑞典	瑞典皇家理工学院	大学
93	83	Kraft lignin as filler in PLA to improve ductility and thermal properties	西班牙	巴斯克大学	大学
93	83	Urban vegetable for food security in cities：A review	德国	波恩大学	大学
99	82	Effect of chitosan-Aloe vera coating on postharvest quality of blueberry（*Vaccinium corymbosum*）fruit	葡萄牙	米尼奥大学	大学
99	82	Integrated management of postharvest gray mold on fruit crops	意大利	马尔凯理工大学	大学
99	82	Acclimation and tolerance strategies of rice under drought stress	印度	Govind Ballabh Pant 农业技术大学	大学

（3）领域高产作者分析：中国高产作者数位居第一，中国农业大学机构优势明显

在农艺学Top100高产作者（共100位①）中，在国家层面，中国拥有35位（28位来自大学，7位来自科研机构），占全球35%，排名第一；美国有24位（20位来自大学，4位来自政府），占全球24%，排名第二。在机构层面，中国农业大学有9位，是全球高产作者最多的机构；南京农业大学和西澳大学均有6位，排名第二；霍恩海姆大学有5位，排名第三；中国农业科学院、华中农业大学、国际玉米小麦改良中心、美国农业部和内布拉斯加大学均有4位，排名第五。农艺学Top100高产作者中，有78位来自大学，这说明大学成为该领域研究的主力军（表2-10）。

表2-10 农艺学Top100高产作者情况

序号	h指数	高产作者	国家/国际组织	机构	机构类型
1	15	Grassini Patricio	美国	内布拉斯加大学	大学
1	15	Ewert Frank	德国	波恩大学	大学
3	14	Siddique Kadambot H. M.	澳大利亚	西澳大学	大学
3	14	Maggi Filippo	意大利	卡梅里诺大学	大学
5	13	李凤民	中国	兰州大学	大学
5	13	杜太生	中国	中国农业大学	大学
5	13	Tranel Patrick J.	美国	伊利诺伊大学系统	大学
5	13	Crossa Jose	国际组织	国际玉米小麦改良中心	科研机构
5	13	Chauhan Bhagirath Singh	澳大利亚	昆士兰大学	大学
5	13	Asseng Senthold	美国	佛罗里达大学	大学
11	12	陶福亦	中国	中国科学院	科研机构
11	12	康绍忠	中国	中国农业大学	大学
11	12	Visser Richard G. F.	荷兰	瓦赫宁根大学	大学
11	12	Olesen Jorgen E.	丹麦	奥胡斯大学	大学
11	12	Lal Rattan	美国	俄亥俄州立大学	大学
11	12	Cassman Kenneth G.	美国	内布拉斯加大学	大学
11	12	Benelli Giovanni	意大利	比萨大学	大学

① 本书将农艺学全部论文按照作者h指数进行总排序，取前100位，可能存在并列数据导致实际大于100位，其他学科情况类似，不再赘述。

（续表）

序号	h 指数	高产作者	国家/国际组织	机构	机构类型
18	11	张名位	中国	广东省农业科学院	科研机构
18	11	杨文钰	中国	四川农业大学	大学
18	11	黄冠华	中国	中国农业大学	大学
18	11	陈新平	中国	中国农业大学	大学
18	11	Weng Yiqun	美国	威斯康星大学系统	大学
18	11	Smith Pete	英国	阿伯丁大学	大学
18	11	Kuzyakov Yakov	德国	哥廷根大学	大学
18	11	Fahad Shah	中国	华中农业大学	大学
18	11	Dreisigacker Susanne	国际组织	国际玉米小麦改良中心	科研机构
18	11	Chao Shiaoman	美国	美国农业部	政府
28	10	周治国	中国	南京农业大学	大学
28	10	郑永华	中国	南京农业大学	大学
28	10	杨峰	中国	四川农业大学	大学
28	10	佟玲	中国	中国农业大学	大学
28	10	孟亚利	中国	南京农业大学	大学
28	10	陈兵林	中国	南京农业大学	大学
28	10	曹卫星	中国	南京农业大学	大学
28	10	Wang Enli	澳大利亚	澳大利亚联邦科学与工业研究组织	科研机构
28	10	Varshney Rajeev K.	国际组织	国际半干旱热带作物研究所	科研机构
28	10	van der Werf Wopke	荷兰	瓦赫宁根大学	大学
28	10	Turner Neil C.	澳大利亚	西澳大学	大学
28	10	Singh Ravi P.	国际组织	国际玉米小麦改良中心	科研机构
28	10	Sadras Victor O.	澳大利亚	南澳大利亚研究与发展研究所	科研机构
28	10	Richardson Andrew D.	美国	哈佛大学	大学
28	10	Reynolds Matthew P.	国际组织	国际玉米小麦改良中心	科研机构
28	10	Reif Jochen C.	德国	德国莱布尼茨学会	科研机构
28	10	Pizzi A.	法国	洛林大学	大学

（续表）

序号	h 指数	高产作者	国家/国际组织	机构	机构类型
28	10	Norsworthy Jason K.	美国	阿肯色大学	大学
28	10	Melchinger Albrecht E.	德国	霍恩海姆大学	大学
28	10	Longin C. Friedrich H.	德国	霍恩海姆大学	大学
28	10	Lewandowski Iris	德国	霍恩海姆大学	大学
28	10	Lamichhane Jay Ram	法国	法国农业科学院	科研机构
28	10	Jugulam Mithila	美国	堪萨斯州立大学	大学
28	10	Jhala Amit J.	美国	内布拉斯加大学	大学
28	10	Giller Ken E.	荷兰	瓦格宁根大学	大学
28	10	Gan Yantai	加拿大	加拿大农业与农业食品部	政府
28	10	Davis Adam S.	美国	美国农业部	政府
55	9	邹应斌	中国	湖南农业大学	大学
55	9	张昭	中国	北京师范大学	大学
55	9	张喜英	中国	中国科学院	科研机构
55	9	夏先春	中国	中国农业科学院	科研机构
55	9	孙润仓	中国	北京林业大学	大学
55	9	孙启新	中国	中国农业大学	大学
55	9	沈其荣	中国	南京农业大学	大学
55	9	彭少兵	中国	华中农业大学	大学
55	9	聂立孝	中国	华中农业大学	大学
55	9	李思恩	中国	中国农业大学	大学
55	9	李立会	中国	中国农业科学院	科研机构
55	9	李建章	中国	北京林业大学	大学
55	9	李成亮	中国	山东农业大学	大学
55	9	黄敏	中国	湖南农业大学	大学
55	9	黄建良	中国	华中农业大学	大学
55	9	何中虎	中国	中国农业科学院	科研机构
55	9	何平	中国	中国农业科学院	科研机构
55	9	丁日升	中国	中国农业大学	大学

（续表）

序号	h 指数	高产作者	国家/国际组织	机构	机构类型
55	9	崔振岭	中国	中国农业大学	大学
55	9	Young Bryan G.	美国	普渡大学	大学
55	9	Xiao Xiangming	美国	俄克拉荷马大学	大学
55	9	Wuerschum Tobias	德国	霍恩海姆大学	大学
55	9	Voorrips Roeland E.	荷兰	瓦赫宁根大学	大学
55	9	Snowdon Rod J.	德国	吉森大学	大学
55	9	Slafer Gustavo A.	西班牙	莱里达大学	大学
55	9	Powles Stephen B.	澳大利亚	西澳大学	大学
55	9	Nendel Claas	德国	德国莱布尼茨学会	科研机构
55	9	McNamara Niall P.	英国	兰开斯特大学	大学
55	9	Li Zenglu	美国	佐治亚大学系统	大学
55	9	Leiser Willmar L.	德国	霍恩海姆大学	大学
55	9	Lambers Hans	澳大利亚	西澳大学	大学
55	9	Labidi Jalel	西班牙	巴斯克大学	大学
55	9	Kruger Greg R.	美国	内布拉斯加大学	大学
55	9	Hashemi Masoud	美国	马萨诸塞大学系统	大学
55	9	Gaiser Thomas	德国	波恩大学	大学
55	9	Farooq Muhammad	澳大利亚	西澳大学	大学
55	9	Farooq M.	澳大利亚	西澳大学	大学
55	9	Dubcovsky Jorge	美国	加利福尼亚大学系统	大学
55	9	Cregan Perry B.	美国	美国农业部	政府
55	9	Conley Shawn P.	美国	威斯康星大学系统	大学
55	9	Ciampitti Ignacio A.	美国	堪萨斯州立大学	大学
55	9	Brown-Guedira Gina	美国	北卡罗来纳州立大学	大学
55	9	Bras Julien	法国	格勒诺布尔综合理工学院	大学
55	9	Bradley Kevin W.	美国	密苏里大学	大学
55	9	Baley Christophe	法国	布雷斯特大学	大学
55	9	Bai Guihua	美国	美国农业部	政府

（4）领域国际合作分析：中国和美国在国际合作中占比突出

2015—2019 年，22 国第一作者和通讯作者国际合作发文量直接加和为 13214 篇。其中，中国排名第一，为 2783 篇，占比 21.06%，是英国的 3 倍多；美国排名第二，为 1988 篇，占比 15.04%（图 2-19）。

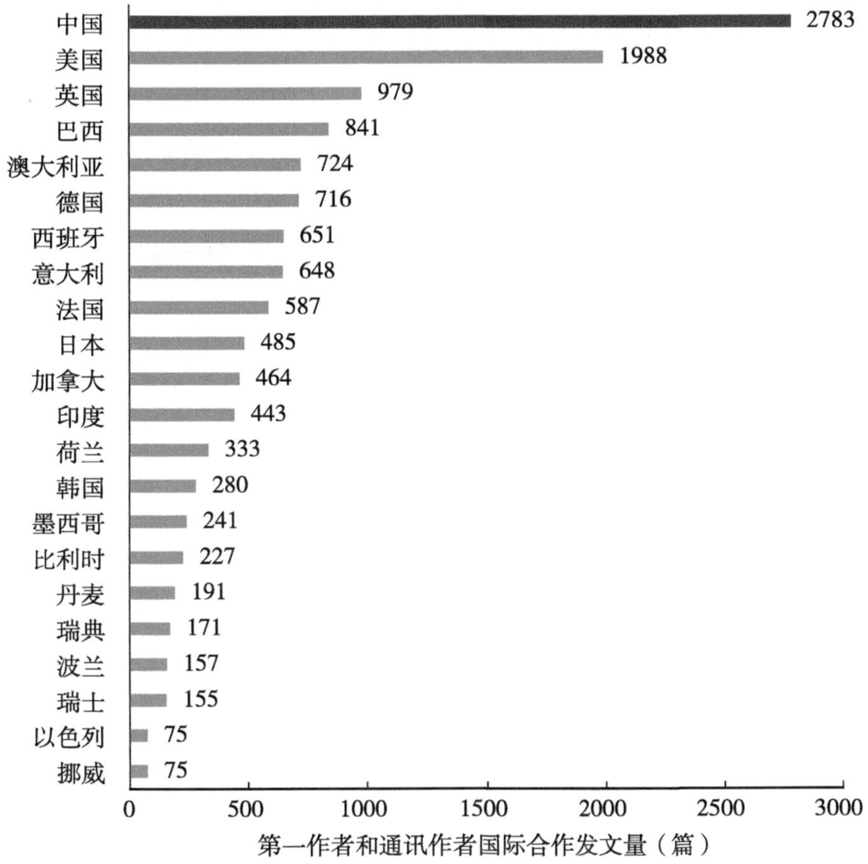

图 2-19 2015—2019 年农艺学第一作者和通讯作者国际合作发文量

2.2.3 环境科学

（1）领域科技论文竞争力指数分析：中国科技论文竞争力全球最强，但影响力有待加强

中国、美国、英国跻身前三，竞争力得分均大于 9，且 3 个国家竞争力得分接近，远远高于其他国家。其中，英国的发文量、CNCI 和高被引论文量排名均衡，均在全球前五名；而中国和美国虽然在发文量和高被引论文量两个指标上排名前三，但 CNCI 指标排名均靠后，需进一步提高。德国、澳大利亚、荷兰、法国、瑞士、意大利、瑞典、加拿大、

挪威、西班牙、丹麦、比利时、韩国、巴西、印度、日本16个国家竞争力得分为3~7。其中，荷兰、瑞士、挪威和丹麦的CNCI指标全球排名前四，论文影响力方面较为突出。以色列、波兰、墨西哥3个国家竞争力得分小于3（表2-11）。

从发文量指标来看，22个国家发文量直接加和为117021篇。其中中国发表23615篇，排名第一，占总发文量的20.18%。美国发表21972篇，紧随其后排名第二，占总发文量的18.78%。中美两国的发文量均为英国的2倍左右。

从CNCI指标来看，22个国家均大于1，说明这些国家在环境科学领域的论文被引表现高于全球平均水平。其中，荷兰、瑞士、挪威、丹麦4个国家领先，中国CNCI为1.31，排名第十七位；从高被引论文量指标来看，英国、美国、中国3国排名前三且分数接近。英国的发文量虽远小于中国和美国，但高被引论文量却最高，说明英国在发展论文数量的同时，注重论文质量。

表2-11　2015—2019年国家环境科学科技论文竞争力指数

国家	国家科技论文竞争力（一级指标）		发文量（二级指标）			CNCI（二级指标）			高被引论文量（二级指标）		
	得分	排名	数量（篇）	得分	排名	数值	得分	排名	数量（篇）	得分	排名
中国	10.00	1	23615	10.00	1	1.31	6.26	17	454	9.23	3
美国	9.81	2	21972	9.30	2	1.35	6.45	16	455	9.25	2
英国	9.40	3	12094	5.12	3	1.85	8.83	5	492	10.00	1
德国	6.23	4	6456	2.73	4	1.71	8.15	8	246	5.00	4
澳大利亚	5.63	5	6158	2.61	5	1.63	7.79	10	194	3.94	5
荷兰	5.46	6	2672	1.13	14	2.09	10.00	1	137	2.78	8
法国	5.18	7	3693	1.56	11	1.79	8.53	7	153	3.11	6
瑞士	4.99	8	2106	0.89	15	2.08	9.92	2	94	1.91	12
意大利	4.99	9	5122	2.17	6	1.58	7.56	12	147	2.99	7
瑞典	4.66	10	3766	1.59	10	1.63	7.79	9	122	2.48	10
加拿大	4.65	11	4363	1.85	8	1.54	7.35	13	131	2.66	9
挪威	4.52	12	1106	0.47	20	2.06	9.86	3	59	1.20	19
西班牙	4.45	13	4498	1.90	7	1.50	7.17	14	111	2.26	11
丹麦	4.41	14	1486	0.63	19	1.94	9.26	4	66	1.34	16
比利时	4.16	15	1673	0.71	17	1.79	8.57	6	65	1.32	17
韩国	3.93	16	1495	0.63	18	1.62	7.74	11	81	1.65	13
巴西	3.22	17	3633	1.54	12	1.13	5.40	19	63	1.28	18

（续表）

国家	国家科技论文竞争力（一级指标）		发文量（二级指标）			CNCI（二级指标）			高被引论文量（二级指标）		
	得分	排名	数量（篇）	得分	排名	数值	得分	排名	数量（篇）	得分	排名
印度	3.16	18	3827	1.62	9	1.04	4.96	22	72	1.46	14
日本	3.11	19	3594	1.52	13	1.04	4.99	21	70	1.42	15
以色列	2.92	20	812	0.34	22	1.41	6.75	15	17	0.35	22
波兰	2.65	21	1853	0.78	16	1.12	5.36	20	30	0.61	20
墨西哥	2.56	22	1027	0.43	21	1.19	5.69	18	20	0.41	21

（2）领域高质量论文分析：中国高质量论文数跟跑美国，超八成产自大学

在环境科学 Top100 高质量论文中（共 100 篇），在国家层面，美国有 24 篇文章，排名第一，中国有 14 篇，排名第二。在机构层面，美国佛罗里达大学拥有 4 篇，是全球高质量论文最多的机构。中国科学院和中国农业科学院分别有 2 篇和 1 篇。Top100 高质量论文中 82 篇来自大学，占比 82.00%；17 篇来自科研机构，占比 17%；2 篇来自政府部门，占比 2%（表 2-12）。

这些高质量论文涉及环境科学多方面研究，包括但不限于重金属土壤污染、绿色废物堆肥、气候变化下森林扰动与恢复、太阳能等研究方向。

表 2-12　环境科学 Top100 高质量论文情况

序号	被引频次	论文题目	国家/国际组织	机构	机构类型
1	698	A review on the human health impact of airborne particulate matter	韩国	汉阳大学	大学
2	678	On underestimation of global vulnerability to tree mortality and forest die - off from hotter drought in the Anthropocene	美国	美国地质调查局	政府
3	647	The IPBES conceptual framework - connecting nature and people	阿根廷	阿根廷国家科学与技术研究理事会	科研机构
4	561	Rising temperatures reduce global wheat production	美国	佛罗里达大学	大学
5	524	Soil contamination in China: Current status and mitigation strategies	中国	南京农业大学	大学
6	504	Review on research achievements of biogas from anaerobic digestion	中国	西北农林科技大学	大学

（续表）

序号	被引频次	论文题目	国家/国际组织	机构	机构类型
7	482	Systemic insecticides（neonicotinoids and fipronil）：trends，uses，mode of action and metabolites	比利时	乌得勒支大学	大学
8	416	Microbial hotspots and hot moments in soil：Concept & review	德国	哥廷根大学	大学
9	395	Rapid and highly variable warming of lake surface waters around the globe	美国	伊利诺伊州立大学	大学
10	394	The significance of soils and soil science towards realization of the United Nations Sustainable Development Goals	荷兰	瓦赫宁根大学	大学
11	390	The global methane budget 2000–2012	法国	巴黎萨克雷大学	大学
12	380	A continental-scale hydrology and water quality model for Europe：Calibration and uncertainty of a high-resolution large-scale SWAT model	瑞士	苏黎世联邦理工学院	大学
13	378	Global carbon budget 2017	英国	东安格利亚大学	大学
14	377	Neonicotinoid contamination of global surface waters and associated risk to aquatic invertebrates：A review	加拿大	萨斯喀彻温大学	大学
15	373	A comparative review of biochar and hydrochar in terms of production，physico-chemical properties and applications	加拿大	圭尔夫大学	大学
16	370	MIX：a mosaic Asian anthropogenic emission inventory under the international collaboration framework of the MICS-Asia and HTAP	中国	清华大学	大学
17	369	Engineered/designer biochar for contaminant removal/immobilization from soil and water：Potential and implication of biochar modification	中国	香港理工大学	大学
18	367	Organophosphorus flame retardants and plasticizers：Sources，occurrence，toxicity and human exposure	中国	中国科学院	科研机构
19	365	A review of biochar as a low-cost adsorbent for aqueous heavy metal removal	美国	佛罗里达大学	大学
20	364	Using the class 1 integron-integrase gene as a proxy for anthropogenic pollution	澳大利亚	麦考瑞大学	大学
21	358	Microplastics in freshwater and terrestrial environments：Evaluating the current understanding to identify the knowledge gaps and future research priorities	英国	英国环境研究委员会水文与生态研究中心	科研机构
22	354	Soil carbon 4 per mille	澳大利亚	悉尼大学	大学
22	354	Heavy metals in agricultural soils of the European Union with implications for food safety	欧洲	欧盟委员会	科研机构
24	335	Forest disturbances under climate change	奥地利	维也纳自然资源与生命科学大学	大学

（续表）

序号	被引频次	论文题目	国家/国际组织	机构	机构类型
25	333	Distinct soil microbial diversity under long-term organic and conventional farming	瑞士	瑞士联邦政府农业生态研究所	科研机构
26	315	A global meta-analysis of the relative extent of intraspecific trait variation in plant communities	美国	加利福尼亚大学系统	大学
27	313	Valuing nature's contributions to people：The IPBES approach	西班牙、西班牙、英国	巴斯克大学、巴斯克科学基金会、剑桥大学	大学、科研机构
28	301	Worldwide decline of the entomofauna：A review of its drivers	澳大利亚	悉尼大学	大学
29	300	Physico-chemical properties and microbial responses in biochar-amended soils：Mechanisms and future directions	加拿大	麦吉尔大学	大学
30	293	Solar energy：Potential and future prospects	韩国	汉阳大学	大学
31	286	The challenge of electrochemical ammonia synthesis：A new perspective on the role of nitrogen scaling relations	美国	斯坦福大学	大学
32	283	Global carbon budget 2018	英国	东安格利亚大学	大学
32	283	Adsorption of VOCs onto engineered carbon materials：A review	美国	佛罗里达大学	大学
34	278	SUDS，LID，BMPs，WSUD and more - The evolution and application of terminology surrounding urban drainage	澳大利亚	墨尔本大学	大学
35	275	Carbon sequestration in agricultural soils via cultivation of cover crops-A meta-analysis	瑞典	瑞典农业科学大学	大学
36	270	The role of biomass and bioenergy in a future bioeconomy：Policies and facts	欧洲	欧盟委员会	科研机构
37	267	Bioenergy and biofuels：History，status，and perspective	美国	特拉华州立大学	大学
38	266	CdS-Based photocatalysts	中国	中国电子科技大学、华中农业大学	大学
39	265	Microplastics in sediments：A review of techniques，occurrence and effects	比利时	根特大学	大学
40	261	An international database for pesticide risk assessments and management	英国	赫特福德大学	大学
41	260	Improved annotation of antibiotic resistance determinants reveals microbial resistomes cluster by ecology	美国	华盛顿州立大学	大学
42	257	Occurrence of antibiotics and antibiotic resistance genes in a sewage treatment plant and its effluent-receiving river	中国	中国环境科学研究院	科研机构
43	253	Bioremediation of heavy metals from soil and aquatic environment：An overview of principles and criteria of fundamental processes	韩国	建国大学	大学

（续表）

序号	被引频次	论文题目	国家/国际组织	机构	机构类型
43	253	HTAP_ v2. 2：A mosaic of regional and global emission grid maps for 2008 and 2010 to study hemispheric transport of air pollution	欧洲	欧盟委员会	科研机构
45	252	Recent advances in utilization of biochar	美国	俄克拉荷马州立大学	大学
46	251	Genetic rescue to the rescue	美国	阿拉斯加大学	大学
47	248	The role of agri-environment schemes in conservation and environmental management	德国	哥廷根大学	大学
48	246	Functional identity and diversity of animals predict ecosystem functioning better than species-based indices	瑞典	瑞典农业科技大学	大学
49	242	Increased frequency of extreme La Nina events under greenhouse warming	澳大利亚	澳大利亚联邦科学与工业研究组织	科研机构
49	242	Effects of tropical deforestation on climate and agriculture	美国	弗吉尼亚大学	大学
51	240	Phytoremediation strategies for soils contaminated with heavy metals：Modifications and future perspectives	巴基斯坦	巴哈丁扎卡里亚大学、费萨拉巴德农业大学	大学
51	240	Exposure to pesticides and the associated human health effects	韩国	汉阳大学	大学
51	240	A comparative assessment of support vector regression，artificial neural networks，and random forests for predicting and mapping soil organic carbon stocks across an Afromontane landscape	挪威	挪威生命科学大学	大学
54	239	Overview and current status of remote sensing applications based on unmanned Aerial Vehicles（UAVs）	西班牙	马德里康普顿斯大学	大学
55	237	Perspective on polylactic acid（PLA）based sustainable materials for durable applications：Focus on toughness and heat resistance	荷兰	瓦格宁根大学	大学
55	237	Microbial interactions in the rhizosphere：beneficial influences of plant growth-promoting rhizobacteria on nutrient acquisition process：A review	意大利	巴里阿尔多莫罗大学	大学
57	235	CTFS-ForestGEO：A worldwide network monitoring forests in an era of global change	巴拿马	史密森热带研究所	科研机构
58	234	Recent developments and applications of the HYDRUS computer software packages	美国	加利福尼亚大学系统	大学
59	232	A multi-species synthesis of physiological mechanisms in drought-induced tree mortality	美国	俄克拉何马州立大学	大学
60	231	Abundance of common species，not species richness，drives delivery of a real-world ecosystem service	美国	罗格斯大学	大学

（续表）

序号	被引频次	论文题目	国家/国际组织	机构	机构类型
61	227	Long-term field application of sewage sludge increases the abundance of antibiotic resistance genes in soil	中国	中国科学院	科研机构
62	223	Plastic mulching in agriculture. Trading short-term agronomic benefits for long-term soil degradation?	德国	科布伦茨兰道大学	大学
63	222	Checklist of the native vascular plants of Mexico	墨西哥	墨西哥国立自治大学	大学
64	218	Climate sensitivity of shrub growth across the tundra biome	英国	爱丁堡大学	大学
64	218	Genomics and the challenging translation into conservation practice	瑞典	乌普萨拉大学	大学
66	217	Modeling soil processes：Review，key Challenges，and new perspectives	德国	德国于利希研究中心	科研机构
66	217	Competitive adsorption of heavy metals onto sesame straw biochar in aqueous solutions	韩国	国立顺天大学	大学
68	216	Effect of biochar additions to soil on nitrogen leaching，microbial biomass and bacterial community structure	中国	中国农业科学院	科研机构
68	216	Evolution of water lifting devices (pumps) over the centuries worldwide	希腊	亚里士多德大学	大学
70	215	Soil quality-A critical review	瑞士	瑞士有机农业研究所	科研机构
70	215	Validation of SMAP surface soil moisture products with core validation sites	美国	加利福尼亚理工学院	大学
70	215	Potentials of engineered nanoparticles as fertilizers for increasing agronomic productions	美国	俄亥俄州立大学	大学
73	213	Sustainable intensification of agriculture for human prosperity and global sustainability	瑞典	斯德哥尔摩大学	大学
73	213	Challenges in microbial ecology：building predictive understanding of community function and dynamics	英国	华威大学、爱丁堡大学	大学
73	213	Linking soils to ecosystem services-A global review	美国	威斯康星大学系统	大学
73	213	Restoring soil quality to mitigate soil degradation	美国	俄亥俄州立大学	大学
77	211	Co-occurrence and interactions of pollutants，and their impacts on soil remediation-A review	中国	湖南大学	大学
77	211	An integrated pan-tropical biomass map using multiple reference datasets	荷兰	瓦格宁根大学	大学
77	211	Batch and column sorption of arsenic onto iron-impregnated biochar synthesized through hydrolysis	美国	佛罗里达大学	大学

（续表）

序号	被引频次	论文题目	国家/国际组织	机构	机构类型
80	210	Pharmaceuticals in the environment-global occurrences and perspectives	德国	杜伊斯堡・埃森大学	大学
81	209	Intensive agriculture reduces soil biodiversity across Europe	希腊	亚里士多德大学	大学
82	207	Mapping global cropland and field size	奥地利	国际应用系统分析研究所	科研机构
82	207	Challenges and strategies for urban green-space planning in cities undergoing densification：A review	瑞典	瑞典农业科技大学	大学
84	205	Effect of bamboo and rice straw biochars on the mobility and redistribution of heavy metals （Cd，Cu，Pb and Zn） in contaminated soil	中国	浙江农林大学	大学
84	205	Membrane materials for water purification：design，development，and application	美国	美国能源部	政府
86	204	Phytoremediation of heavy metals assisted by plant growth promoting （PGP） bacteria：A review	中国	华中农业大学	大学
86	204	A synergistic biorefinery based on catalytic conversion of lignin prior to cellulose starting from lignocellulosic biomass	美国	普渡大学	大学
88	202	Reframing adaptation：The political nature of climate change adaptation	挪威	挪威生命科学大学	大学
89	201	Effects of soil management techniques on soil water erosion in apricot orchards	荷兰	瓦赫宁根大学	大学
89	201	Global change pressures on soils from land use and management	英国	阿伯丁大学	大学
89	201	Catalytic oxidation of biorefinery lignin to value-added chemicals to support sustainable biofuel production	美国	华盛顿州立大学	大学
92	199	Environmental impact of estrogens on human，animal and plant life：A critical review	中国	沈阳大学	大学
92	199	Go greener，feel better? The positive effects of biodiversity on the well-being of individuals visiting，urban and peri-urban green areas	意大利	罗马第三大学	大学
94	196	Environmental impact of dietary change：a systematic review	瑞典	隆德大学	大学
95	195	Degradation of chlorotriazine pesticides by sulfate radicals and the influence of organic matter	德国	杜伊斯堡・埃森大学	大学
96	194	Land-use futures in the shared socio-economic pathways	德国	波茨坦气候影响研究所	科研机构
96	194	Diversification practices reduce organic to conventional yield gap	美国	加利福尼亚伯克利大学	大学

（续表）

序号	被引频次	论文题目	国家/国际组织	机构	机构类型
98	193	Chromium speciation, bioavailability, uptake, toxicity and detoxification in soil-plant system: A review	巴基斯坦	康萨斯伊斯兰堡大学	大学
99	191	Reinventing residual reserves in the sea: are we favouring ease of establishment over need for protection?	加拿大	纽芬兰纪念大学	大学
99	191	Evaluation of slow pyrolyzed wood and rice husks biochar for adsorption of ammonium nitrogen from piggery manure anaerobic digestate slurry	中国	中国农业大学	大学

（3）领域高产作者分析：中国高产作者数全球领跑，且占比近半数

在环境科学 Top100 高产作者（共 124 位）中，在国家层面，中国有 52 位（39 位来自大学，13 位来自科研机构），占比 42%；美国有 24 位（均来自大学），占比 19%。在机构层面，中国科学院有 11 位，是全球高产作者最多的机构；南京农业大学排名第二，有 10 位；中国农业科学院有 1 位（表 2-13）。

表 2-13 环境科学 Top100 高产作者情况

序号	h 指数	高产作者	国家	机构	机构类型
1	31	Xing Baoshan	美国	马萨诸塞大学系统	大学
1	31	Ok Yong Sik	韩国	江原大学	大学
3	29	Singh Vijay P.	美国	得克萨斯 A&M 大学系统	大学
3	29	Kuzyakov Yakov	德国	哥廷根大学	大学
5	28	Gao Bin	美国	佛罗里达大学	大学
6	26	沈其荣	中国	南京农业大学	大学
6	26	Rinklebe Joerg	德国	伍珀塔尔大学	大学
8	23	曾光明	中国	湖南大学	大学
8	23	Smith Pete	英国	阿伯丁大学	大学
8	23	Cerda Artemi	西班牙	瓦伦西亚大学	大学
11	22	潘根兴	中国	南京农业大学	大学
12	21	王海龙	中国	浙江农林大学	大学
12	21	刘学军	中国	中国农业大学	大学
12	21	Lal Rattan	美国	俄亥俄州立大学	大学

（续表）

序号	h 指数	高产作者	国家	机构	机构类型
12	21	Deo Ravinesh C.	澳大利亚	南昆士兰大学	大学
16	20	周耀渝	中国	湖南农业大学	大学
16	20	Xiao Xiangming	美国	俄克拉荷马大学	大学
16	20	Tscharntke Teja	德国	哥廷根大学	大学
16	20	Tsang Daniel C. W.	中国	香港理工大学	大学
16	20	Kuemmerle Tobias	德国	柏林洪堡大学	大学
21	19	White Jason C.	美国	美国康涅狄格州农业实验站	大学
21	19	Wardle David A.	瑞典	瑞典农业科学大学	大学
21	19	Reich Peter B.	美国	明尼苏达大学	大学
21	19	Laudon Hjalmar	瑞典	瑞典农业科学大学	大学
21	19	Gardea-Torresdey Jorge L.	美国	得克萨斯大学系统	大学
26	18	张强	中国	中山大学	大学
26	18	徐建明	中国	浙江大学	大学
26	18	Potts Simon G.	英国	雷丁大学	大学
26	18	Peralta-Videa Jose R.	美国	得克萨斯大学系统	大学
26	18	Luo Yiqi	美国	俄克拉何马大学	大学
26	18	Ciais Philippe	法国	巴黎萨克雷大学	大学
26	18	Benelli Giovanni	意大利	比萨大学	大学
33	17	朱永官	中国	中国科学院	科研机构
33	17	赵方杰	中国	南京农业大学	大学
33	17	王克林	中国	中国科学院	科研机构
33	17	李恋卿	中国	南京农业大学	大学
33	17	法哈德	中国	华中农业大学	大学
33	17	Tian Hanqin	美国	奥本大学	大学
33	17	Kim Ki-Hyun	韩国	汉阳大学	大学
33	17	Herrero Mario	澳大利亚	澳大利亚联邦科学与工业研究组织	科研机构
33	17	Chen Deli	澳大利亚	墨尔本大学	大学
33	17	Bommarco Riccardo	瑞典	瑞典农业科学大学	大学

（续表）

序号	h 指数	高产作者	国家	机构	机构类型
33	17	Ahrens Lutz	瑞典	瑞典农业科学大学	大学
44	16	张福锁	中国	中国农业大学	大学
44	16	刘晓雨	中国	南京农业大学	大学
44	16	季跃飞	中国	南京农业大学	大学
44	16	邓祥征	中国	中国科学院	科研机构
44	16	程琨	中国	南京农业大学	大学
44	16	Zhou Jizhong	美国	俄克拉何马大学	大学
44	16	Verburg Peter H.	荷兰	阿姆斯特丹自由大学	大学
44	16	Salvati Luca	意大利	意大利农业科研和农业经济分析理事会	科研机构
44	16	Novara Agata	意大利	巴勒莫大学	大学
44	16	Mueller Christoph	德国	波茨坦气候影响研究所	科研机构
44	16	Lu Junhe	中国	南京农业大学	大学
44	16	Joseph Stephen	澳大利亚	新南威尔士大学	大学
44	16	Hussain Saddam	中国	华中农业大学	大学
44	16	He Ji-zheng	澳大利亚	墨尔本大学	大学
44	16	Dong Jinwei	美国	俄克拉何马大学	大学
44	16	Blagodatskaya Evgenia	德国	哥廷根大学	大学
44	16	Asseng Senthold	美国	佛罗里达大学	大学
61	15	朱鲁生	中国	山东农业大学	大学
61	15	郑聚锋	中国	南京农业大学	大学
61	15	张旭辉	中国	南京农业大学	大学
61	15	颜晓元	中国	中国科学院	科研机构
61	15	吴金水	中国	中国科学院	科研机构
61	15	王军	中国	山东农业大学	大学
61	15	王金花	中国	山东农业大学	大学
61	15	王成菊	中国	中国农业大学	大学
61	15	陶澍	中国	北京大学	大学
61	15	汤琳	中国	湖南大学	大学

（续表）

序号	h 指数	高产作者	国家	机构	机构类型
61	15	梁东丽	中国	西北农林科技大学	大学
61	15	葛体达	中国	中国科学院	科研机构
61	15	董仁杰	中国	中国农业大学	大学
61	15	Yang Gaihe	中国	西北农林科技大学	大学
61	15	Tarolli Paolo	意大利	帕多瓦大学	大学
61	15	Steenhuis Tammo S.	美国	康奈尔大学	大学
61	15	Penuelas Josep	西班牙	生态与林业应用研究中心	科研机构
61	15	Nendel Claas	德国	德国莱布尼茨学会	科研机构
61	15	Naidu Ravi	澳大利亚	纽卡斯尔大学	大学
61	15	Keesstra Saskia	荷兰	瓦赫宁根大学	大学
61	15	Huang Qingguo	美国	佐治亚大学系统	大学
61	15	Ewert Frank	德国	波恩大学	大学
61	15	Buchmann Nina	瑞士	瑞士苏黎世联邦理工学院	大学
61	15	Brookes Philip C.	中国	浙江大学	大学
61	15	Borga Marco	意大利	帕多瓦大学	大学
61	15	Basu Niladri	加拿大	麦吉尔大学	大学
61	15	Bacenetti Jacopo	意大利	米兰大学	大学
88	14	张嘉超	中国	湖南农业大学	大学
88	14	杨肖娥	中国	浙江大学	大学
88	14	徐明岗	中国	中国农业科学院	科研机构
88	14	吴普特	中国	西北农林科技大学	大学
88	14	王强	中国	浙江农业科学院	科研机构
88	14	陶福亦	中国	中国科学院	科研机构
88	14	罗琳	中国	湖南农业大学	大学
88	14	林先贵	中国	中国科学院	科研机构
88	14	李国学	中国	中国农业大学	大学
88	14	康绍忠	中国	中国农业大学	大学
88	14	郭萍	中国	中国农业大学	大学
88	14	冯雄汉	中国	华中农业大学	大学

（续表）

序号	h 指数	高产作者	国家	机构	机构类型
88	14	杜太生	中国	中国农业大学	大学
88	14	丁维新	中国	中国科学院	科研机构
88	14	褚海燕	中国	中国科学院	科研机构
88	14	Zhu Zhenke	中国	中国科学院	科研机构
88	14	Wiberg Karin	瑞典	瑞典农业科学大学	大学
88	14	Van Zwieten Lukas	澳大利亚	新南威尔士州第一产业部	政府
88	14	Singh Bhupinder Pal	澳大利亚	新南威尔士州第一产业部	政府
88	14	Qin Yuanwei	美国	俄克拉何马州立大学	大学
88	14	Minasny Budiman	澳大利亚	悉尼大学	大学
88	14	Ma Chuanxin	美国	马萨诸塞大学系统	大学
88	14	Lobell David B.	美国	斯坦福大学	大学
88	14	Loaiciga Hugo A.	美国	加利福尼亚大学系统	大学
88	14	Kremen Claire	美国	加利福尼亚大学系统	大学
88	14	Kattge Jens	德国	马克斯·普朗克科学促进学会	科研机构
88	14	Kardol Paul	瑞典	瑞典农业科学大学	大学
88	14	Hu Hang-Wei	澳大利亚	墨尔本大学	大学
88	14	He Zhenli	美国	佛罗里达大学	大学
88	14	Eisenhauer Nico	德国	莱比锡综合生物多样性研究中心	科研机构
88	14	Desneux Nicolas	法国	法国农业科学院	科研机构
88	14	Chen Jiquan	美国	密歇根州立大学	大学
88	14	Bundschuh Mirco	瑞典	瑞典农业科学大学	大学
88	14	Bryan Brett A.	澳大利亚	澳大利亚联邦科学与工业研究组织	科研机构
88	14	Basso Bruno	美国	密歇根州立大学	大学
88	14	Angeler David G.	瑞典	瑞典农业科学大学	大学
88	14	Adamowski Jan	加拿大	麦吉尔大学	大学

（4）领域国际合作分析：中国和美国在国际合作中占比较高

2015—2019 年，22 国第一作者和通讯作者国际合作发文量直接加和为 36801 篇。中国排名第一，为 8788 篇，占比 23.88%；美国和英国分别排名第二和第三，国际合作发文量分别为5604篇和3818篇。中国国际合作发文量是英国的2倍多，差距明显（图2-20）。

图2-20 2015—2019年环境科学第一作者和通讯作者国际合作发文量

2.2.4 园艺学

（1）领域科技论文竞争力指数分析：中国科技论文竞争力优势明显，意大利整体发展均衡且较优

中国在园艺学论文竞争力排名第一，远大于美国。美国和意大利分别排名第二和第三。中国发文量和高被引论文量均排名第一，但CNCI排名第十；意大利在三个指标发展均衡且均排名前四。以色列、法国、英国、荷兰、墨西哥、澳大利亚、德国、西班牙、加拿大、丹麦、瑞士11个国家竞争力得分为3~6。其中，荷兰的CNCI为1.61，排名第一。巴西、比利时、瑞典、日本、印度、韩国、波兰、挪威8个国家竞争力得分小于3。虽整体排名靠后，但印度、韩国和日本的发文量分别排名第三、第五和第六（表2-14）。

从发文量指标来看，22个国家发文量直接加和为11801篇。其中，中国发表3129

篇，排名第一，占总发文量的 26.51%。美国发表 2581 篇，排名第二，占总发文量的 21.87%。中国和美国的发文量分别是排名第三的印度的 4 倍多、3 倍多，优势明显。

从 CNCI 指标来看，22 个国家中有 14 个国家 CNCI 大于 1，说明这些国家论文被引表现高于全球平均水平。其中，荷兰、以色列、意大利三国领先且分数接近，中国 CNCI 为 1.18，排名第十。从高被引论文量指标来看，中国、意大利高被引论文量均为 15 篇，排名第一；美国 12 篇，排名第三。

表 2-14　2015—2019 年国家园艺学科技论文竞争力指数

国家	国家科技论文竞争力（一级指标）		发文量（二级指标）			CNCI（二级指标）			高被引论文量（二级指标）		
	得分	排名	数量（篇）	得分	排名	数值	得分	排名	数量（篇）	得分	排名
中国	10.00	1	3129	10.00	1	1.18	7.30	10	15	10.00	1
美国	8.11	2	2581	8.25	2	0.95	5.90	16	12	8.00	3
意大利	7.89	3	695	2.22	4	1.50	9.31	3	15	10.00	1
以色列	5.16	4	131	0.42	16	1.56	9.66	2	6	4.00	4
法国	4.85	5	161	0.51	15	1.41	8.72	4	6	4.00	4
英国	4.17	6	351	1.12	10	1.23	7.61	9	4	2.67	6
荷兰	4.02	7	101	0.32	17	1.61	10.00	1	1	0.67	13
墨西哥	4.02	8	173	0.55	14	1.36	8.43	5	3	2.00	7
澳大利亚	3.88	9	517	1.65	7	1.12	6.94	12	3	2.00	7
德国	3.72	10	297	0.95	12	1.27	7.86	8	2	1.33	9
西班牙	3.40	11	435	1.39	9	1.17	7.22	11	1	0.67	13
加拿大	3.33	12	329	1.05	11	1.08	6.71	13	2	1.33	9
丹麦	3.11	13	36	0.12	21	1.35	8.38	6	0	0.00	17
瑞士	3.03	14	45	0.14	20	1.31	8.13	7	0	0.00	17
巴西	2.92	15	487	1.56	8	0.82	5.07	18	2	1.33	9
比利时	2.87	16	92	0.29	18	1.00	6.20	15	2	1.33	9
瑞典	2.44	17	78	0.25	19	1.03	6.40	14	0	0.00	17
日本	2.37	18	595	1.90	6	0.74	4.58	19	0	0.00	17
印度	2.28	19	712	2.28	3	0.53	3.29	22	1	0.67	13
韩国	2.27	20	626	2.00	5	0.68	4.21	21	0	0.00	17
波兰	2.14	21	204	0.65	13	0.73	4.53	20	1	0.67	13
挪威	1.94	22	26	0.08	22	0.84	5.20	17	0	0.00	17

（2）领域高质量论文分析：中国高质量论文数全球第一，美国农业部、意大利图西亚大学和南京农业大学是全球高质量论文数最多的机构

在园艺学 Top100 高质量论文中（共 106 篇），中国有 26 篇文章，占比 25%，排名第

一；美国、意大利分别有21篇，分别占比20%，并列排名第二。其中，美国农业部、意大利图西亚大学和南京农业大学均有5篇，是全球有高质量论文最多的机构。中国农业科学院有3篇。Top100高质量论文中72篇来自大学，占比67.92%，26篇来自科研机构，9篇来自政府部门（表2-15）。

这些高质量论文涉及园艺学多方面研究，包括但不限于果蔬硝酸盐和亚硝酸盐、果蔬菜品质、叶面施用蛋白水解物、果蔬采后病害等研究方向。

表2-15 园艺学Top100高质量论文情况

序号	被引频次	论文题目	国家/国际组织	机构	机构类型
1	170	Humic and fulvic acids as biostimulants in horticulture	巴西	北弗鲁米嫩塞州立大学	大学
2	143	Seaweed extracts as biostimulants in horticulture	加拿大	达尔豪斯大学	大学
3	121	Carotenoid metabolism and regulation in horticultural crops	美国	康奈尔大学	大学
4	120	Arbuscular mycorrhizal fungi act as biostimulants in horticultural crops	意大利	那不勒斯费德里科二世大学	大学
5	114	Training set optimization under population structure in genomic selection	美国	康奈尔大学	大学
6	111	Biostimulants and crop responses：A review	意大利	米兰大学	大学
7	109	Protein hydrolysates as biostimulants in horticulture	意大利	图西亚大学	大学
8	95	Induced resistance to control postharvest decay of fruit and vegetables	意大利	马尔凯理工大学	大学
9	92	The science，development，and commercialization of postharvest biocontrol products	以色列	以色列农业农村发展部	政府
9	92	MAGIC populations in crops：Current status and future prospects	澳大利亚	澳大利亚联邦科学与工业研究组织	科研机构
11	90	The effect of a plant-derived biostimulant on metabolic profiling and crop performance of lettuce grown under saline conditions	意大利	图西亚大学	大学
12	82	Effect of chitosan-Aloe vera coating on postharvest quality of blueberry（*Vaccinium corymbosum*）fruit	葡萄牙	米尼奥大学	大学
12	82	Integrated management of postharvest gray mold on fruit crops	意大利	马尔凯理工大学	大学
14	72	Effect of cold plasma treatment on physico-chemical parameters and antioxidant activity of minimally processed kiwifruit	意大利	博洛尼亚大学	大学
15	71	Increasing the productivity and product quality of vegetable crops using arbuscular mycorrhizal fungi：A review	德国	罗斯托克大学	大学

（续表）

序号	被引频次	论文题目	国家/国际组织	机构	机构类型
16	70	The bZIP transcription factor MdHY5 regulates anthocyanin accumulation and nitrate assimilation in apple	中国	山东农业大学	大学
17	69	A genome-wide association study reveals novel elite allelic variations in seed oil content of Brassica napus	中国	华中农业大学	大学
17	69	The roles of metabolism of membrane lipids and phenolics in hydrogen peroxide - induced pericarp browning of harvested longan fruit	中国	福建农林大学	大学
19	66	Decay control in the postharvest system：Role of microbial and plant volatile organic compounds	意大利	博洛尼亚大学	大学
19	66	Alternative management technologies for postharvest disease control：The journey from simplicity to complexity	美国	美国农业部	政府
19	66	Rapid and reliable identification of tomato fruit weight and locule number loci by QTL-seq	美国	俄亥俄州立大学	大学
22	64	A high - density SNP genotyping array for *Brassica napus* and its ancestral diploid species based on optimised selection of single-locus markers in the allotetraploid genome	加拿大	加拿大农业与农业食品部	政府
22	64	Blue LED light enhances growth，phytochemical contents，and antioxidant enzyme activities of *Relunannia glutinosa* cultured in vitro	韩国	庆尚大学	大学
24	61	Foliar applications of a legume - derived protein hydrolysate elicit dose-dependent increases of growth，leaf mineral composition，yield and fruit quality in two greenhouse tomato cultivars	意大利	那不勒斯费德里科二世大学	大学
25	57	A splice acceptor site mutation in TaGW2-A1 increases thousand grain weight in tetraploid and hexaploid wheat through wider and longer grains	英国	英国生物技术和生物科学研究理事会	科研机构
25	57	Cassava virus diseases：Biology，epidemiology，and management	坦桑尼亚	国际热带农业研究所	科研机构
27	56	Towards a new definition of quality for fresh fruits and vegetables	塞浦路斯	农业资源研究所	科研机构
27	56	Molecular characterization of a new powdery mildew resistance gene Pm54 in soft red winter wheat	美国	佐治亚大学系统	大学
29	55	Improving phosphorus use efficiency in agriculture：Opportunities for breeding	荷兰	瓦赫宁根大学	大学
30	54	Envirotyping for deciphering environmental impacts on crop plants	中国、国际组织	中国农业科学院、国际玉米小麦改良中心	科研机构

（续表）

序号	被引频次	论文题目	国家/国际组织	机构	机构类型
31	53	Nitrate in fruits and vegetables	意大利	图西亚大学	大学
31	53	Effect of active modified atmosphere and cold storage on the postharvest quality of cherry tomatoes	巴西	圣卡塔琳娜联邦大学	大学
33	52	Improving vegetable quality in controlled environments	意大利	那不勒斯费德里科二世大学	大学
33	52	Effect of brassinolide on energy status and proline metabolism in postharvest bamboo shoot during chilling stress	中国	浙江大学	大学
33	52	Identification and fine-mapping of a new resistance gene，Xa40，conferring resistance to bacterial blight races in rice（*Oryza sativa* L.）	菲律宾	国际水稻研究所	科研机构
33	52	Genome - wide association study（GWAS）of carbon isotope ratio（delta C - 13）in diverse soybean［*Glycine max*（L.）Merr.］genotypes	美国	密苏里大学	大学
37	51	GRAS，plant-and animal-derived compounds as alternatives to conventional fungicides for the control of postharvest diseases of fresh horticultural produce	西班牙	巴伦西亚农业研究院	科研机构
37	51	Genome-wide association mapping for stripe rust（*Puccinia striiformis* F. sp *tritici*）in US Pacific Northwest winter wheat（*Triticum aestivum* L.）	荷兰	瓦赫宁根大学	大学
39	50	Biostimulants in horticulture Preface	意大利	图西亚大学	大学
39	50	Influence of postharvest chitosan treatment on enzymatic browning and antioxidant enzyme activity in sweet cherry fruit	意大利	意大利农业科研和农业经济分析理事会	科研机构
39	50	Genome - wide association analysis reveals new targets for carotenoid biofortification in maize	国际组织	国际玉米小麦改良中心	科研机构
42	49	Comparing genomic selection and marker-assisted selection for Fusarium head blight resistance in wheat（*Triticum aestivum* L.）	美国	伊利诺伊大学系统	大学
42	49	Conventional breeding，marker - assisted selection，genomic selection and inbreeding in clonally propagated crops：A case study for cassava	哥伦比亚	国际热带农业中心	科研机构
42	49	Development and evaluation of near-isogenic lines for major blast resistance gene（s）in Basmati rice	印度	印度农业研究理事会	科研机构
45	48	Effect of 24-epibrassinolide on chilling injury of peach fruit in relation to phenolic and proline metabolisms	中国	华中农业大学	大学

（续表）

序号	被引频次	论文题目	国家/国际组织	机构	机构类型
45	48	Genome-wide association study, genomic prediction and marker-assisted selection for seed weight in soybean (*Glycine max*)	美国	弗吉尼亚州立大学	大学
45	48	QTL mapping in multiple populations and development stages reveals dynamic quantitative trait loci for fruit size in cucumbers of different market classes	美国	威斯康星大学系统	大学
45	48	Effects of LED supplemental lighting on yield and some quality parameters of lamb's lettuce grown in two winter cycles	波兰	克拉科夫科翁泰农学院	大学
45	48	Effects of A. nodosum seaweed extracts on spinach growth, physiology and nutrition value under drought stress	美国	美国农业部	政府
50	47	Physical treatments to control postharvest diseases of fresh fruits and vegetables	西班牙	加泰罗尼亚农业科学院	科研机构
50	47	Genome-wide association and genomic prediction of resistance to maize lethal necrosis disease in tropical maize germplasm	国际组织	国际玉米小麦改良中心	科研机构
50	47	Genome-editing technologies and their potential application in horticultural crop breeding	中国	南京农业大学	大学
50	47	Glycosidically bound volatile aroma compounds in grapes and wine: A Review	美国	加利福尼亚大学系统	大学
50	47	A yield-associated gene TaCWI, in wheat: its function, selection and evolution in global breeding revealed by haplotype analysis	中国	西北农林科技大学	大学
55	46	Effects of melatonin treatment on the postharvest quality of strawberry fruit	中国	合肥工业大学	大学
55	46	Biological control of postharvest diseases by microbial antagonists: how many mechanisms of action?	意大利	博洛尼亚大学	大学
55	46	Increased anthocyanin and flavonoids in mango fruit peel are associated with cold and pathogen resistance	以色列	火山研究中心	科研机构
55	46	Multiple cold resistance loci confer the high cold tolerance adaptation of Dongxiang wild rice (Oryza rufipogon) to its high-latitude habitat	中国	中国科学院	科研机构
55	46	Construction of genetic map and QTL analysis of fiber quality traits for Upland cotton (*Gossypium hirsutum* L.)	中国	西南大学	大学
60	45	Interaction effects of light intensity and nitrogen concentration on growth, photosynthetic characteristics and quality of lettuce (*Lactuca sativa* L. Var. *youmaicai*)	中国	北京航空航天大学	大学

（续表）

序号	被引频次	论文题目	国家/国际组织	机构	机构类型
60	45	On the overwintering ability of Drosophila suzukii in South Tyrol	意大利	南提洛尔莱姆博格研究中心	科研机构
62	44	An innovative SNP genotyping method adapting to multiple platforms and throughputs	美国	美国农业部	政府
63	43	Current status and recent achievements in the field of horticulture with the use of light-emitting diodes（LEDs）	希腊	色雷斯德谟克利特大学	大学
63	43	Disinfecting agents for controlling fruit and vegetable diseases after harvest	意大利	巴里阿尔多莫罗大学	大学
63	43	Color compensation and comparison of shortwave near infrared and long wave near infrared spectroscopy for determination of soluble solids content of ‘Fuji’ apple	中国	江苏大学	大学
63	43	Current applications, challenges, and perspectives of marker-assisted seedling selection in Rosaceae tree fruit breeding	美国	华盛顿州立大学	大学
67	42	Foliar applications of protein hydrolysate, plant and seaweed extracts increase yield but differentially modulate fruit quality of greenhouse tomato	意大利	图西亚大学	大学
67	42	Strategies for reducing alcohol concentration in wine	澳大利亚	澳大利亚葡萄酒研究所	科研机构
69	41	Development and GBS-genotyping of introgression lines（ILs）using two wild species of rice, O. meridionalis and O. rufipogon, in a common recurrent parent, O. sativa cv. Curinga	美国	康奈尔大学	大学
70	40	Major genes determining yield-related traits in wheat and barley	波兰	植物育种及驯化研究所	科研机构
70	40	Elucidating the triplicated ancestral genome structure of radish based on chromosome-level comparison with the Brassica genomes	韩国	加图立大学、明知大学	大学
70	40	Sugars in peach fruit：a breeding perspective	意大利	米兰大学	大学
70	40	Changes in fruit firmness, cell wall composition and cell wall degrading enzymes in postharvest blueberries during storage	中国	中国农业农村部	政府
70	40	Sequencing consolidates molecular markers with plant breeding practice	澳大利亚	西澳大利亚农业与食品部	政府
70	40	Substrate biofortification in combination with foliar sprays of plant growth promoting bacteria and humic substances boosts production of organic tomatoes	巴西	北弗鲁米嫩塞州立大学	大学

（续表）

序号	被引频次	论文题目	国家/国际组织	机构	机构类型
70	40	Evaluation of marker-assisted selection for the stripe rust resistance gene Yr15, introgressed from wild emmer wheat	以色列	海法大学	大学
77	39	Global climate suitability of citrus huanglongbing and its vector, the Asian citrus psyllid, using two correlative species distribution modeling approaches, with emphasis on the USA	美国	佛罗里达大学	大学
77	39	Multispectral detection of skin defects of bi-colored peaches based on vis-NIR hyperspectral imaging	中国	北京农业智能装备工程技术研究中心	科研机构
77	39	QTL for seed protein and amino acids in the Benning x Danbaekkong soybean population	美国	美国农业部	政府
77	39	Review: critical appraisal of methods to investigate the effect of temperature on grapevine berry composition	澳大利亚	阿德莱德大学	大学
77	39	Molecular mapping reveals structural rearrangements and quantitative trait loci underlying traits with local adaptation in semi-wild Xishuangbanna cucumber (*Cucumis sativus* L. var. xishuangbannanesis Qi et Yuan)	中国	南京农业大学	大学
82	38	Heavy metals and metalloids: Sources, risks and strategies to reduce their accumulation in horticultural crops	以色列	以色列国家农业部 Newe Ya'ar 研究中心	科研机构
82	38	Intercepted isolates of Xylella fastidiosa in Europe reveal novel genetic diversity	美国	加利福尼亚大学系统	大学
82	38	Genetic mapping and molecular marker development for Pi65 (t), a novel broad-spectrum resistance gene to rice blast using next-generation sequencing	中国	中国农业科学院	科研机构
82	38	Radio frequency heating for postharvest control of pests in agricultural products: A review	中国	西北农林科技大学	大学
82	38	Amelioration of postharvest chilling injury in sweet pepper by glycine betaine	中国	北京农林科学院	科研机构
82	38	Impact of elevated temperature and water deficit on the chemical and sensory profiles of Barossa Shiraz grapes and wines	澳大利亚	阿德莱德大学	大学
82	38	The importance and management strategies of cereal cyst nematodes, *Heterodera* spp., in Turkey	国际组织	国际玉米小麦改良中心	科研机构
82	38	Biocontrol of gray mold in grapes with the yeast Hanseniaspora uvarum alone and in combination with salicylic acid or sodium bicarbonate	中国	南京农业大学	大学
82	38	Control of viruses infecting grapevine	希腊	亚里士多德大学	大学

（续表）

序号	被引频次	论文题目	国家/国际组织	机构	机构类型
91	37	Postharvest losses of fruit and vegetables during retail and in consumers' homes: Quantifications, causes, and means of prevention	以色列	火山研究中心	科研机构
91	37	Spatial and compositional variation in the fungal communities of organic and conventionally grown apple fruit at the consumer point-of-purchase	意大利、美国	勒佐卡拉布里亚地中海大学、美国农业部	大学、政府
91	37	Effects of the ethylene-action inhibitor 1-methylcyclopropene on postharvest quality of non-climacteric fruit crops	以色列	火山研究中心	科研机构
91	37	Identification of candidate genes associated with fertility restoration of cytoplasmic male-sterility in onion (*Allium cepa* L.) using a combination of bulked segregant analysis and RNA-seq	韩国	全南国立大学	大学
91	37	Genome-wide association analysis of symbiotic nitrogen fixation in common bean	美国	密歇根州立大学	大学
91	37	The effect of paper sludge and biochar addition on brown peat and coir based growing media properties	西班牙	马德里理工大学	大学
91	37	Effects of the combination treatment of 1-MCP and ethylene on the ripening of harvested banana fruit	中国	华南农业大学	大学
91	37	QTLs detected for individual sugars and soluble solids content in apple	美国	华盛顿州立大学	大学
91	37	The role of gibberellins in the mitigation of chilling injury in cherry tomato (*Solanum lycopersicum* L.) fruit	中国	中国农业科学院	科研机构
100	36	Grapevine quality: A multiple choice issue	意大利	天主教圣心大学	大学
100	36	A method for the production and expedient screening of CRISPR/Cas9 - mediated non-transgenic mutant plants	美国、中国	康涅狄格大学、南京农业大学	大学
100	36	Pm55, a developmental-stage and tissue-specific powdery mildew resistance gene introgressed from Dasypyrum villosum into common wheat	中国	南京农业大学	大学
100	36	High-density mapping of the major FHB resistance gene Fhb7 derived from *Thinopyrum ponticum* and its pyramiding with Fhb1 by marker-assisted selection	中国	山东农业大学	大学
100	36	Changes in phenolics and antioxidant property of peach fruit during ripening and responses to 1-methylcyclopropene	中国	中国农业大学	大学
100	36	Optimal red: blue ratio in led lighting for nutraceutical indoor horticulture	意大利	博洛尼亚大学	大学

（续表）

序号	被引频次	论文题目	国家/国际组织	机构	机构类型
100	36	Partial rootzone drying (PRD) and regulated deficit irrigation (RDI) effects on stomatal conductance, growth, photosynthetic capacity, and water-use efficiency of papaya	巴西	北弗鲁米嫩塞州立大学	大学

（3）领域高产作者分析：中国高产作者数优势明显，南京农业大学是全球拥有高产作者最多的机构

在园艺学 Top100 高产作者（共 189 位）中，在国家层面，中国有 85 位（61 位来自大学，24 位来自科研机构），排名第一；美国有 45 位（33 位来自大学，11 位来自政府，1 位来自科研机构），排名第二。在机构层面，南京农业大学有 18 位，是全球高产作者最多的机构；中国农业科学院有 12 位，排名第二。Top100 高产作者中有 129 位来自大学（占比 68%），45 位来自科研机构（占比 24%），15 位来自政府（占比 8%）（表 2-16）。

表 2-16 园艺学 Top100 高产作者情况

序号	h 指数	高产作者	国家/国际组织	机构	机构类型
1	13	Rouphael Youssef	意大利	那不勒斯费德里科二世大学	大学
2	11	郑永华	中国	南京农业大学	大学
2	11	姜微波	中国	中国农业大学	大学
2	11	曹建康	中国	中国农业大学	大学
2	11	Weng Yiqun	美国	威斯康星大学系统	大学
2	11	Colla Giuseppe	意大利	图西亚大学	大学
7	9	金鹏	中国	南京农业大学	大学
7	9	Chao Shiaoman	美国	美国农业部	政府
9	8	郁志芳	中国	南京农业大学	大学
9	8	夏先春	中国	中国农业科学院	科研机构
9	8	李立会	中国	中国农业科学院	科研机构
9	8	何中虎	中国	中国农业科学院	科研机构
9	8	Palliotti Alberto	意大利	佩鲁贾大学	大学
9	8	Dubcovsky Jorge	美国	加利福尼亚大学系统	大学
15	7	郑有良	中国	四川农业大学	大学
15	7	魏育明	中国	四川农业大学	大学

（续表）

序号	h 指数	高产作者	国家/国际组织	机构	机构类型
15	7	孙启新	中国	中国农业大学	大学
15	7	刘金栋	中国	中国农业科学院	科研机构
15	7	李丽	中国	浙江大学	大学
15	7	高丽朴	中国	北京市农林科学院	大学
15	7	Wang Yan	美国	俄勒冈大学系统	大学
15	7	Varshney Rajeev K.	国际组织	国际半干旱热带作物研究所	科研机构
15	7	van de Weg Eric	荷兰	瓦赫宁根大学	大学
15	7	Strik Bernadine C.	美国	俄勒冈大学系统	大学
15	7	Snowdon Rod J.	德国	吉森大学	大学
15	7	Singh Ravi P.	国际组织	国际玉米小麦改良中心	科研机构
15	7	Qi L. L.	美国	美国农业部	政府
15	7	Peace Cameron	美国	华盛顿州立大学	大学
15	7	Ma G. J.	美国	北达科他州立大学	大学
15	7	Jiang Cai-Zhong	美国	美国农业部	政府
15	7	De Pascale Stefania	意大利	那不勒斯费德里科二世大学	大学
15	7	Caleb Oluwafemi J.	德国	德国莱布尼茨学会	科研机构
15	7	Bryla David R.	美国	美国农业部	政府
15	7	Bansal Urmil	澳大利亚	悉尼大学	大学
35	6	左进华	中国	北京市农林科学院	大学
35	6	周鑫	中国	沈阳农业大学	大学
35	6	周倩	中国	沈阳农业大学	大学
35	6	张绍铃	中国	南京农业大学	大学
35	6	俞明亮	中国	江苏省农业科学院	科研机构
35	6	殷学仁	中国	浙江大学	大学
35	6	严建兵	中国	华中农业大学	大学
35	6	许云峰	中国	中国科学院	科研机构
35	6	吴俊	中国	南京农业大学	大学
35	6	闻伟鄂	中国	中国农业科学院	科研机构
35	6	汪清民	中国	北京农林科学院	科研机构
35	6	马瑞娟	中国	江苏省农业科学院	科研机构
35	6	马建	中国	四川农业大学	大学

（续表）

序号	h 指数	高产作者	国家/国际组织	机构	机构类型
35	6	马锋旺	中国	西北农林科技大学	大学
35	6	罗自生	中国	浙江大学	大学
35	6	栾非时	中国	东北农业大学	大学
35	6	刘亚西	中国	四川农业大学	大学
35	6	李秀全	中国	中国农业科学院	科研机构
35	6	姜丽	中国	南京农业大学	大学
35	6	盖钧镒	中国	南京农业大学	大学
35	6	冯祎高	中国	南京农业大学	大学
35	6	安调过	中国	中国科学院	科研机构
35	6	Zhou Meixue	澳大利亚	塔斯马尼亚大学	大学
35	6	Visser Richard G. F.	荷兰	瓦赫宁根大学	大学
35	6	Tao Ryutaro	日本	京都大学	大学
35	6	Song Qijian	美国	美国农业部	政府
35	6	Sabbatini Paolo	美国	密歇根州立大学	大学
35	6	Rouse Matthew N.	美国	明尼苏达大学	大学
35	6	Romanazzi Gianfranco	意大利	马尔凯理工大学	大学
35	6	Poni Stefano	意大利	圣心天主教大学	大学
35	6	Parkin Isobel A. P.	加拿大	加拿大农业与农业食品部	政府
35	6	Mou Beiquan	美国	美国农业部	政府
35	6	Huerta-Espino Julio	墨西哥	墨西哥国家农林畜牧业研究所	科研机构
35	6	Grierson Donald	英国	诺丁汉大学	大学
35	6	Dreisigacker Susanne	国际组织	国际玉米小麦改良中心	科研机构
35	6	Crossa Jose	国际组织	国际玉米小麦改良中心	科研机构
35	6	Cadle-Davidson Lance	美国	美国农业部	政府
35	6	Brown-Guedira Gina	美国	北卡罗来纳州立大学	大学
35	6	Bariana Harbans S.	澳大利亚	悉尼大学	大学
35	6	Bai Guihua2	美国	堪萨斯州立大学	大学

（续表）

序号	h指数	高产作者	国家/国际组织	机构	机构类型
35	6	Babu Raman	国际组织	国际玉米小麦改良中心	科研机构
76	5	庄木	中国	中国农业科学院	科研机构
76	5	赵团结	中国	南京农业大学	大学
76	5	张新忠	中国	中国农业大学	大学
76	5	张瑞奇	中国	南京农业大学	大学
76	5	张锦鹏	中国	中国农业科学院	科研机构
76	5	张德云	中国	中国农业大学	大学
76	5	杨欣明	中国	中国农业科学院	科研机构
76	5	许勇	中国	北京农林科学院	科研机构
76	5	武振龙	中国	中国农业大学	大学
76	5	吴婷	中国	中国农业大学	大学
76	5	温长龙	中国	北京市农林科学院	大学
76	5	王振昌	中国	河海大学	大学
76	5	王毅	中国	中国农业大学	大学
76	5	王静	中国	南京农业大学	大学
76	5	王际睿	中国	四川农业大学	大学
76	5	田纪春	中国	山东农业大学	大学
76	5	束胜	中国	南京农业大学	大学
76	5	邱让建	中国	南京信息工程大学	大学
76	5	马朋涛	中国	中国科学院	科研机构
76	5	陆旺金	中国	华南农业大学	大学
76	5	鲁玉清	中国	中国农业科学院	科研机构
76	5	刘志勇	中国	中国农业大学	大学
76	5	刘伟华	中国	中国农业科学院	科研机构
76	5	李伟	中国	四川农业大学	大学
76	5	李江波	中国	北京农业智能装备工程技术研究中心	科研机构
76	5	兰秀锦	中国	四川农业大学	大学
76	5	匡建飞	中国	华南农业大学	大学
76	5	景蕊莲	中国	中国农业科学院	科研机构
76	5	纪淑娟	中国	沈阳农业大学	大学
76	5	黄玉萍	中国	南京农业大学	大学

（续表）

序号	h 指数	高产作者	国家/国际组织	机构	机构类型
76	5	黄文谦	美国	国家农业信息技术工程研究中心	科研机构
76	5	韩振海	中国	中国农业大学	大学
76	5	关军锋	中国	河北省农林科学院	科研机构
76	5	高鹏	中国	东北农业大学	大学
76	5	冯辉	中国	沈阳农业大学	大学
76	5	邓秀新	中国	华中农业大学	大学
76	5	邓梅	中国	四川农业大学	大学
76	5	陈佩度	中国	南京农业大学	大学
76	5	陈昆松	中国	浙江大学	大学
76	5	陈建业	中国	华南农业大学	大学
76	5	陈国跃	中国	四川农业大学	大学
76	5	曹爱忠	中国	南京农业大学	大学
76	5	别同德	中国	江苏省农业科学院	科研机构
76	5	安秀娟	中国	南京农业大学	大学
76	5	Zhao Handong	中国	中国农业大学	大学
76	5	Zhang Xiaotian	中国	中国科学院	科研机构
76	5	Zampella Luigi	意大利	意大利农业科研和农业经济分析理事会	科研机构
76	5	You Frank M.	加拿大	加拿大农业与农业食品部	政府
76	5	Whitaker Vance M.	美国	佛罗里达大学	大学
76	5	Watkins Christopher B.	美国	康奈尔大学	大学
76	5	Wang Dechun	美国	密歇根州立大学	大学
76	5	Voorrips Roeland E.	荷兰	瓦赫宁根大学	大学
76	5	Troggio Michela	意大利	埃德蒙·马赫基金会	科研机构
76	5	Trentacoste Eduardo R.	西班牙	马德里理工大学	大学
76	5	Tombesi Sergio	意大利	佩鲁贾大学	大学
76	5	Sun Youping	美国	得克萨斯 A&M 大学系统	大学
76	5	Sorrells Mark E.	美国	康奈尔大学	大学
76	5	Son Jung Eek	韩国	首尔大学	大学
76	5	Singh Pawan K.	国际组织	国际玉米小麦改良中心	科研机构

（续表）

序号	h 指数	高产作者	国家/国际组织	机构	机构类型
76	5	Sharma R. M.	印度	印度农业研究理事会	科研机构
76	5	Shannon J. Grover	美国	密苏里大学	大学
76	5	Scortichini Marco	意大利	意大利农业科研和农业经济分析理事会	科研机构
76	5	Runkle Erik S.	美国	密歇根州立大学	大学
76	5	Rouphael Y.	意大利	那不勒斯费德里科二世大学	大学
76	5	Roberto Sergio Ruffo	巴西	隆德里纳州立大学	大学
76	5	Ray Jeffery D.	美国	美国农业部	政府
76	5	Qureshi Naeela	澳大利亚	悉尼大学	大学
76	5	Purcell Larry C.	美国	阿肯色大学	大学
76	5	Pozniak Curtis J.	加拿大	萨斯喀彻温大学	大学
76	5	Petriccione Milena	意大利	意大利农业科研和农业经济分析理事会	科研机构
76	5	Peace Cameron P.	美国	华盛顿州立大学	大学
76	5	Palomares-Rius Juan E.	西班牙	西班牙高等科学研究理事会	科研机构
76	5	Niu Genhua	美国	得克萨斯 A&M 大学系统	大学
76	5	McCartney Curt A.	加拿大	加拿大农业与农业食品部	政府
76	5	Mastrobuoni Francesco	意大利	意大利农业科研和农业经济分析理事会	科研机构
76	5	Markell S. G.	美国	北达科他州立大学	大学
76	5	Luby James J.	美国	明尼苏达大学	大学
76	5	Lu Renfu	美国	密歇根州立大学	大学
76	5	Liu Chunji	澳大利亚	澳大利亚联邦科学与工业研究组织	科研机构
76	5	Li Zenglu	美国	佐治亚大学系统	大学
76	5	Li YI	美国	康涅狄格大学	大学
76	5	Li Xiaoan	中国	南京农业大学	大学
76	5	Li Dong	中国	浙江大学	大学
76	5	Li Chengdao	澳大利亚	莫道克大学	大学
76	5	Leskovar Daniel I.	美国	得克萨斯 A&M 大学系统	大学
76	5	King C. Andy	美国	阿肯色大学	大学

（续表）

序号	h 指数	高产作者	国家/国际组织	机构	机构类型
76	5	Keller Markus	美国	华盛顿州立大学	大学
76	5	Kang Byoung-Cheorl	韩国	首尔大学	大学
76	5	Jeong Byoung Ryong	韩国	庆尚大学	大学
76	5	Iwata Hiroyoshi	日本	东京大学	大学
76	5	Hickey Lee T.	澳大利亚	昆士兰大学	大学
76	5	He Jianbo	中国	南京农业大学	大学
76	5	Hall Charles R.	美国	得克萨斯 A&M 大学系统	大学
76	5	Gomez-del-Campo Maria	西班牙	马德里理工大学	大学
76	5	Gill Bikram S.	美国	堪萨斯州立大学	大学
76	5	Geyer Martin	德国	德国莱布尼茨学会	科研机构
76	5	Gatti Matteo	意大利	圣心天主教大学	大学
76	5	Friebe Bernd	美国	堪萨斯州立大学	大学
76	5	Finn Chad E.	美国	美国农业部	政府
76	5	Ferrante Antonio	意大利	米兰大学	大学
76	5	Fan Shuxiang	中国	北京农业智能装备工程技术研究中心	科研机构
76	5	Failla O.	意大利	米兰大学	大学
76	5	Ebrahimi Aziz	美国	普渡大学	大学
76	5	Dubey A. K.	印度	印度农业研究理事会	科研机构
76	5	Droby Samir	以色列	以色列农业农村发展部	政府
76	5	Cregan Perry B.	美国	美国农业部	政府
76	5	Connor David J.	澳大利亚	墨尔本大学	大学
76	5	Castillo Pablo	西班牙	西班牙高等科学研究理事会	科研机构
76	5	Cardarelli Mariateresa	意大利	意大利农业科研和农业经济分析理事会	科研机构
76	5	Batley Jacqueline	澳大利亚	西澳大学	大学
76	5	Bastian Susan E. P.	澳大利亚	阿德莱德大学	大学
76	5	Bassil Nahla V.	美国	美国农业部	政府
76	5	Barbetti Martin J.	澳大利亚	西澳大学	大学
76	5	Arpaia Mary Lu	美国	加利福尼亚大学系统	大学

（4）领域国际合作分析：中国和美国在国际合作中占比较高且远超意大利

2015—2019 年，22 国第一作者和通讯作者国际合作发文量直接加和为 2845 篇。中国有 685 篇，占比 24.08%，排名第一；美国有 606 篇，占比 21.30%，排名第二。中国和美国国际合作发文量均是意大利的 3 倍，优势明显（图 2-21）。

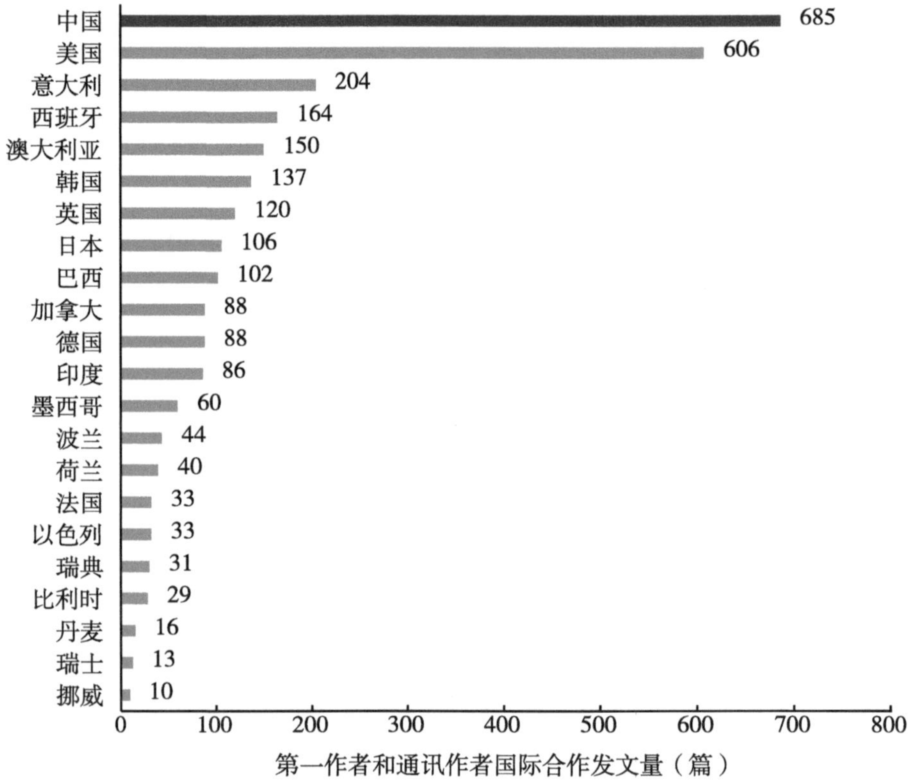

图 2-21　2015—2019 年园艺学第一作者和通讯作者国际合作发文量

2.2.5　兽医学

（1）领域科技论文竞争力指数分析：中国科技论文竞争力优势明显，但影响力表现一般

中国在兽医学论文竞争力排名第一，远大于美国；美国和英国分列第二和第三。中国在发文量和高被引论文量均排名第一，但 CNCI 排名第十二。英国在 3 个指标上表现均衡且均排名第三。德国、法国、意大利、澳大利亚、荷兰、西班牙、丹麦、瑞典、瑞士、比利时、加拿大、以色列 12 个国家竞争力得分为 3～5。其中，荷兰和丹麦的 CNCI 排名分别为第一和第二。墨西哥、日本、巴西、波兰、挪威、韩国、印度 7 个国家竞争力得分小于 3。日本和巴西虽整体排名靠后，但发文量排名分别为第四和第六（表 2-17）。

从发文量指标来看，22 个国家发文量直接加和为 28624 篇。其中中国发表 7393 篇，排名第一，占总发文量的 25.83%；美国发表 4300 篇，排名第二，占总发文量的 15.02%。中国和美国的发文量分别约为英国的 3 倍、2 倍，发文量优势明显。

从 CNCI 指标来看，22 个国家中有 17 个国家 CNCI 大于 1，说明这些国家论文被引表现高于全球平均水平。其中，荷兰、丹麦、英国、瑞士 4 国领先，中国 CNCI 为 1.30，排名第十二位。从高被引论文量指标来看，中国高被引论文量为 94 篇，排名第一；美国和英国分别为 88 篇和 76 篇，分别排名第二和第三。中国、美国、英国的高被引论文量均远超排名第四的意大利，优势明显。

表 2-17　2015—2019 年国家兽医学科技论文竞争力指数

国家	国家科技论文竞争力（一级指标）		发文量（二级指标）			CNCI（二级指标）			高被引论文量（二级指标）		
	得分	排名	数量（篇）	得分	排名	数值	得分	排名	数量（篇）	得分	排名
中国	10.00	1	7393	10.00	1	1.30	8.04	12	94	10.00	1
美国	7.90	2	4300	5.82	2	1.13	6.98	14	88	9.36	2
英国	7.46	3	2586	3.50	3	1.51	9.34	3	76	8.09	3
德国	4.82	4	937	1.27	9	1.33	8.21	8	38	4.04	5
法国	4.82	5	784	1.06	13	1.41	8.72	5	35	3.72	6
意大利	4.78	6	964	1.30	8	1.29	7.95	13	39	4.15	4
澳大利亚	4.70	7	1360	1.84	5	1.32	8.14	11	30	3.19	7
荷兰	4.41	8	417	0.56	15	1.62	10.00	1	17	1.81	10
西班牙	4.25	9	802	1.08	12	1.33	8.19	10	25	2.66	8
丹麦	3.99	10	338	0.46	19	1.52	9.36	2	13	1.38	12
瑞典	3.92	11	889	1.20	10	1.36	8.40	6	13	1.38	12
瑞士	3.86	12	379	0.51	18	1.48	9.15	4	11	1.17	16
比利时	3.50	13	401	0.54	16	1.33	8.22	7	10	1.06	17
加拿大	3.32	14	1230	1.66	7	1.01	6.26	17	13	1.38	12
以色列	3.32	15	265	0.36	21	1.33	8.20	9	7	0.74	19
墨西哥	2.95	16	396	0.54	17	1.08	6.66	15	10	1.06	17
日本	2.91	17	2044	2.76	4	0.75	4.64	20	7	0.74	19
巴西	2.60	18	1303	1.76	6	0.55	3.41	22	20	2.13	9
波兰	2.59	19	313	0.42	20	0.90	5.56	18	12	1.28	15
挪威	2.53	20	143	0.19	22	1.05	6.47	16	4	0.43	22
韩国	2.42	21	885	1.20	11	0.78	4.84	19	7	0.74	19
印度	2.22	22	495	0.67	14	0.61	3.76	21	17	1.81	10

（2）领域高质量论文分析：美国高质量论文数全球第一，中国农业大学优势明显

在兽医学 Top100 高质量论文中（共 101 篇），美国有 28 篇文章，占比 27.72%，排名第一；中国有 23 篇，占比 22.77%，排名第二。在机构层面，中国农业大学有 7 篇，是全球有高质量论文最多的机构。被引频次排名第一的高质量论文来自华南农业大学和中国农业大学，被引频次高达 1915 次，是第二名的近 7 倍。中国农业科学院有 2 篇。Top100 高质量论文中 70 篇来自大学，占比 69.31%；24 篇来自科研机构，占比 23.76%；8 篇来自政府部门，占比 7.92%；3 篇来自企业，占比 2.97%（表 2-18）。

这些高质量论文涉及兽医学多方面研究，包括但不限于耐药性、猪圆环病毒 3 型、猪流行性腹泻病毒、肠道菌群等研究方向。

表 2-18 兽医学 Top100 高质量论文情况

序号	被引频次	论文题目	国家	机构	机构类型
1	1915	Emergence of plasmid-mediated colistin resistance mechanism MCR-1 in animals and human beings in China: A microbiological and molecular biological study	中国	华南农业大学、中国农业大学	大学
2	282	Estimates of global, regional, and national incidence, prevalence, and mortality of HIV, 1980-2015: The Global Burden of Disease Study 2015	美国	华盛顿大学	大学
3	174	Porcine epidemic diarrhea virus infection: Etiology, epidemiology, pathogenesis and immunoprophylaxis	美国	俄亥俄州立大学	大学
4	169	A novel gene, optrA, that confers transferable resistance to oxazolidinones and phenicols and its presence in Enterococcus faecalis and Enterococcus faecium of human and animal origin	中国	中国农业大学	大学
5	156	Antibiotic resistance: A rundown of a global crisis	中国	华南农业大学	大学
5	156	Punicalagin induces Nrf2/HO-1 expression via upregulation of PI3K/AKT pathway and inhibits LPS-induced oxidative stress in RAW264.7 macrophages	中国	北京农学院	大学
7	155	Cytokine expression and secretion by skeletal muscle cells: Regulatory mechanisms and exercise effects	澳大利亚	昆士兰科技大学	大学
8	153	The allergy epidemics: 1870-2010	美国	弗吉尼亚大学	大学
9	151	Infant gut microbiota and food sensitization: Associations in the first year of life	加拿大	阿尔伯塔大学	大学
10	144	Contemporary status of insecticide resistance in the major Aedes vectors of arboviruses infecting humans	英国	牛津大学	大学

（续表）

序号	被引频次	论文题目	国家	机构	机构类型
10	144	Biology of *Acinetobacter baumannii*: Pathogenesis, antibiotic resistance mechanisms, and prospective treatment options	韩国	明知大学	大学
12	132	Carbapenem－resistant and colistin－resistant *Escherichia coli* co－producing NDM－9 and MCR－1	中国	华南农业大学	大学
13	130	Novel eurasian highly pathogenic avian influenza A H5 viruses in wild birds, Washington, USA, 2014	美国	美国农业部	政府
14	128	Nomenclature updates resulting from the evolution of avian influenza A（H5）virus clades 2.1.3.2a, 2.2.1, and 2.3.4 during 2013－2014	美国	美国疾病控制与预防中心	政府
15	126	Campylobacteriosis: the role of poultry meat	瑞典	乌普萨拉大学	大学
16	124	Interactions between intestinal microbiota and host immune response in inflammatory bowel disease	中国	中国农业大学	大学
17	123	Prevalence, risk factors, outcomes, and molecular epidemiology of mcr－1－positive Enterobacteriaceae in patients and healthy adults from China: An epidemiological and clinical study	中国、英国	中国农业大学、卡迪夫大学	大学
17	123	Implementation of nationwide real－time whole－genome sequencing to enhance listeriosis outbreak detection and investigation	美国	美国疾病预防控制中心	科研机构
19	122	Candidate new rotavirus species in sheltered dogs, hungary	匈牙利	匈牙利科学院	科研机构
20	117	Epicardial application of cardiac progenitor cells in a 3D－printed gelatin/hyaluronic acid patch preserves cardiac function after myocardial infarction	荷兰	乌德勒支大学	大学
21	114	Impact of the gut microbiota on intestinal immunity mediated by tryptophan metabolism	中国	中国科学院、湖南师范大学	科研机构、大学
22	109	Detecting the impact of temperature on transmission of Zika, dengue, and chikungunya using mechanistic models	美国	斯坦福大学	大学
22	109	Temporal, geographic, and host distribution of avian paramyxovirus 1（Newcastle disease virus）	美国	美国农业部	政府
24	108	Early emergence of mcr－1 in Escherichia coli from food－producing animals	中国	中国农业大学	大学
24	108	Implications of white striping and wooden breast abnormalities on quality traits of raw and marinated chicken meat	意大利	博洛尼亚大学	大学

（续表）

序号	被引频次	论文题目	国家	机构	机构类型
26	105	Combining deep learning and level set for the automated segmentation of the left ventricle of the heart from cardiac cine magnetic resonance	澳大利亚	阿德莱德大学	大学
27	96	Novel plasmid - mediated colistin resistance gene mcr-7. 1 in *Klebsiella pneumoniae*	中国	四川农业大学	大学
27	96	Tannin containing legumes as a model for nutraceuticals against digestive parasites in livestock	法国	法国农业科学院	科研机构
29	95	The evidence for improving housing to reduce malaria：A systematic review and meta-analysis	英国	伦敦大学	大学
30	94	Identification and genetic characterization of porcine circovirus type 3 in China	中国	华中农业大学	大学
31	93	The evolution and epidemiology of *Listeria monocytogenes* in Europe and the United States	意大利	都灵大学	大学
32	92	Invited review：Overview of new traits and phenotyping strategies in dairy cattle with a focus on functional traits	奥地利	ZuchtData EDV 服务有限公司	企业
33	91	Peste des petits ruminants	英国	英国 Pirbright 研究所	科研机构
33	91	Identification of new sub-genotypes of virulent Newcastle disease virus with potential panzootic features	美国	美国农业部	政府
35	89	The transcription factor Bcl11b is specifically expressed in group 2 innate lymphoid cells and is essential for their development	英国	桑格研究院	科研机构
35	89	Do human extraintestinal *escherichia coli* infections resistant to expanded-spectrum cephalosporins originate from food-producing animals? A systematic review	澳大利亚	昆士兰大学	大学
37	87	The dietary flavonoid kaempferol mediates anti-inflammatory responses via the Src, Syk, IRAK1, and IRAK4 molecular targets	韩国	全北国立大学	大学
38	86	Retention in care outcomes for HIV pre-exposure prophylaxis implementation programmes among men who have sex with men in three US cities	美国	米瑞安医院	企业
38	86	NADC30-like strain of porcine reproductive and respiratory syndrome virus, China	中国	中国农业大学	大学
38	86	Interaction effects of dietary supplementation of heat - killed Lactobacillus plantarum and beta-glucan on growth performance, digestibility and immune response of juvenile red sea bream, Pagrus major	日本	鹿儿岛大学	大学

（续表）

序号	被引频次	论文题目	国家	机构	机构类型
38	86	Insights into the antiviral immunity against grass carp （*Ctenopharyngodon idella*） reovirus （GCRV） in grass carp	中国	西北农林科技大学	大学
42	85	Review of the global distribution of foot－and－mouth disease virus from 2007 to 2014	智利	智利大学	大学
42	85	Fungi in the healthy human gastrointestinal tract	美国	内布拉斯加大学	大学
42	85	Comparison of porcine epidemic diarrhea viruses from Germany and the United States，2014	德国	弗里德里希·洛弗勒研究所	科研机构
45	84	Zika virus：History，epidemiology，transmission，and clinical presentation	美国	犹他州立大学	大学
45	84	Alternatives to antibiotics for maximizing growth performance and feed efficiency in poultry：A review	美国	美国农业部	政府
45	84	Reduction of veterinary antimicrobial use in the Netherlands. The dutch success model	荷兰	乌得勒支大学	大学
48	82	Spatial distribution of schistosomiasis and treatment needs in sub－Saharan Africa：A systematic review and geostatistical analysis	瑞士	瑞士热带疾病与公共卫生研究所	科研机构
48	82	The taxonomic status of *Rhipicephalus sanguineus* （Latreille，1806）	阿根廷	农业技术研究所	科研机构
50	81	World health organization ranking of antimicrobials according to their importance in human medicine：A critical step for developing risk management strategies to control antimicrobial resistance from food animal production	澳大利亚	堪培拉医院	企业
50	81	Campylobacter in poultry：Ecology and potential interventions	美国	艾奥瓦州立大学	大学
52	80	Emergence of African swine fever in China，2018	中国	中国医学科学院、中国农业科学院	科研机构
52	80	Indirubin inhibits LPS－induced inflammation via TLR4 abrogation mediated by the NF－kB and MAPK signaling pathways	中国	华中农业大学	大学
52	80	Pathogenicity of 2 porcine deltacoronavirus strains in Gnotobiotic pigs	美国	俄亥俄州立大学	大学
55	79	Innate and adaptive immunity against porcine reproductive and respiratory syndrome virus	美国	美国农业部	政府
55	79	An equine pain face	丹麦	哥本哈根大学	大学
57	78	Circulating microRNAs as potential biomarkers of infectious disease	爱尔兰	都柏林大学	大学
58	77	The occurrence of porcine circovirus 3 without clinical infection signs in Shandong Province	中国	山东农业科学院	科研机构
58	77	Newcastle disease vaccines－A solved problem or a continuous challenge?	美国	美国农业部	政府

（续表）

序号	被引频次	论文题目	国家	机构	机构类型
58	77	Dissemination of the mcr-1 colistin resistance gene	中国	华南农业大学	大学
61	76	Spatial and temporal distribution of soil-transmitted helminth infection in sub-Saharan Africa: A systematic review and geostatistical meta-analysis	瑞士	瑞士热带疾病与公共卫生研究所	科研机构
62	75	Mucosal-associated invariant T-cell activation and accumulation after in vivo infection depends on microbial riboflavin synthesis and co-stimulatory signals	澳大利亚、英国	墨尔本大学、卡迪夫大学	大学
62	75	Telodendrimer nanocarrier for co-delivery of paclitaxel and cisplatin: A synergistic combination nanotherapy for ovarian cancer treatment	美国	纽约州立大学	大学
64	74	The challenge of West Nile virus in Europe: Knowledge gaps and research priorities	意大利	埃德蒙·马赫基金会	科研机构
65	73	Prevalence and genetic characteristics of Cryptosporidium, *Enterocytozoon bieneusi* and *Giardia duodenalis* in cats and dogs in Heilongjiang province, China	中国	东北农业大学	大学
66	72	Development of the gut microbiota in infancy and its impact on health in later life	日本	九州大学	大学
66	72	Review: Dietary fiber utilization and its effects on physiological functions and gut health of swine	美国	夏威夷大学	大学
66	72	Modulation of innate immune response, mucosal parameters and disease resistance in rainbow trout (*Oncorhynchus mykiss*) upon synbiotic feeding	伊朗	德黑兰医科大学	大学
66	72	Reassortant highly pathogenic influenza A (H5N6) virus in Laos	澳大利亚	澳大利亚联邦科学与工业研究组织	科研机构
70	71	Novel reassortant influenza A (h5n8) viruses among inoculated domestic and wild ducks, South Korea, 2014	韩国	动植物检疫局	政府
71	70	IL-10: A multifunctional cytokine in viral infections	西班牙	西班牙国家农业和食品研究与技术研究所	科研机构
71	70	Exosomes from cardiomyocyte progenitor cells and mesenchymal stem cells stimulate angiogenesis via EMMPRIN	荷兰	乌得勒支中央大学、莱顿大学、荷兰校际心脏病研究所	大学、科研机构
71	70	Effects of dietary supplementation of *Lactobacillus rhamnosus* or/and *Lactococcus lactis* on the growth, gut microbiota and immune responses of red sea bream, Pagrus major	日本	鹿儿岛大学	大学

（续表）

序号	被引频次	论文题目	国家	机构	机构类型
71	70	Anti-inflammatory effects of BHBA in both in vivo and in vitro Parkinson's disease models are mediated by GPR109A-dependent mechanisms	中国	吉林大学	大学
75	69	Nutrients mediate intestinal bacteria-mucosal immune crosstalk	中国、美国	中国农业大学、得克萨斯大学	大学
75	69	Gut commensal *Bacteroides acidifaciens* prevents obesity and improves insulin sensitivity in mice	韩国	蔚山大学	大学
75	69	Newly emerged porcine deltacoronavirus associated with diarrhoea in swine in China: Identification, prevalence and full-length genome sequence analysis	中国	江西农业大学	大学
78	68	Influenza D virus in cattle, France, 2011-2014	法国	法国农业科学院	科研机构
79	67	Zoonotic tuberculosis in human beings caused by *Mycobacterium bovis*-a call for action	美国	科罗拉多州立大学	大学
79	67	Effect of pimobendan in dogs with preclinical myxomatous mitral valve disease and cardiomegaly: The EPIC study-a randomized clinical trial	英国	英国皇家兽医学院	科研机构
79	67	Multi-biofunction of antimicrobial peptide-immobilized silk fibroin nanofiber membrane: Implications for wound healing	韩国	首尔大学	大学
79	67	Overview: Global and local impact of antibiotic resistance	美国	凯斯西储大学	大学
79	67	Application of a multiplex quantitative PCR to assess prevalence and intensity of intestinal parasite infections in a controlled clinical trial	澳大利亚	贝格霍夫医学研究院、昆士兰大学	科研机构、大学
79	67	Perinatal antibiotic-induced shifts in gut microbiota have differential effects on inflammatory lung diseases	加拿大	不列颠哥伦比亚大学	大学
85	66	Outbreak of Henipavirus Infection, Philippines, 2014	澳大利亚	澳大利亚国立大学	大学
86	65	Revisiting metchnikoff: Age-related alterations in microbiota-gut-brain axis in the mouse	爱尔兰	科克大学	大学
87	64	The global burden of disease study 2013: What does it mean for the NTDs?	美国	贝勒医学院、莱斯大学、华盛顿大学	科研机构、大学
87	64	Partial or total replacement of soybean oil by black soldier fly larvae (*Hermetia illucens* L.) fat in broiler Diets: Effect on growth performances, feed-choice, blood traits, carcass characteristics and meat quality	意大利	都灵大学	大学
87	64	Selective manipulation of the gut microbiota improves immune status in vertebrates	西班牙	穆尔西亚大学	大学

（续表）

序号	被引频次	论文题目	国家	机构	机构类型
87	64	Immune and stress responses in oysters with insights on adaptation	美国	罗格斯大学	大学
87	64	Histopathologic and myogenic gene expression changes associated with wooden breast in broiler breast muscles	美国	俄亥俄州立大学	大学
87	64	Enhanced BBB permeability of osmotically active poly (mannitol-co-PEI) modified with rabies virus glycoprotein via selective stimulation of caveolar endocytosis for RNAi therapeutics in Alzheimer's disease	韩国	首尔大学	大学
87	64	Identification, typing, ecology and epidemiology of coagulase negative staphylococci associated with ruminants	比利时	根特大学	大学
94	63	Risk factors for suicide, attitudes toward mental illness, and practice-related stressors among US veterinarians	美国	美国疾病控制与预防中心	科研机构
95	62	Tcf1 and Lef1 transcription factors establish CD8 (+) T cell identity through intrinsic HDAC activity	美国	艾奥瓦大学、乔治华盛顿大学	大学
95	62	Investigation of a plasmid genome database for colistin-resistance gene mcr-1	日本	国家传染病研究所	科研机构
95	62	Tularaemia: Clinical aspects in Europe	法国	格勒诺布尔阿尔卑斯大学	大学
95	62	Dietary supplementation with *Bacillus subtilis*, *Saccharomyces cerevisiae* and *Aspergillus oryzae* enhance immunity and disease resistance against *Aeromonas hydrophila* and *Streptococcus iniae* infection in juvenile tilapia Oreochromis niloticus	巴西	巴西农牧研究院	科研机构
95	62	Porcine beta-Defensin 2 attenuates inflammation and mucosal lesions in dextran sodium sulfate-induced colitis	中国	浙江大学	大学
100	61	Human sparganosis, a neglected food borne zoonosis	中国	中国农业科学院	科研机构
100	61	Transcriptome analysis reveals strong and complex antiviral response in a mollusc	美国	罗格斯大学	大学

（3）领域高产作者分析：中国高产作者量质双升，且占比超六成

在兽医学Top100高产作者（共122位）中，从国家层面来看，中国有79位（56位来自大学，23位来自科研机构），占比64.75%，且h指数排名前十的作者均来自中国；美国有13位（8位来自大学，5位来自政府），占比10.66%。说明中国无论在高产作者数量还是质量方面，均超美国，具有领先优势。从机构层面来看，排名前五的机构分别

为华中农业大学（14 位）、四川农业大学（11 位）、中国科学院（9 位）、中山大学（8 位）和中国水产科学研究院（7 位），均为中国机构。中国农业科学院有 5 位，排名第六（表 2-19）。

表 2-19　兽医学 Top100 高产作者情况

序号	h 指数	高产作者	国家	机构	机构类型
1	21	张永安	中国	中国科学院	科研机构
2	20	周小秋	中国	四川农业大学	大学
2	20	吴培	中国	四川农业大学	大学
2	20	唐凌	中国	四川省畜牧科学研究院	科研机构
2	20	刘杨	中国	中国农业科学院	科研机构
2	20	邝声耀	中国	四川省畜牧科学研究院	科研机构
2	20	姜维丹	中国	四川农业大学	大学
2	20	冯琳	中国	四川农业大学	大学
9	19	唐武能	中国	四川省畜牧科学研究院	科研机构
9	19	姜俊	中国	四川农业大学	大学
11	16	王洋	中国	中国农业大学	大学
12	15	李超	中国	青岛农业大学	大学
13	14	赵娟	中国	四川农业大学	大学
13	14	Benelli Giovanni	意大利	比萨大学	大学
15	13	朱兴全	中国	中国农业科学院	科研机构
15	13	宋林生	中国	大连海洋大学	大学
15	13	沈建忠	中国	中国农业大学	大学
15	13	林丽	中国	华中农业大学	大学
15	13	何建国	中国	中山大学	大学
15	13	Saif Linda J.	美国	俄亥俄州立大学	大学
21	12	张龙现	中国	河南农业大学	大学
21	12	翁少萍	中国	中山大学	大学
21	12	李家奎	中国	华中农业大学	大学
24	11	徐晓鹏	中国	中山大学	大学
24	11	吴聪明	中国	中国农业大学	大学
24	11	王荣军	中国	河南农业大学	大学
24	11	李朝政	中国	中山大学	大学
24	11	陈焕春	中国	华中农业大学	大学

（续表）

序号	h 指数	高产作者	国家	机构	机构类型
29	10	左洪亮	中国	中山大学	大学
29	10	王云涛	中国	中国水产科学研究院	大学
29	10	王孟强	中国	中国科学院	科研机构
29	10	苏宝锋	中国	中国水产科学研究院	科研机构
29	10	刘胜旺	中国	中国农业科学院	科研机构
29	10	李坤	中国	华中农业大学	大学
29	10	李浩洋	中国	中山大学	大学
29	10	韩宗玺	中国	中国农业科学院	科研机构
29	10	Yun Cheol-Heui	韩国	首尔大学	大学
29	10	Xiao Lihua	美国	美国疾病控制与预防中心	政府
29	10	Swayne David E.	美国	美国农业部	政府
29	10	Singh Priyanka	韩国	庆熙大学	大学
29	10	Schwarz Stefan	德国	弗里德里希·洛弗勒研究所	科研机构
29	10	Han Seung Hyun	韩国	首尔大学	大学
43	9	张家松	中国	中国水产科学研究院	科研机构
43	9	张辉	中国	华中农业大学	大学
43	9	鄢庆枇	中国	集美大学	大学
43	9	王玲玲	中国	大连海洋大学	大学
43	9	苏建国	中国	华中农业大学	大学
43	9	秦启伟	中国	华南农业大学	大学
43	9	刘波	中国	中国水产科学研究院	科研机构
43	9	廖明	中国	华南农业大学	大学
43	9	兰江风	中国	华中农业大学	大学
43	9	贾志浩	中国	中国科学院	科研机构
43	9	戈贤平	中国	中国水产科学研究院	科研机构
43	9	丁铲	中国	中国农业科学院	科研机构
43	9	Yang Deok Chun	韩国	庆熙大学	大学
43	9	Rehman Mujeeb Ur	中国	华中农业大学	大学
43	9	Nabi Fazul	中国	华中农业大学	大学
43	9	Mathiyalagan Ramya	韩国	庆熙大学	大学
43	9	Igarashi Ikuo	日本	带广畜产大学	大学

（续表）

序号	h 指数	高产作者	国家	机构	机构类型
43	9	Gasser Robin B.	澳大利亚	墨尔本大学	大学
43	9	Fevre Eric M.	英国	利物浦大学	大学
43	9	Choi Yun-Jaie	韩国	首尔大学	大学
43	9	Cho Chong-Su	韩国	首尔大学	大学
43	9	Baeten Jared M.	美国	华盛顿大学	大学
65	8	朱飞	中国	浙江农林大学	大学
65	8	周向梅	中国	中国农业大学	大学
65	8	周顺	中国	青岛农业大学	大学
65	8	周锐	中国	华中农业大学	大学
65	8	赵丽娟	中国	华中农业大学	大学
65	8	印遇龙	中国	中国科学院	科研机构
65	8	杨乔	中国	四川农业大学	大学
65	8	谢骏	中国	中国水产科学研究院	科研机构
65	8	相建海	中国	中国科学院	科研机构
65	8	王胜	中国	中山大学	大学
65	8	汪铭书	中国	四川农业大学	大学
65	8	覃映雪	中国	集美大学	大学
65	8	孙坚	中国	华南农业大学	大学
65	8	宋琳	中国	青岛农业大学	大学
65	8	邱丽梅	中国	中国科学院	科研机构
65	8	陆承平	中国	南京农业大学	大学
65	8	刘雅红	中国	华南农业大学	大学
65	8	李军	中国	南京理工大学	大学
65	8	李富花	中国	中国科学院	科研机构
65	8	李安兴	中国	中山大学	大学
65	8	姜帅	中国	中国科学院	科研机构
65	8	姜平	中国	南京农业大学	大学
65	8	贾仁勇	中国	四川农业大学	大学
65	8	高成斌	中国	青岛农业大学	大学
65	8	段亚飞	中国	中国水产科学研究院	科研机构
65	8	邓干臻	中国	华中农业大学	大学

（续表）

序号	h 指数	高产作者	国家	机构	机构类型
65	8	程安春	中国	四川农业大学	大学
65	8	陈舜	中国	四川农业大学	大学
65	8	Yokoyama Naoaki	日本	带广畜产大学	大学
65	8	Xin Lusheng	中国	中国科学院	科研机构
65	8	Villena Julio	日本	东北大学	大学
65	8	Uchida Kazuyuki	日本	东京大学	大学
65	8	Tsujimoto Hajime	日本	东京大学	大学
65	8	Shahzad Muhammad	中国	华中农业大学	大学
65	8	Rhodin M.	瑞典	瑞典农业科学大学	大学
65	8	Rajashekara Gireesh	美国	俄亥俄州立大学	大学
65	8	Pfau T.	英国	伦敦大学	大学
65	8	Omatsu Tsutomu	日本	东京农工大学	大学
65	8	Ohno Koichi	日本	东京大学	大学
65	8	Machado Rosangela Zacarias	巴西	圣保罗州立大学	大学
65	8	Liu Zhanjiang	美国	奥本大学	大学
65	8	Liu Shikai	美国	奥本大学	大学
65	8	Lillehoj Hyun S.	美国	美国农业部	政府
65	8	Koshio Shunsuke	日本	鹿儿岛大学	大学
65	8	Kitazawa Haruki	日本	东北大学	大学
65	8	Kim Yeon Ju	韩国	庆熙大学	大学
65	8	Kapczynski Darrell R.	美国	美国农业部	政府
65	8	Jung Kwonil	美国	俄亥俄州立大学	大学
65	8	Jabbar Abdul	澳大利亚	墨尔本大学	大学
65	8	Ishikawa Manabu	日本	鹿儿岛大学	大学
65	8	Iqbal Muhammad Kashif	中国	华中农业大学	大学
65	8	Heffron Renee	美国	华盛顿大学	大学
65	8	Emanuelson Ulf	瑞典	瑞典农业科学大学	大学
65	8	Dominguez Lucas	西班牙	马德里康普顿斯大学	大学

（续表）

序号	h 指数	高产作者	国家	机构	机构类型
65	8	de la Fuente Jose	西班牙	卡斯蒂利亚拉曼查大学	大学
65	8	Celum Connie	美国	华盛顿大学	大学
65	8	Andre Marcos Rogerio	巴西	圣保罗州立大学	大学
65	8	Afonso Claudio L.	美国	美国农业部	政府

（4）领域国际合作分析：中国、美国和英国在国际合作中占据前列

2015—2019 年，22 国第一作者和通讯作者国际合作发文量直接加和为 7765 篇。中国有 1411 篇，占比 18.17%，排名第一；美国有 1226 篇，占比 15.79%，排名第二。英国有 852 篇，占比 10.97%，排名第三。中国、美国和英国国家合作发文量均远超其他国家，优势明显（图 2-22）。

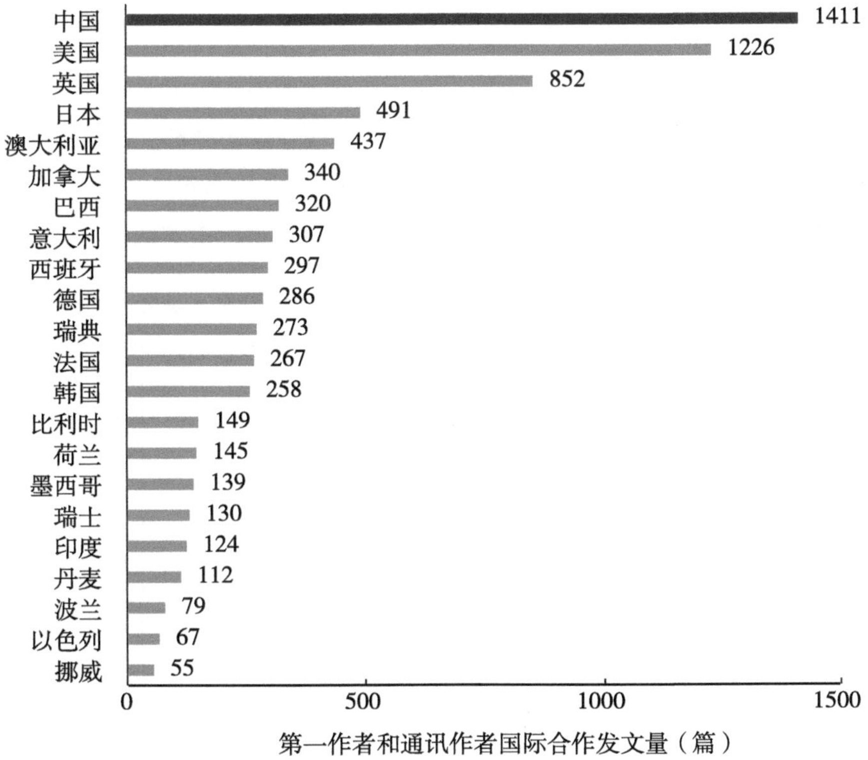

图 2-22　2015—2019 年兽医学第一作者和通讯作者国际合作发文量

2.2.6 农业乳品与动物科学

（1）领域科技论文竞争力指数分析：美国科技论文竞争力全球遥遥领先，中国、英国和意大利跟跑

美国竞争力得分遥遥领先，中国、英国和意大利分数接近，排名第二至第四，这4个国家竞争力得分大于6。其中，美国和中国在发文量和被引论文量上优势明显，但在CNCI指标上表现一般，分别排名第十二和第十三；英国在以上3种指标上表现均衡且较优。加拿大、法国、澳大利亚、以色列、西班牙、巴西、德国、荷兰、比利时、丹麦、瑞典、瑞士12个国家竞争力得分3~5。其中，巴西的发文量排名第三。挪威、韩国、波兰、日本、墨西哥、印度6个国家竞争力得分小于3。印度在发文量单项上表现较好，排名第五（表2-20）。

从发文量指标来看，22个国家发文量直接加和为51606篇。其中，美国发表11278篇，排名第一，占总发文量的21.85%；中国发表5910篇，排名第二，占总发文量的11.45%。

从CNCI指标来看，22个国家中有16个国家CNCI指标大于1，表明这些国家论文被引表现高于全球平均水平。其中，以色列CNCI为1.68，遥遥领先；中国CNCI为10.14，排名第十三位；从高被引论文量指标来看，美国为39篇，排名第一，远超其他国家；意大利、中国和英国分别为25篇、24篇和22篇，分别排名第二至第四位。

表2-20 2015—2019年国家农业乳品与动物科学科技论文竞争力指数

国家	国家科技论文竞争力（一级指标）		发文量（二级指标）			CNCI（二级指标）			高被引论文量（二级指标）		
	得分	排名	数量（篇）	得分	排名	数值	得分	排名	数量（篇）	得分	排名
美国	10.00	1	11278	10.00	1	1.21	7.20	12	39	10.00	1
中国	6.70	2	5910	5.24	2	1.14	6.83	13	24	6.15	3
英国	6.44	3	3539	3.14	4	1.46	8.74	4	22	5.64	4
意大利	6.35	4	2257	2.00	7	1.48	8.86	2	25	6.41	2
加拿大	4.75	5	2631	2.33	6	1.30	7.76	9	11	2.82	5
法国	4.17	6	1466	1.30	13	1.47	8.77	3	5	1.28	10
澳大利亚	4.09	7	2150	1.91	10	1.24	7.43	11	7	1.79	7
以色列	3.92	8	176	0.16	22	1.68	10.00	1	2	0.51	15
西班牙	3.83	9	2206	1.96	9	1.08	6.42	16	8	2.05	6
巴西	3.73	10	4162	3.69	3	0.78	4.66	20	7	1.79	7
德国	3.72	11	2250	2.00	8	1.10	6.57	15	6	1.54	9

（续表）

国家	国家科技论文竞争力（一级指标）		发文量（二级指标）			CNCI（二级指标）			高被引论文量（二级指标）		
	得分	排名	数量（篇）	得分	排名	数值	得分	排名	数量（篇）	得分	排名
荷兰	3.69	12	1087	0.96	15	1.31	7.79	8	5	1.28	10
比利时	3.63	13	636	0.56	19	1.39	8.29	5	4	1.03	12
丹麦	3.34	14	902	0.80	17	1.34	8.03	7	1	0.26	17
瑞典	3.27	15	580	0.51	20	1.36	8.13	6	1	0.26	17
瑞士	3.20	16	758	0.67	18	1.26	7.52	10	2	0.51	15
挪威	2.99	17	356	0.32	21	1.14	6.79	14	4	1.03	12
韩国	2.93	18	1600	1.42	12	0.97	5.78	17	3	0.77	14
波兰	2.37	19	1975	1.75	11	0.79	4.70	18	0	0.00	22
日本	2.17	20	1400	1.24	14	0.74	4.41	21	1	0.26	17
墨西哥	2.14	21	987	0.88	16	0.79	4.69	19	1	0.26	17
印度	1.82	22	3300	2.93	5	0.29	1.76	22	1	0.26	17

（2）领域高质量论文分析：美国高质量论文数全球第一，中国农业大学是全球高质量论文数最多的机构

在农业乳品与动物科学 Top100 高质量论文中（共 111 篇），在国家层面，美国有 37 篇文章，占比 33.33%，排名第一；意大利和中国分别有 15 篇和 14 篇，占比 13.51%和 12.61%，排名第二和第三。在机构层面，中国农业大学有 6 篇，是全球高质量论文最多的机构。中国农业科学院有 1 篇。Top100 高质量论文中 86 篇来自大学，占比 77.48%；14 篇来自科研机构，占比 12.61%；9 篇来自政府部门，占比 8.11%；4 篇来自企业，占比 3.60%（表 2-21）。

这些高质量论文涉及农业乳品与动物科学多方面研究，包括但不限于肉鸡白色条纹与木质性胸肌、家畜营养饲料添加剂、青贮饲料添加剂、精子染色质结构分析等研究方向。

表 2-21 农业乳品与动物科学 Top100 高质量论文情况

序号	被引频次	论文题目	国家/国际组织	机构	机构类型
1	160	Review on the use of insects in the diet of farmed fish：Past and future	希腊	海洋生物学、生物技术和水产养殖研究所	科研机构

（续表）

序号	被引频次	论文题目	国家/国际组织	机构	机构类型
2	153	Porcine Reproductive and Respiratory Syndrome Virus（PRRSV）：Pathogenesis and interaction with the immune system	美国、中国	美国农业部、堪萨斯州立大学、扬州大学、俄亥俄州立大学	政府、大学
3	139	Invited review：Changes in the dairy industry affecting dairy cattle health and welfare	加拿大	卡尔加里大学	大学
3	139	The genome 10K project：A way forward	俄罗斯	圣彼得堡国立大学	大学
3	139	Essential oil and aromatic plants as feed additives in non-ruminant nutrition：A review	中国	中国农业大学	大学
6	124	Meat quality in fast-growing broiler chickens	意大利	博洛尼亚大学	大学
7	120	Beta-Hydroxybutyrate induces bovine hepatocyte apoptosis via an ROS-p38 signaling pathway	中国	吉林大学	大学
8	116	Seaweeds for livestock diets：A review	国际组织	联合国粮食及农业组织	科研机构
9	114	Invited review：Inflammation during the transition to lactation：New adventures with an old flame	美国	堪萨斯州立大学	大学
10	108	Implications of white striping and wooden breast abnormalities on quality traits of raw and marinated chicken meat	意大利	博洛尼亚大学	大学
11	105	Invited review：Transitioning from milk to solid feed in dairy heifers	加拿大	不列颠哥伦比亚大学	大学
12	104	The Sperm Chromatin Structure Assay［SCSA（R）］and other sperm DNA fragmentation tests for evaluation of sperm nuclear DNA integrity as related to fertility	美国	SCSA 诊断公司	企业
12	104	The cornell net carbohydrate and protein system：Updates to the model and evaluation of version 6. 5	美国	康奈尔大学	大学
14	101	Genomic selection：A paradigm shift in animal breeding	挪威	挪威生命科学大学	大学
15	98	Nutritional value of two insect larval meals（*Tenebrio molitor* and *Hermetia illucens*）for broiler chickens：Apparent nutrient digestibility，apparent ileal amino acid digestibility and apparent metabolizable energy	意大利	都灵大学	大学
16	94	Novel metabolic and physiological functions of branched chain amino acids：A review	中国	中国农业大学	大学
17	93	Bovine milk exosomes contain microRNA and mRNA and are taken up by human macrophages	日本	森永乳业株式会社	企业
18	92	Invited review：Overview of new traits and phenotyping strategies in dairy cattle with a focus on functional traits	奥地利	ZuchtData EDV 服务有限公司	企业

（续表）

序号	被引频次	论文题目	国家/国际组织	机构	机构类型
19	91	Prevalence of lameness and associated risk factors in Canadian Holstein – Friesian cows housed in freestall barns	加拿大	卡尔加里大学	大学
20	88	White striping and woody breast myopathies in the modern poultry industry：A review	美国	阿肯色大学	大学
21	83	Use of polyphenol – rich grape by – products in monogastric nutrition. A review	西班牙	西班牙高等科学研究理事会	科研机构
22	82	Invited review：Effects of heat stress on dairy cattle welfare	加拿大	不列颠哥伦比亚大学	大学
22	82	Tenebrio molitor meal in diets for European sea bass（*Dicentrarchus labrax* L.）juveniles：Growth performance，whole body composition and in vivo apparent digestibility	意大利	都灵大学	大学
24	81	Histology，composition，and quality traits of chicken Pectoralis major muscle affected by wooden breast abnormality	意大利	博洛尼亚大学	大学
25	80	Silage review：Factors affecting dry matter and quality losses in silages	意大利	都灵大学	大学
25	80	Manufacture of probiotic Minas Frescal cheese with Lactobacillus casei Zhang	巴西	Inst Fed Educ Ciencia & Tecnol Rio de Janeiro IFR	科研机构
25	80	A review of feed efficiency in swine：Biology and application	美国	艾奥瓦州立大学	大学
28	79	Oxidative damage to poultry：From farm to fork	西班牙	埃斯特雷马杜拉大学	大学
28	79	The impact of the milk glycobiome on the neonate gut microbiota	美国	加利福尼亚大学系统	大学
30	78	Carryover effect of postpartum inflammatory diseases on developmental biology and fertility in lactating dairy cows	美国	佛罗里达大学	大学
30	78	A review of the effects of dietary organic acids fed to swine	印度	斯里文卡泰斯瓦拉兽医大学	大学
32	76	Evaluation of the suitability of a partially defatted black soldier fly（*Hermetia illucens* L.）larvae meal as ingredient for rainbow trout（*Oncorhynchus mykiss* Walbaum）diets	意大利	意大利国家研究委员会	科研机构
32	76	Chronic wasting disease of cervids：Current knowledge and future perspectives	美国	堪萨斯州立大学	大学
34	74	Preference mapping of dulce de leche commercialized in Brazilian markets	巴西	弗鲁米嫩塞联邦大学	大学
35	72	Silage review：Interpretation of chemical，microbial，and organoleptic components of silages	美国	特拉华州立大学	大学

（续表）

序号	被引频次	论文题目	国家/国际组织	机构	机构类型
35	72	Association between heat stress and oxidative stress in poultry; Mitochondrial dysfunction and dietary interventions with phytochemicals	比利时	根特大学	大学
35	72	Review: Dietary fiber utilization and its effects on physiological functions and gut health of swine	美国	夏威夷大学	大学
38	70	Genomic prediction of host resistance to sea lice in farmed Atlantic salmon populations	英国	爱丁堡大学	大学
38	70	African indigenous cattle: Unique genetic resources in a rapidly changing world	韩国	CHO & KIM Genomics	企业
38	70	Probiotic potential of selected lactic acid bacteria strains isolated from Brazilian kefir grains	巴西	里约热内卢联邦大学	大学
41	69	Genomic selection in dairy cattle: The USDA experience	美国	美国农业部	政府
42	68	Silage review: Recent advances and future uses of silage additives	美国	美国农业部	政府
42	68	Rumen methanogens and mitigation of methane emission by anti - methanogenic compounds and substances	美国	俄亥俄州立大学	大学
42	68	Strawberry-flavored yogurts and whey beverages: What is the sensory profile of the ideal product?	巴西	隆德里纳州立大学	大学
42	68	Animal models of aging research: Implications for human aging and age-related diseases	美国	美国国立卫生研究院	科研机构
46	67	Determinants of farmers' adoption of management-based strategies for infectious disease prevention and control	加拿大	卡尔加里大学	大学
46	67	Glucose requirements of an activated immune system in lactating Holstein cows	美国	爱荷华州立大学	大学
48	66	Comparing environmental impacts of beef production systems: A review of life cycle assessments	荷兰	瓦赫宁根大学	大学
48	66	Impact of climate change on the dairy industry in temperate zones: Predications on the overall negative impact and on the positive role of dairy goats in adaptation to earth warming	以色列	火山研究中心	科研机构
50	65	Meat quality of broiler breast fillets with white striping and woody breast muscle myopathies	美国	阿肯色大学	大学
50	65	Nutritional strategies to optimize dairy cattle immunity	美国	密歇根州立大学	大学
50	65	A universal equation to predict methane production of forage-fed cattle in Australia	澳大利亚	澳大利亚联邦科学与工业研究组织	科研机构
50	65	Detection of selection signatures in dairy and beef cattle using high-density genomic information	中国	中国农业科学院	科研机构

（续表）

序号	被引频次	论文题目	国家/国际组织	机构	机构类型
50	65	Comparison of methods to determine methane emissions from dairy cows in farm conditions	瑞典	瑞典农业科学大学	大学
55	64	Partial or total replacement of soybean oil by black soldier fly larvae (*Hermetia illucens* L.) fat in broiler diets: effect on growth performances, feed - choice, blood traits, carcass characteristics and meat quality	意大利	都灵大学	大学
55	64	Nutritional recommendations of feedlot consulting nutritionists: The 2015 New Mexico State and Texas Tech University survey	美国	新墨西哥州立大学	大学
55	64	Outbreak of staphylococcal food poisoning among children and staff at a Swiss boarding school due to soft cheese made from raw milk	瑞士	苏黎世大学	大学
58	63	Amino acids and mammary gland development: Nutritional implications for milk production and neonatal growth	美国、中国	得克萨斯 A&M 大学系统、中国农业大学、武汉轻工大学	大学
58	63	Morin suppresses inflammatory cytokine expression by downregulation of nuclear factor-kappa B and mitogen - activated protein kinase (MAPK) signaling pathways in lipopolysaccharide-stimulated primary bovine mammary epithelial cells	中国	吉林大学	大学
58	63	Dietary fiber and protein fermentation in the intestine of swine and their interactive effects on gut health and on the environment: A review	美国	夏威夷大学	大学
58	63	Effect of genotype, gender and feed restriction on growth, meat quality and the occurrence of white striping and wooden breast in broiler chickens	意大利	帕多瓦大学	大学
58	63	Yellow mealworm larvae (*Tenebrio molitor* L.) as a possible alternative to soybean meal in broiler diets	意大利	那不勒斯费德里科二世大学	大学
58	63	Genetic evaluation using single - step genomic best linear unbiased predictor in American Angus	美国	佐治亚大学系统	大学
64	62	High concentrations of fatty acids and beta-hydroxybutyrate impair the growth hormone-mediated hepatic JAK2-STAT5 pathway in clinically ketotic cows	中国	吉林大学	大学
64	62	Meta-analysis of effects of inoculation with homofermentative and facultative heterofermentative lactic acid bacteria on silage fermentation, aerobic stability, and the performance of dairy cows	美国	佛罗里达大学	大学

（续表）

序号	被引频次	论文题目	国家/国际组织	机构	机构类型
64	62	Better postpartal performance in dairy cows supplemented with rumen－protected methionine compared with choline during the peripartal period	美国	伊利诺伊大学系统	大学
67	61	A 100-year review：Mastitis detection，management，and prevention1	美国	威斯康星大学系统	大学
67	61	The ruminal microbiome associated with methane emissions from ruminant livestock	英国	阿伯丁大学	大学
67	61	Weaning age affects growth，feed intake，gastrointestinal development，and behavior in Holstein calves fed an elevated plane of nutrition during the preweaning stage	加拿大	荷兰泰高集团	企业
67	61	Study and use of the probiotic Lactobacillus reuteri in pigs：A review	中国	中国农业大学	大学
71	60	The genetic basis of pectoralis major myopathies in modern broiler chicken lines	英国	安伟捷集团公司	企业
71	60	Updating the Cornell Net Carbohydrate and Protein System feed library and analyzing model sensitivity to feed inputs	美国	康奈尔大学	大学
71	60	Sequence－vs. chip－assisted genomic selection：Accurate biological information is advised	西班牙	西班牙高等科学研究理事会	科研机构
71	60	Heat stress impairs mitochondria functions and induces oxidative injury in broiler chickens	中国	山东农业大学	大学
71	60	Milk fatty acid composition，rumen microbial population，and animal performances in response to diets rich in linoleic acid supplemented with chestnut or quebracho tannins in dairy ewes	意大利	佛罗伦萨大学	大学
76	59	Runs of homozygosity：Current knowledge and applications in livestock	巴西	圣保罗州立大学	大学
76	59	Development and physiology of the rumen and the lower gut：Targets for improving gut health	加拿大	阿尔伯塔大学	大学
76	59	Effects of dietary supplementation of probiotic，Clostridium butyricum，on growth performance，immune response，intestinal barrier function，and digestive enzyme activity in broiler chickens challenged with Escherichia coli K88	中国	浙江农林大学	大学
76	59	Potential of promotion of alleles by genome editing to improve quantitative traits in livestock breeding programs	英国	爱丁堡大学	大学
80	58	Supplementation of formulated diets for tilapia（*Oreochromis niloticus*）with selected exogenous enzymes：Overall performance and effects on intestinal histology and microbiota	英国	普利茅斯大学	大学

（续表）

序号	被引频次	论文题目	国家/国际组织	机构	机构类型
80	58	Review of rearing-related factors affecting the welfare of laying hens	挪威	挪威生命科学大学	大学
82	57	A 100-year review: Yogurt and other cultured dairy products	美国	路易斯安那州立大学	大学
82	57	Estimating US dairy clinical disease costs with a stochastic simulation model	美国	肯塔基大学	大学
82	57	Use of Tenebrio molitor larvae meal as protein source in broiler diet: Effect on growth performance, nutrient digestibility, and carcass and meat traits	意大利	那不勒斯费德里科二世大学	大学
82	57	Prevalence and effects of mycotoxins on poultry health and performance, and recent development in mycotoxin counteracting strategies	美国	百奥明公司	企业
86	56	Genomic selection models double the accuracy of predicted breeding values for bacterial cold water disease resistance compared to a traditional pedigree-based model in rainbow trout aquaculture	美国	美国农业部	政府
86	56	Black soldier fly as dietary protein source for broiler quails: Apparent digestibility, excreta microbial load, feed choice, performance, carcass and meat traits	意大利	帕多瓦大学	大学
86	56	Variation in chemical composition and physical characteristics of cereal grains from different genotypes	德国	霍恩海姆大学	大学
86	56	Low body condition predisposes cattle to lameness: An 8-year study of one dairy herd	英国	诺丁汉大学	大学
86	56	Improved precision of QTL mapping using a nonlinear Bayesian method in a multi-breed population leads to greater accuracy of across-breed genomic predictions	澳大利亚	墨尔本大学	大学
86	56	Enteric methane production, rumen volatile fatty acid concentrations, and milk fatty acid composition in lactating Holstein-Friesian cows fed grass silage- or corn silage-based diets	荷兰	荷兰食品和营养研究所	科研机构
92	55	Multi-omic data integration and analysis using systems genomics approaches: Methods and applications in animal production, health and welfare	丹麦	哥本哈根大学	大学
92	55	Effects of thymol and carvacrol supplementation on intestinal integrity and immune responses of broiler chickens challenged with *Clostridium perfringens*	中国	中国农业大学	大学

（续表）

序号	被引频次	论文题目	国家/国际组织	机构	机构类型
92	55	Circulating concentrations of bovine pregnancy-associated glycoproteins and late embryonic mortality in lactating dairy herds	美国	密苏里大学	大学
92	55	Divergence between purified hydrolysable and condensed tannin effects on methane emission, rumen fermentation and microbial population in vitro	印度尼西亚	茂物农业大学	大学
92	55	Environmental assessment of three egg production systems-Part I: Monitoring system and indoor air quality	美国	爱荷华州立大学	大学
92	55	Relationship between pectoralis major muscle histology and quality traits of chicken meat	意大利	博洛尼亚大学	大学
98	54	Nutritional value of a partially defatted and a highly defatted black soldier fly larvae (*Hermetia illucens* L.) meal for broiler chickens: Apparent nutrient digestibility, apparent metabolizable energy and apparent ileal amino acid digestibility	意大利	都灵大学、意大利国家研究委员会	大学、科研机构
98	54	Protein hydrolysates in animal nutrition: Industrial production, bioactive peptides, and functional significance	中国	武汉轻工大学、中国农业大学	大学
98	54	Supplemental effects of probiotic Bacillus subtilis fmbJ on growth performance, antioxidant capacity, and meat quality of broiler chickens	中国	南京农业大学	大学
98	54	Prevalence and distribution of foot lesions in dairy cattle in Alberta, Canada	加拿大	卡尔加里大学	大学
98	54	Stress, immunity, and the management of calves	美国	堪萨斯州立大学	大学
98	54	Metabolic disorders in the transition period indicate that the dairy cows' ability to adapt is overstressed	德国	卡塞尔大学	大学
98	54	Additive methane-mitigating effect between linseed oil and nitrate fed to cattle	法国	法国农业科学院	科研机构
98	54	Quantitative trait loci markers derived from whole genome sequence data increases the reliability of genomic prediction	丹麦	奥胡斯大学	大学
98	54	Invited review: An evaluation of the likely effects of individualized feeding of concentrate supplements to pasture-based dairy cows	新西兰	新西兰乳业协会	科研机构
98	54	Carbohydrate composition and in vitro digestibility of dry matter and nonstarch polysaccharides in corn, sorghum, and wheat and coproducts from these grains	美国	伊利诺伊大学系统	大学

（续表）

序号	被引频次	论文题目	国家/国际组织	机构	机构类型
98	54	Hyperketonemia in early lactation dairy cattle: A deterministic estimate of component and total cost per case	美国	礼来动保公司	企业
98	54	Current strategies for reproductive management of gilts and sows in North America	美国	L&R Res Associates 公司	企业
98	54	Effect of core body temperature, time of day, and climate conditions on behavioral patterns of lactating dairy cows experiencing mild to moderate heat stress	美国	西北密苏里州立大学	大学
98	54	Animal board invited review: Advances in proteomics for animal and food sciences	葡萄牙	里斯本大学	大学

（3）领域高产作者分析：美国高产作者数全球领先，中国跟跑

在农业乳品与动物科学 Top100 高产作者（共 124 位）中，从国家层面来看，美国有 37 位（35 位来自大学，1 位来自企业，1 位来自政府），占比 29.84%，排名第一；中国有 16 位（15 位来自大学，1 位来自政府），占比 12.90%，排名第二。从机构层面来看，荷兰瓦赫宁根大学有 7 位，是全球高产作者最多的机构；佛罗里达大学有 6 位，排名第二；南京农业大学和帕多瓦大学均有 5 位，排名第三（表 2–22）。

表 2–22 农业乳品与动物科学 Top100 高产作者情况

序号	h 指数	高产作者	国家	机构	机构类型
1	17	Loor J. J.	美国	伊利诺伊大学系统	大学
2	16	Dijkstra J.	荷兰	瓦赫宁根大学	大学
3	14	Santos J. E. P.	美国	佛罗里达大学	大学
3	14	Cecchinato A.	意大利	帕多瓦大学	大学
3	14	Bittante G.	意大利	帕多瓦大学	大学
6	13	Weary Daniel M.	加拿大	不列颠哥伦比亚大学	大学
6	13	von Keyserlingk Marina A. G.	加拿大	不列颠哥伦比亚大学	大学
6	13	Stein H. H.	美国	伊利诺伊大学系统	大学
6	13	LeBlanc S. J.	加拿大	圭尔夫大学	大学
6	13	Kim In Ho	韩国	檀国大学	大学
6	13	Devries T. J.	加拿大	圭尔夫大学	大学
6	13	Baumgard L. H.	美国	艾奥瓦州立大学	大学
6	13	Barkema H. W.	加拿大	卡尔加里大学	大学
6	13	Bannink A.	荷兰	瓦赫宁根大学	大学

（续表）

序号	h 指数	高产作者	国家	机构	机构类型
15	12	王恬	中国	南京农业大学	大学
15	12	Overton T. R.	美国	康奈尔大学	大学
15	12	Lock A. L.	美国	密歇根州立大学	大学
15	12	Hristov A. N.	美国	宾夕法尼亚州立大学	大学
15	12	Gasco Laura	意大利	都灵大学	大学
15	12	Beauchemin K. A.	加拿大	加拿大农业与农业食品部	政府
21	11	魏华	中国	南昌大学	大学
21	11	Vasconcelos J. L. M.	巴西	圣保罗州立大学	大学
21	11	Trevisi E.	意大利	圣心天主教大学	大学
21	11	Shah Nagendra P.	中国	香港大学	大学
21	11	Pryce J. E.	澳大利亚	乐卓博大学	大学
21	11	Pellerin D.	加拿大	拉瓦尔大学	大学
21	11	Pajor E. A.	加拿大	卡尔加里大学	大学
21	11	Nyachoti C. M.	加拿大	马尼托巴大学	大学
21	11	Miglior F.	加拿大	圭尔夫大学	大学
21	11	Mele M.	意大利	比萨大学	大学
21	11	McAllister T. A.	加拿大	加拿大农业与农业食品部	政府
21	11	Hegarty R. S.	澳大利亚	新英格兰大学	大学
21	11	Cipolat-Gotet C.	意大利	帕多瓦大学	大学
21	11	Calus Mario P. L.	荷兰	瓦赫宁根大学	大学
21	11	Adesogan A. T.	美国	佛罗里达大学	大学
36	10	周岩民	中国	南京农业大学	大学
36	10	张丽丽	中国	南京农业大学	大学
36	10	朴香淑	中国	中国农业大学	大学
36	10	潘龙	中国	中国农业大学	大学
36	10	罗军	中国	西北农林科技大学	大学
36	10	Zhou Z.	美国	伊利诺伊大学系统	美国
36	10	Walk C. L.	英国	英联农业集团	企业
36	10	Veerkamp Roel F.	荷兰	瓦赫宁根大学	大学
36	10	Vande Haar M. J.	美国	密歇根州立大学	大学
36	10	Thatcher W. W.	美国	佛罗里达大学	大学
36	10	Staples C. R.	美国	佛罗里达大学	大学
36	10	Ruegg P. L.	美国	威斯康星大学系统	大学
36	10	Oh J.	美国	宾夕法尼亚州立大学	大学

（续表）

序号	h 指数	高产作者	国家	机构	机构类型
36	10	Nydam D. V.	美国	康奈尔大学	大学
36	10	Legarra Andres	法国	法国农业科学院	科研机构
36	10	Kreuzer M.	瑞士	苏黎世联邦理工学院	大学
36	10	Kemp B.	荷兰	瓦赫宁根大学	大学
36	10	Kebreab E.	美国	加利福尼亚大学系统	大学
36	10	Huhtanen P.	瑞典	瑞典农业科学大学	大学
36	10	Hill T. M.	美国	嘉吉公司	企业
36	10	Hervas G.	西班牙	西班牙高等科学研究理事会	科研机构
36	10	Herd R. M.	澳大利亚	新南威尔士州第一产业部	政府
36	10	Hendriks W. H.	荷兰	瓦赫宁根大学	大学
36	10	Heinrichs A. J.	美国	宾夕法尼亚州立大学	大学
36	10	Gengler N.	比利时	列日大学	大学
36	10	Gabler N. K.	美国	艾奥瓦州立大学	大学
36	10	Frutos P.	西班牙	西班牙高等科学研究理事会	科研机构
36	10	de Marchi M.	意大利	帕多瓦大学	大学
36	10	Cooke R. F.	美国	俄勒冈大学系统	大学
36	10	Cardoso F. C.	美国	伊利诺伊大学系统	大学
36	10	Bruckmaier Rupert M.	瑞士	伯尔尼大学	大学
36	10	Allen M. S.	美国	密歇根州立大学	大学
68	9	周光宏	中国	南京农业大学	大学
68	9	张林	中国	南京农业大学	大学
68	9	印遇龙	中国	中国科学院	科研机构
68	9	陶雪莹	中国	南昌大学	大学
68	9	毛湘冰	中国	四川农业大学	大学
68	9	蓝贤勇	中国	西北农林科技大学	大学
68	9	陈代文	中国	四川农业大学	大学
68	9	Wiltbank M. C.	美国	威斯康星大学系统	大学
68	9	Weisbjerg M. R.	丹麦	奥胡斯大学	大学
68	9	Tuyttens F. A. M.	比利时	农业渔业研究所	科研机构
68	9	Toral P. G.	西班牙	西班牙高等科学研究理事会	科研机构
68	9	Shingfield K. J.	英国	亚伯大学	大学
68	9	Sauerwein H.	德国	波恩大学	大学
68	9	Salem A. Z. M.	墨西哥	墨西哥州自治大学	大学
68	9	Rodehutscord M.	德国	霍恩海姆大学	大学

（续表）

序号	h 指数	高产作者	国家	机构	机构类型
68	9	Rehage J.	德国	汉诺威兽医学院	大学
68	9	Quigley J. D.	美国	田纳西大学系统	大学
68	9	Poulsen N. A.	丹麦	奥胡斯大学	大学
68	9	Piepers S.	比利时	根特大学	大学
68	9	Petracci M.	意大利	博洛尼亚大学	大学
68	9	Penasa M.	意大利	帕多瓦大学	大学
68	9	Orsel K.	加拿大	卡尔加里大学	大学
68	9	Morgavi D. P.	法国	法国农业科学院	科研机构
68	9	Misztal I.	美国	佐治亚大学系统	大学
68	9	Meyer U.	德国	弗里德里希·洛弗勒研究所	科研机构
68	9	McArt J. A. A.	美国	康奈尔大学	大学
68	9	Martin C.	法国	法国国家农业食品与环境研究院	科研机构
68	9	Lovendahl P.	丹麦	奥胡斯大学	大学
68	9	Long Shenfei	中国	中国农业大学	大学
68	9	Lapierre H.	加拿大	加拿大农业与农业食品部	政府
68	9	Lam T. J. G. M.	荷兰	乌得勒支大学	大学
68	9	Kelton D. F.	加拿大	圭尔夫大学	大学
68	9	Jiang Y.	美国	佛罗里达大学	大学
68	9	Hatew B.	荷兰	瓦赫宁根大学	大学
68	9	Gilbert H.	法国	法国农业科学院	科研机构
68	9	Giallongo F.	美国	宾夕法尼亚州立大学	大学
68	9	Gervais R.	加拿大	拉瓦尔大学	大学
68	9	Fernandez M. V. Sanz	美国	爱荷华州立大学	大学
68	9	Eder K.	德国	吉森大学	大学
68	9	Drake M. A.	美国	北卡罗来纳州立大学	大学
68	9	Doreau M.	法国	法国农业科学院	科研机构
68	9	Dewulf J.	比利时	根特大学	大学
68	9	Dekkers Jack C. M.	美国	爱荷华州立大学	大学
68	9	Dehareng F.	比利时	瓦隆农业研究中心	科研机构
68	9	de Vliegher S.	比利时	根特大学	大学
68	9	Dahl G. E.	美国	佛罗里达大学	大学
68	9	Daenicke S.	德国	弗里德里希·洛弗勒研究所	科研机构
68	9	Cowieson A. J.	澳大利亚	悉尼大学	大学
68	9	Conte G.	意大利	比萨大学	大学

（续表）

序号	h 指数	高产作者	国家	机构	机构类型
68	9	Cole John B.	美国	美国农业部	政府
68	9	Buitenhuis A. J.	丹麦	奥胡斯大学	大学
68	9	Bovenhuis H.	荷兰	瓦格宁根大学	大学
68	9	Bewley J. M.	美国	肯塔基大学	大学
68	9	Bach A.	美国	明尼苏达大学系统	大学
68	9	Armentano L. E.	美国	威斯康星大学系统	大学
68	9	Ampe B.	比利时	农业渔业研究所	科研机构
68	9	Adeola O.	美国	普渡大学	大学

（4）领域国际合作分析：美国在国际合作中占据主导，中国次之

2015—2019 年，22 国第一作者和通讯作者国际合作发文量直接加和为 11555 篇。美国排名第一，为 2066 篇，占比 17.88%，远超其他国家；中国排名第二，为 1220 篇，占比 10.56%；巴西排名第三，为 1037 篇，占比 8.97%（图 2-23）。

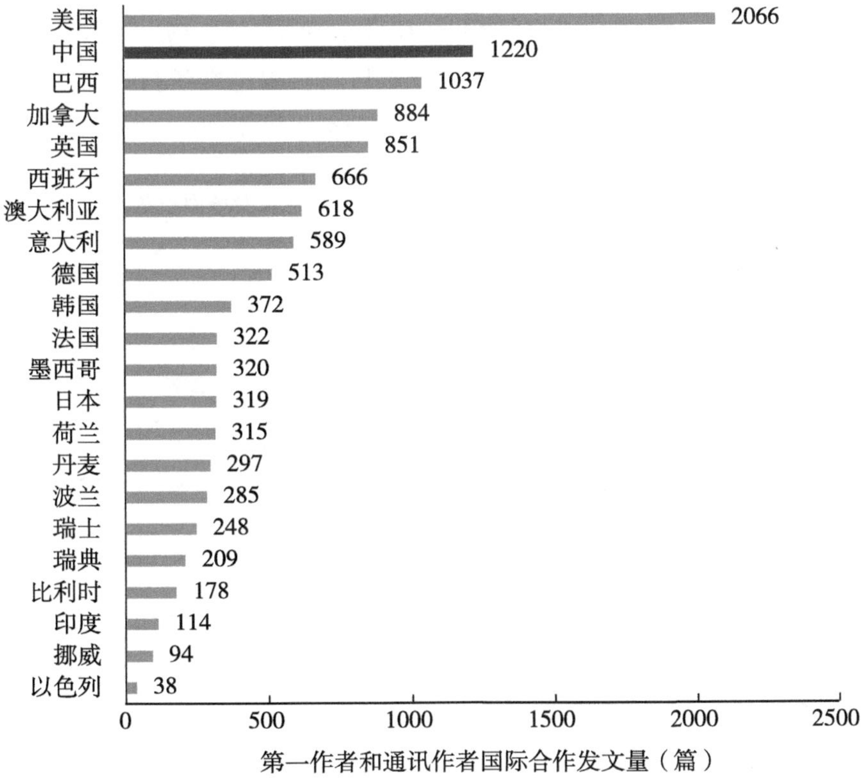

图 2-23　2015—2019 年农业乳品与动物科学第一作者和通讯作者国际合作发文量

2.2.7 渔业学

（1）领域科技论文竞争力指数分析：英国科技论文竞争力全球最强，中国和美国紧随其后

英国在渔业学的论文竞争力排名第一，中国和美国分别位列第二、第三，英国、中国和美国竞争力分数接近，且均大于9。其中，中国的发文量和高被引论文量均排名第二，但CNCI排名第十二；英国在3个指标上表现均衡且均排名前四。挪威、澳大利亚、加拿大、意大利、西班牙、丹麦、法国、荷兰、德国、瑞典、巴西、比利时、日本、瑞士、韩国、以色列16个国家竞争力得分3~7。其中，丹麦和荷兰的CNCI的排名分别为第一和第二，巴西和日本的发文量排名分别为第五和第六。波兰、印度、墨西哥3个国家竞争力得分小于3（表2-23）。

从发文量指标来看，22个国家发文量直接加和为41540篇。美国发表8151篇，排名第一，占总发文量的19.62%；中国发表7885篇，排名第二，占总发文量的18.98%。

从CNCI指标来看，22个国家中有16个国家的CNCI大于1，表明这些国家论文被引表现高于全球平均水平。其中，丹麦CNCI为1.59，排名第一；荷兰、挪威、英国3个国紧随其后；中国CNCI为1.25，排名第十二位；从高被引论文量指标来看，英国为102篇，排名第一，远超其他国家；中国和美国分别为65篇和64篇，分列第二和第三位。

表2-23 2015—2019年国家渔业学科技论文竞争力指数

国家	国家科技论文竞争力（一级指标）		发文量（二级指标）			CNCI（二级指标）			高被引论文量（二级指标）		
	得分	排名	数量（篇）	得分	排名	数值	得分	排名	数量（篇）	得分	排名
英国	10.00	1	3701	4.54	3	1.52	9.53	4	102	10.00	1
中国	9.92	2	7885	9.67	2	1.25	7.83	12	65	6.37	2
美国	9.53	3	8151	10.00	1	1.06	6.68	16	64	6.27	3
挪威	6.53	4	1536	1.88	9	1.55	9.71	3	42	4.12	4
澳大利亚	6.14	5	2368	2.91	4	1.27	7.94	11	40	3.92	5
加拿大	5.64	6	2087	2.56	7	1.32	8.27	9	28	2.75	7
意大利	5.54	7	1058	1.30	13	1.45	9.09	6	30	2.94	6
西班牙	5.29	8	1941	2.38	8	1.21	7.61	14	28	2.75	7
丹麦	5.14	9	735	0.90	16	1.59	10.00	1	15	1.47	13
法国	5.08	10	1311	1.61	11	1.36	8.57	7	21	2.06	9
荷兰	4.91	11	499	0.61	18	1.58	9.94	2	13	1.27	14
德国	4.52	12	1066	1.31	12	1.21	7.61	13	20	1.96	10

（续表）

国家	国家科技论文竞争力（一级指标）		发文量（二级指标）			CNCI（二级指标）			高被引论文量（二级指标）		
	得分	排名	数量（篇）	得分	排名	数值	得分	排名	数量（篇）	得分	排名
瑞典	4.47	13	541	0.66	17	1.45	9.11	5	10	0.98	15
巴西	4.33	14	2181	2.68	5	0.95	5.98	19	18	1.76	11
比利时	4.04	15	412	0.51	20	1.33	8.34	8	9	0.88	16
日本	3.83	16	2114	2.59	6	0.77	4.87	20	18	1.76	11
瑞士	3.51	17	148	0.18	22	1.29	8.07	10	2	0.20	21
韩国	3.19	18	758	0.93	15	0.98	6.17	18	6	0.59	17
以色列	3.14	19	175	0.21	21	1.14	7.16	15	2	0.20	21
波兰	2.98	20	421	0.52	19	1.00	6.26	17	4	0.39	19
印度	2.95	21	1463	1.79	10	0.75	4.72	21	6	0.59	17
墨西哥	2.54	22	989	1.21	14	0.72	4.51	22	4	0.39	19

（2）领域高质量论文分析：美国高质量论文数全球领跑，远超中国

在渔业学 Top100 高质量论文中（共 101 篇），在国家层面，美国有 26 篇文章，占比 25.74%，远超其他国家，排名第一；中国和澳大利亚两国均有 9 篇，并列排名第二。在机构层面，加拿大不列颠哥伦比亚大学、意大利梅西纳大学、美国国家海洋和大气管理局、挪威海洋研究所、英国斯特林大学均有 3 篇，排名并列第一；中国农业科学院有 1 篇。Top100 高质量论文中 72 篇来自大学，占比 71.29%；20 篇来自科研机构，占比 19.80%；9 篇来自政府部门，占比 8.91%；1 篇来自企业，占比 0.99%（表 2-24）。

这些高质量论文涉及渔业学多方面研究，包括但不限于藻类作为营养和功能性食物来源、气候变化与水生生态系统、饲料成分对水生动物肠道菌群的影响等研究方向。

表 2-24 渔业学 Top100 高质量论文情况

序号	被引频次	论文题目	国家/国际组织	机构	机构类型
1	273	Algae as nutritional and functional food sources: Revisiting our understanding	美国	缅因大学	大学
2	265	Microplastics in sediments: A review of techniques, occurrence and effects	比利时	根特大学	大学
3	201	Omega-3 long-chain polyunsaturated fatty acids and aquaculture in perspective	英国	斯特林大学	大学
4	191	Reinventing residual reserves in the sea: Are we favouring ease of establishment over need for protection?	加拿大	纽芬兰纪念大学	大学

（续表）

序号	被引频次	论文题目	国家/国际组织	机构	机构类型
5	181	Different continuous cropping spans significantly affect microbial community membership and structure in a vanilla-grown Soil as revealed by deep pyrosequencing	中国	南京农业大学	大学
6	178	Utilisation of feed resources in production of Atlantic salmon（*Salmo salar*） in Norway	挪威	挪威食品、渔业和水产养殖研究所	科研机构
7	177	Soil pH Determines Microbial Diversity and Composition in the Park Grass Experiment	美国	佛罗里达大学	大学
8	176	Management strategy evaluation：Best practices	美国	华盛顿大学	大学
8	176	The seascape nursery：A novel spatial approach to identify and manage nurseries for coastal marine fauna	澳大利亚	阿德莱德大学	大学
10	173	Ecological impacts of global warming and water abstraction on lakes and reservoirs due to changes in water level and related changes in salinity	丹麦	奥胡斯大学	大学
11	171	Mitigating cyanobacterial harmful algal blooms in aquatic ecosystems impacted by climate change and anthropogenic nutrients	美国	北卡罗来纳州立大学	大学
12	169	Fish biodiversity and conservation in South America	巴西	南里奥格兰德天主教大学	大学
12	169	Recent advances in the role of probiotics and prebiotics in carp aquaculture：A review	日本	鹿儿岛大学	大学
14	163	Energy acquisition and allocation to egg production in relation to fish reproductive strategies	美国	国家海洋渔业服务处	政府
15	162	Microplastic contamination in brown shrimp (*Crangon crangon*, Linnaeus 1758) from coastal waters of the Southern North Sea and Channel area	比利时	农业与渔业研究所	科研机构
16	161	Antibiotic pollution in the environment：A review	印度	印度理工学院	大学
17	156	Importance of prebiotics in aquaculture as immunostimulants. Effects on immune system of *Sparus aurata* and *Dicentrarchus labrax*	意大利	梅西纳大学	大学
18	154	Probiotics and prebiotics associated with aquaculture：A review	中国	浙江大学	大学
18	154	Feed matters：satisfying the feed demand of aquaculture	美国	水产养殖场有限责任公司	企业
20	149	Effect of dietary components on the gut microbiota of aquatic animals. A never-ending story?	挪威	挪威北极圈大学	大学
21	148	Risk assessment of the environmental impact of Norwegian Atlantic salmon farming	挪威	挪威海洋研究所	科研机构
22	146	The use of medicinal plants as immunostimulants in aquaculture：A review	澳大利亚	科廷科技大学	大学

（续表）

序号	被引频次	论文题目	国家/国际组织	机构	机构类型
23	145	The determination of standard metabolic rate in fishes	加拿大	加拿大渔业与海洋部	政府
24	142	Annotated checklist of the living sharks, batoids and chimaeras (Chondrichthyes) of the world, with a focus on biogeographical diversity	德国	汉堡大学	大学
25	136	Health impacts from cyanobacteria harmful algae blooms: Implications for the North American Great Lakes	美国	莱特州立大学	大学
26	134	The ways in which fish use estuaries: A refinement and expansion of the guild approach	澳大利亚	莫道克大学	大学
27	122	Does individual variation in metabolic phenotype predict fish behaviour and performance?	英国	格拉斯哥大学	大学
28	121	The impacts of deep－sea fisheries on benthic communities: A review	新西兰	新西兰大气及水资源研究院	科研机构
28	121	Evaluating the predictive performance of empirical estimators of natural mortality rate using information on over 200 fish species	美国	威廉与玛丽学院	大学
30	119	The response of fish to immunostimulant diets	英国	斯特林大学	大学
30	119	Large reservoirs as ecological barriers to downstream movements of Neotropical migratory fish	巴西	托坎廷斯州联邦大学	大学
32	117	Photorhabdus insect－related (Pir) toxin－like genes in a plasmid of *Vibrio parahaemolyticus*, the causative agent of acute hepatopancreatic necrosis disease (AHPND) of shrimp	美国	亚利桑那大学	大学
33	116	Impact of date palm fruits extracts and probiotic enriched diet on antioxidant status, innate immune response and immune－related gene expression of European seabass (*Dicentrarchus labrax*)	西班牙	穆尔西亚大学	大学
33	116	Taurine: A critical nutrient for future fish feeds	美国	奥本大学	大学
35	114	Measurement and relevance of maximum metabolic rate in fishes	澳大利亚	澳大利亚海洋科学研究所、塔斯马尼亚大学、澳大利亚联邦科学与工业研究组织	科研机构、大学
35	114	Effects of ammonia exposure on apoptosis, oxidative stress and immune response in pufferfish (*Takifugu obscurus*)	中国	华南师范大学	大学
37	112	Experimental design in ocean acidification research: problems and solutions	澳大利亚	塔斯马尼亚大学、西澳大学	大学
37	112	Fish to 2030: The role and opportunity for aquaculture	国际组织	世界银行	科研机构
39	108	Progress in fish gastrointestinal microbiota research	中国	中国农业科学院	科研机构

（续表）

序号	被引频次	论文题目	国家/国际组织	机构	机构类型
40	107	Examining common assumptions about recruitment：A meta-analysis of recruitment dynamics for worldwide marine fisheries	美国	加利福尼亚大学系统	大学
40	107	Commercial aquaponics production and profitability：Findings from an international survey	美国	约翰斯·霍普金斯大学	大学
42	106	Beneficial roles of feed additives as immunostimulants in aquaculture：A review	埃及	谢赫村大学	大学
43	103	The river as a chemostat：Fresh perspectives on dissolved organic matter flowing down the river continuum	加拿大	西安大略大学	大学
44	102	Ecosystem processes are rarely included in tactical fisheries management	挪威	挪威海洋研究所	科研机构
45	100	Fish assemblages in Neotropical reservoirs：Colonization patterns，impacts and management	巴西	马林加州立大学	大学
46	99	Anadromy and residency in steelhead and rainbow trout（*Oncorhynchus mykiss*）：A review of the processes and patterns	美国	华盛顿鱼类和野生动物部	政府
47	98	The ‘Great Southern Reef’：Social，ecological and economic value of Australia's neglected kelp forests	澳大利亚	西澳大学	大学
48	96	Functional classifications and their application in phytoplankton ecology	意大利	Istituto Agrario di S. Michele all'Adige	科研机构
48	96	A techno-economic analysis of industrial production of marine microalgae as a source of EPA and DHA-rich raw material for aquafeed：Research challenges and possibilities	挪威	应用生物技术中心	科研机构
50	95	The toxicity of chlorpyrifos on the early life stage of zebrafish：A survey on the endpoints at development，locomotor behavior，oxidative stress and immunotoxicity	中国	浙江工业大学	大学
50	95	Explaining participation rates in recreational fishing across industrialised countries	德国	德国莱布尼茨学会	科研机构
52	94	Environmental and physiological factors shape the gut microbiota of Atlantic salmon parr（*Salmo salar* L.）	英国	阿伯丁大学	大学
52	94	Utilisation of dietary carbohydrates in farmed fishes：New insights on influencing factors，biological limitations and future strategies	法国	法国农业科学院	科研机构
52	94	Climate change effects on North American Inland fish populations and assemblages	美国	美国地质调查局	政府
52	94	Ecosystem models for fisheries management：Finding the sweet spot	美国	罗德岛大学	大学
56	93	Soil-borne microbiome：Linking diversity to function	荷兰	荷兰皇家艺术与科学院	科研机构

（续表）

序号	被引频次	论文题目	国家/国际组织	机构	机构类型
57	92	Half a century of genetic interaction between farmed and wild Atlantic salmon: Status of knowledge and unanswered questions	挪威	挪威海洋研究所	科研机构
57	92	Management and control methods of invasive alien freshwater aquatic plants: A review	德国	杜塞尔多夫大学	大学
57	92	Design and setup of intermittent-flow respirometry system for aquatic organisms	丹麦	哥本哈根大学	大学
60	91	Antioxidant defense system, immune response and erythron profile modulation in gold fish, Carassius auratus, after acute manganese treatment	阿尔巴尼亚	地拉那大学	大学
60	91	Global solutions to regional problems: Collecting global expertise to address the problem of harmful cyanobacterial blooms. A Lake Erie case study	美国	博林格林州立大学	大学
60	91	Managing fisheries for human and food security	国际组织	国际野生生物保护学会	科研机构
63	90	Insect immunology and hematopoiesis	美国	范德比尔特大学	大学
63	90	Gender and small - scale fisheries: A case for counting women and beyond	加拿大	不列颠哥伦比亚大学	大学
63	90	The immune system and its modulation mechanism in scallop	中国	大连海洋大学	大学
63	90	World squid fisheries	意大利	意大利渔业部	政府
67	88	Probiotic, prebiotic and synbiotic supplements in sturgeon aquaculture: A review	伊朗	戈尔甘农业科学与自然资源大学	大学
68	86	Why have global shark and ray landings declined: Improved management or overfishing?	加拿大	西蒙弗雷泽大学	大学
68	86	Plastic and marine turtles: A review and call for research	英国	埃克塞特大学	大学
68	86	Interaction effects of dietary supplementation of heat - killed Lactobacillus plantarum and beta-glucan on growth performance, digestibility and immune response of juvenile red sea bream, *Pagrus major*	日本	鹿儿岛大学	大学
71	83	Rethinking length-based fisheries regulations: The value of protecting old and large fish with harvest slots	美国	佛罗里达大学	大学
71	83	Geostatistical delta - generalized linear mixed models improve precision for estimated abundance indices for West Coast groundfishes	美国	美国国家海洋和大气管理局	政府
71	83	Prebiotics and fish immune response: A review of current knowledge and future perspectives	伊朗	戈尔甘农业科学与自然资源大学	大学

（续表）

序号	被引频次	论文题目	国家/国际组织	机构	机构类型
74	82	Effect of biofloc technology on growth, digestive enzyme activity, hematology, and immune response of genetically improved farmed tilapia (*Oreochromis niloticus*)	中国	中国水产科学研究院	科研机构
74	82	Effects of Rehmannia glutinosa on growth performance, immunological parameters and disease resistance to Aeromonas hydrophila in common carp (*Cyprinus carpio* L.)	中国	河南师范大学	大学
76	81	Myths that continue to impede progress in ecosystem-based fisheries management	美国	美国国家海洋和大气管理局	政府
76	81	Multi-model ensemble projections of climate change effects on global marine biodiversity	加拿大	不列颠哥伦比亚大学	大学
78	80	Seaweed aquaculture: Cultivation technologies, challenges and its ecosystem services	美国	康涅狄格大学	大学
78	80	Immunohistochemical characterization of Toll-like receptor 2 in gut epithelial cells and macrophages of goldfish Carassius auratus fed with a high-cholesterol diet	意大利	梅西纳大学	大学
80	79	Understanding the interaction between Betanodavirus and its host for the development of prophylactic measures for viral encephalopathy and retinopathy	英国	莫尔登研究所	科研机构
81	78	Insect larvae meal as an alternative source of nutrients in the diet of Atlantic salmon (*Salmo salar*) postsmolt	挪威	挪威国家营养和海洋食品研究所	科研机构
82	77	Black soldier fly (*Hermetia illucens*) pre-pupae meal as a fish meal replacement in diets for European seabass (*Dicentrarchus labrax*)	葡萄牙	波尔图大学	大学
82	77	Estrogen regulation of gene expression in the teleost fish immune system	意大利	梅西纳大学	大学
82	77	Pathogenesis of acute hepatopancreatic necrosis disease (AHPND) in shrimp	中国	台湾成功大学	大学
82	77	Effect of guava leaves on the growth performance and cytokine gene expression of Labeo rohita and its susceptibility to *Aeromonas hydrophila* infection	韩国	首尔大学	大学
82	77	Information gaps in understanding the effects of noise on fishes and invertebrates	美国	马里兰大学系统	大学
82	77	Contemporary fisheries stock assessment: Many issues still remain	美国	美洲间热带金枪鱼类委员会	科研机构
88	76	Research findings from the use of probiotics in tilapia aquaculture: A review	澳大利亚	科廷大学	大学
89	75	The zebrafish as a model to study intestinal inflammation	荷兰	瓦格宁根大学	大学

（续表）

序号	被引频次	论文题目	国家/国际组织	机构	机构类型
89	75	Chemical composition and nutritional properties of freshwater and marine microalgal biomass cultured in photobioreactors	加拿大	加拿大自然资源部	政府
91	74	Global marine fisheries discards：A synthesis of reconstructed data	澳大利亚	西澳大学	大学
91	74	Large-scale dieback of mangroves in Australia's Gulf of Carpentaria：A severe ecosystem response，coincidental with an unusually extreme weather event	澳大利亚	詹姆斯·库克大学	大学
91	74	Effects of C/N ratio on biofloc development，water quality，and performance of Litopenaeus vannamei juveniles in a biofloc-based，high-density，zero-exchange，outdoor tank system	美国	德州农工农业生命研究院	科研机构
94	73	Technological advances that led to growth of shrimp，salmon，and tilapia farming	美国	阿肯色大学	大学
94	73	Probiotics，immunostimulants，plant products and oral vaccines，and their role as feed supplements in the control of bacterial fish diseases	英国	斯特林大学	大学
94	73	The effects of combined dietary probiotics Lactococcus lactis BFE920 and Lactobacillus plantarum FGL0001 on innate immunity and disease resistance in olive flounder（*Paralichthys olivaceus*）	韩国	汉东大学	大学
97	72	First evidence of microplastics in the African Great Lakes：Recovery from Lake Victoria Nile perch and Nile tilapia	丹麦	罗斯基尔大学	大学
97	72	Pragmatic perspective on aerobic scope：peaking，plummeting，pejus and apportioning	加拿大	不列颠哥伦比亚大学	大学
97	72	Modulation of innate immune response，mucosal parameters and disease resistance in rainbow trout（*Oncorhynchus mykiss*）upon synbiotic feeding	伊朗	德黑兰医科大学	大学
97	72	Current research on the use of plant-derived products in farmed fish	意大利	乌迪内大学	大学
97	72	Wood placement in river restoration：Fact，fiction，and future direction	美国	美国国家海洋和大气管理局	政府

（3）领域高产作者分析：中国高产作者数领跑全球，中国机构表现远超其他国家

在渔业学 Top100 高产作者（共 143 位）中，在国家层面，中国有 89 位（53 位来自大学，36 位来自科研机构），占比 62.23%，排名第一；美国有 14 位（12 位来自大学，2 位来自政府），占比 9.79%，排名第二。在机构层面，排名前六名的机构均为中国机构，其中，中国科学院有 22 位，排名第一；中国水产科学研究院有 12 位，排名第二；宁波大学、四川

农业大学、中山大学和中国海洋大学分别有 8 位、7 位、6 位和 5 位，分列第三至第六名。h 指数排名前十的作者均来自中国，且排名前三的作者均来自四川农业大学（表 2-25）。

表 2-25　渔业学 Top100 高产作者情况

序号	h 指数	高产作者	国家	机构	机构类型
1	23	刘扬	中国	四川农业大学	大学
1	23	冯琳	中国	四川农业大学	大学
3	22	周小秋	中国	四川农业大学	大学
3	22	姜维丹	中国	四川农业大学	大学
3	22	姜俊	中国	四川农业大学	大学
6	21	张永安	中国	中国科学院	科研机构
6	21	吴培	中国	四川农业大学	大学
6	21	唐凌	中国	四川省畜牧科学研究院	科研机构
9	20	唐武能	中国	四川省畜牧科学研究院	科研机构
9	20	邝声耀	中国	四川省畜牧科学研究院	科研机构
11	18	Koshio Shunsuke	日本	鹿儿岛大学	大学
12	17	宋林生	中国	大连海洋大学	大学
13	16	Thorson James T.	美国	美国国家海洋和大气管理局	政府
13	16	Ishikawa Manabu	日本	鹿儿岛大学	大学
15	15	麦康森	中国	中国海洋大学	大学
15	15	李超	中国	青岛农业大学	大学
15	15	Punt Andre E.	美国	华盛顿大学	大学
15	15	Cooke Steven J.	加拿大	卡尔顿大学	大学
19	14	赵娟	中国	四川农业大学	大学
19	14	徐田军	中国	浙江海洋大学	大学
19	14	王玲玲	中国	中国科学院	科研机构
19	14	秦启伟	中国	中国科学院	科研机构
19	14	Herrmann Bent	挪威	挪威科技工业研究所	科研机构
24	13	徐玮	中国	中国海洋大学	大学
24	13	王孟强	中国	中国科学院	科研机构
24	13	刘文斌	中国	南京农业大学	大学
24	13	李成华	中国	宁波大学	大学
24	13	黄友华	中国	中国科学院	科研机构
24	13	黄晓红	中国	中国科学院	科研机构

（续表）

序号	h 指数	高产作者	国家	机构	机构类型
24	13	何建国	中国	中山大学	大学
24	13	陈立侨	中国	华东师范大学	大学
24	13	艾庆辉	中国	中国海洋大学	大学
24	13	Yokoyama Saichiro	日本	鹿儿岛大学	大学
24	13	Qin Jian G.	澳大利亚	弗林德斯大学	大学
24	13	Baldisserotto Bernardo	巴西	圣玛利亚联邦大学	大学
24	13	Arlinghaus Robert	德国	德国莱布尼茨学会	科研机构
37	12	张卫卫	中国	宁波大学	大学
37	12	谢骏	中国	中国水产科学研究院	科研机构
37	12	翁少萍	中国	中山大学	大学
37	12	王云涛	中国	中国水产科学研究院	大学
37	12	王伟林	中国	中国科学院	科研机构
37	12	王高学	中国	西北农林科技大学	大学
37	12	刘波	中国	中国水产科学研究院	科研机构
37	12	林丽	中国	华中农业大学	大学
37	12	李朝政	中国	中山大学	大学
37	12	戈贤平	中国	中国水产科学研究院	科研机构
37	12	Yu Yepin	中国	中国科学院	科研机构
37	12	Oppedal Frode	挪威	挪威海洋研究所	科研机构
37	12	Maunder Mark N.	美国	加利福尼亚大学系统	大学
37	12	Cuesta Alberto	西班牙	穆尔西亚大学	大学
37	12	Angeles Esteban Maria	西班牙	穆尔西亚大学	大学
37	12	Andersen Ken H.	丹麦	丹麦技术大学	大学
53	11	徐晓鹏	中国	中山大学	大学
53	11	孙黎	中国	中国科学院	科研机构
53	11	邵铱娜	中国	宁波大学	大学
53	11	李升康	中国	汕头大学	大学
53	11	李军	中国	南京理工大学	大学
53	11	李二超	中国	华东师范大学	大学
53	11	贾志浩	中国	中国科学院	科研机构
53	11	黄忠	中国	中国水产科学研究院	科研机构

（续表）

序号	h 指数	高产作者	国家	机构	机构类型
53	11	Fulton Elizabeth A.	澳大利亚	澳大利亚联邦科学与工业研究组织	科研机构
53	11	Faggio Caterina	意大利	梅西纳大学	大学
53	11	Bai Sungchul C.	韩国	釜庆大学	大学
53	11	Asche Frank	挪威	斯塔凡格大学	大学
65	10	左洪亮	中国	中山大学	大学
65	10	朱斌	中国	西北农林科技大学	大学
65	10	赵小凡	中国	山东大学	大学
65	10	张彦娇	中国	中国海洋大学	大学
65	10	张文兵	中国	中国海洋大学	大学
65	10	张峘	中国	中国科学院	科研机构
65	10	徐跑	中国	中国水产科学研究院	科研机构
65	10	王金星	中国	山东大学	大学
65	10	苏宝锋	中国	中国水产科学研究院	科研机构
65	10	邱丽梅	中国	中国科学院	科研机构
65	10	聂品	中国	中国科学院	科研机构
65	10	林黑着	中国	中国水产科学研究院	科研机构
65	10	李浩洋	中国	中山大学	大学
65	10	姜帅	中国	中国科学院	科研机构
65	10	冯浩	中国	湖南师范大学	大学
65	10	Whittington Richard J.	澳大利亚	悉尼大学	大学
65	10	Wasielesky Wilson Jr.	巴西	里奥格兰德联邦大学	大学
65	10	Southgate Paul C.	澳大利亚	阳光海岸大学	大学
65	10	Ringo Einar	挪威	挪威北极圈大学	大学
65	10	Liu Chun-Hung	中国	台湾屏东科技大学	大学
65	10	Link Jason S.	美国	美国国家海洋和大气管理局	政府
65	10	Lee Jehee	韩国	国立济州大学	大学
65	10	Hilborn Ray	美国	华盛顿大学	大学
65	10	Harvey Euan S.	澳大利亚	科廷大学	大学
65	10	Gisbert Enric	西班牙	加泰罗尼亚农业科学院	科研机构

（续表）

序号	h 指数	高产作者	国家	机构	机构类型
65	10	Chen Yong	美国	缅因大学	大学
91	9	周传朋	中国	中国水产科学研究院	科研机构
91	9	张家松	中国	中国水产科学研究院	科研机构
91	9	张国范	中国	中国科学院	科研机构
91	9	杨莹	中国	中国科学院	科研机构
91	9	许巧情	中国	长江大学	大学
91	9	肖军	中国	湖南师范大学	大学
91	9	相建海	中国	中国科学院	科研机构
91	9	王晓丹	中国	华东师范大学	大学
91	9	王文	中国	南京师范大学	大学
91	9	王昊	中国	中国科学院	科研机构
91	9	王安利	中国	华南师范大学	大学
91	9	任倩	中国	南京师范大学	大学
91	9	任鸣春	中国	中国水产科学研究院	科研机构
91	9	吕志猛	中国	宁波大学	大学
91	9	鲁义善	中国	广东海洋大学	大学
91	9	李晔	中国	宁波大学	大学
91	9	李向飞	中国	南京农业大学	大学
91	9	李佳乐	中国	上海海洋大学	大学
91	9	李富花	中国	中国科学院	科研机构
91	9	金敏	中国	宁波大学	大学
91	9	解绶启	中国	中国科学院	科研机构
91	9	简纪常	中国	广东海洋大学	大学
91	9	韩冬	中国	中国科学院	科研机构
91	9	段亚飞	中国	中国水产科学研究院	科研机构
91	9	段雪梅	中国	宁波大学	大学
91	9	陈炯	中国	宁波大学	大学
91	9	Xin Lusheng	中国	中国科学院	科研机构
91	9	Waagbo R.	挪威	挪威渔业局	政府
91	9	Vaseeharan Baskaralingam	印度	印度阿拉嘎帕大学	大学
91	9	Tocher Douglas R.	英国	斯特林大学	大学

（续表）

序号	h指数	高产作者	国家	机构	机构类型
91	9	Sistiaga Manu	挪威	挪威科技工业研究所	科研机构
91	9	Secombes Christopher J.	英国	阿伯丁大学	大学
91	9	Rebl Alexander	德国	莱布尼茨家畜生物学研究所	科研机构
91	9	Quinn Thomas P.	美国	华盛顿大学	大学
91	9	Pedersen Per Bovbjerg	丹麦	丹麦技术大学	大学
91	9	Pedersen Lars-Flemming	丹麦	丹麦技术大学	大学
91	9	Pauly Daniel	加拿大	不列颠哥伦比亚大学	大学
91	9	Paukert Craig P.	美国	密苏里大学	大学
91	9	Park Se Chang	韩国	首尔大学	大学
91	9	Ono Kotaro	美国	华盛顿大学	大学
91	9	Liu Shikai	美国	奥本大学	大学
91	9	Hobday Alistair J.	澳大利亚	澳大利亚联邦科学与工业研究组织	科研机构
91	9	Hirono Ikuo	日本	东京海洋大学	大学
91	9	Harikrishnan Ramasamy	韩国	济州国立大学	大学
91	9	Goldammer Tom	德国	莱布尼茨家畜生物学研究所	科研机构
91	9	Gatlin Delbert M. , III	美国	得克萨斯A&M大学系统	大学
91	9	Dempster Tim	澳大利亚	墨尔本大学	大学
91	9	Davis D. Allen	美国	奥本大学	大学
91	9	Danylchuk Andy J.	美国	马萨诸塞大学系统	大学
91	9	Chu Qing	中国	浙江海洋大学	大学
91	9	Caballero M. J.	西班牙	拉斯帕尔马省大加那利岛大学	大学
91	9	Browman Howard I.	挪威	挪威海洋研究所	科研机构
91	9	Boyd Claude E.	美国	奥本大学	大学

（4）领域国际合作分析：美国在国际合作中全球领先，中国和英国紧随其后

2015—2019年，22国第一作者和通讯作者国际合作发文量直接加和为9679篇。其中，美国排名第一，为1408篇，占比14.55%；中国排名第二，为1172篇，占比12.11%；英国

排名第三，为1121篇，占比11.58%。美国、中国和英国国际合作发文量远超其他国家（图2-24）。

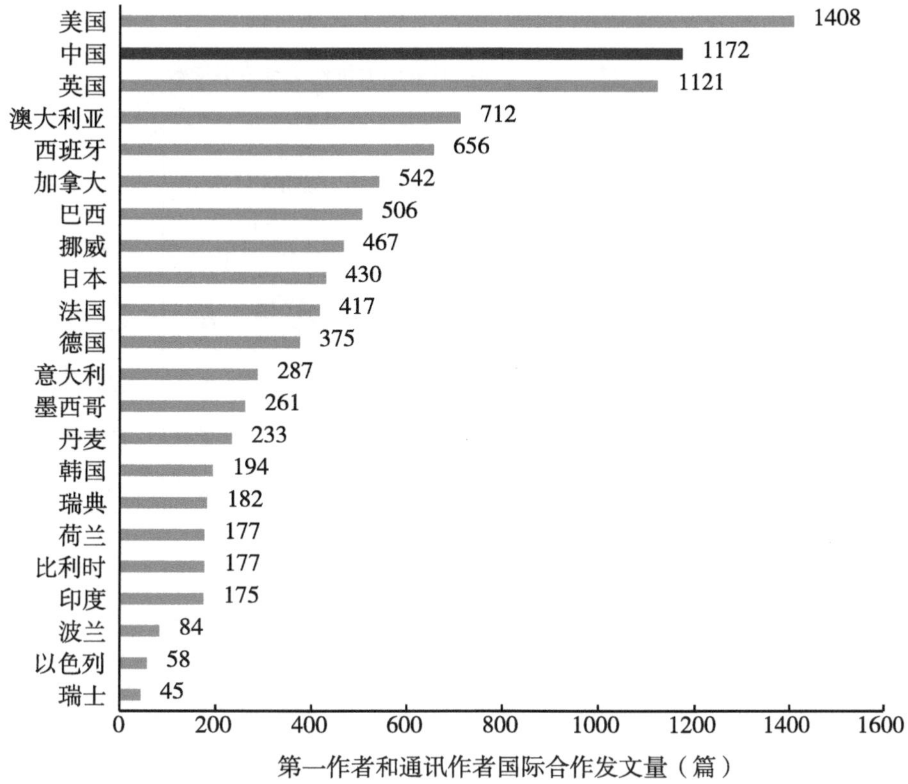

图2-24　2015—2019年渔业学第一作者和通讯作者国际合作发文量

2.2.8　林业学

（1）领域科技论文竞争力指数分析：美国科技论文竞争力全球遥遥领先

美国排名第一，竞争力指数得分遥遥领先，其发文量和高被引论文量两个指标的得分均为10分，只在CNCI指标表现略差。中国、英国、德国三国排名第二至第四位，竞争力得分大于6。中国在3个二级指标上的表现较为平均，英国和德国只在CNCI方面表现突出。法国、意大利、瑞士、西班牙、荷兰、加拿大、瑞典、澳大利亚、比利时、波兰、丹麦、挪威12个国家竞争力得分3~6。荷兰的CNCI值排名全球第一，具有影响力优势。巴西、以色列、日本、韩国、墨西哥、印度6个国家竞争力得分小于3（表2-26）。

从发文量指标来看，22个国家发文量直接加和为32804篇。美国发表6991篇，排名第一，占总发文量的21.31%。中国发表4756篇，排名第二，占总发文量的14.50%。

从CNCI指标来看，荷兰、瑞士、比利时3国领先，但在其他两个指标上表现有待提高。中国CNCI排名仅第十六位，但在其他两个指标的良好表现拉高了其整体得分。从高被引论文量来看，美国第一，英国和中国分数接近，分列第二和第三，但与美国存在较大差距。

表2-26　2015—2019年国家林业学科技论文竞争力指数

国家	国家科技论文竞争力（一级指标）		发文量（二级指标）			CNCI（二级指标）			高被引论文量（二级指标）		
	得分	排名	数量（篇）	得分	排名	数值	得分	排名	数量（篇）	得分	排名
美国	10.00	1	6991	10.00	1	1.20	6.44	15	52	10.00	1
中国	7.31	2	4756	6.80	2	1.18	6.37	16	32	6.15	3
英国	6.77	3	2177	3.11	4	1.57	8.45	6	33	6.35	2
德国	6.30	4	2107	3.01	5	1.50	8.06	8	29	5.58	4
法国	5.49	5	1219	1.74	11	1.55	8.34	7	23	4.42	5
意大利	5.48	6	1231	1.76	10	1.58	8.50	5	22	4.23	6
瑞士	5.08	7	723	1.03	13	1.73	9.33	2	16	3.08	8
西班牙	4.92	8	1693	2.42	7	1.40	7.52	9	16	3.08	8
荷兰	4.80	9	406	0.58	18	1.86	10.00	1	11	2.12	13
加拿大	4.78	10	2305	3.30	3	1.10	5.89	17	18	3.46	7
瑞典	4.42	11	1144	1.64	12	1.33	7.16	10	15	2.88	10
澳大利亚	4.36	12	1455	2.08	8	1.33	7.13	11	12	2.31	11
比利时	4.18	13	383	0.55	19	1.70	9.17	3	7	1.35	15
波兰	3.78	14	691	0.99	14	1.25	6.71	14	12	2.31	11
丹麦	3.74	15	353	0.50	21	1.60	8.62	4	4	0.77	18
挪威	3.40	16	448	0.64	17	1.27	6.82	13	8	1.54	14
巴西	2.97	17	1919	2.74	6	0.70	3.77	22	7	1.35	15
以色列	2.80	18	98	0.14	22	1.32	7.08	12	1	0.19	20
日本	2.77	19	1327	1.90	9	0.79	4.26	20	6	1.15	17
韩国	2.42	20	360	0.51	20	0.95	5.13	18	4	0.77	18
墨西哥	1.97	21	562	0.80	15	0.79	4.22	21	1	0.19	20
印度	1.97	22	456	0.65	16	0.81	4.37	19	1	0.19	20

（2）领域高质量论文分析：美国高质量论文数全球第一，美国农业部是全球拥有高质量论文数最多的机构

在林业学 Top100 高质量论文中（共 101 篇），美国有 27 篇文章，排名第一，中国有 12 篇，排名第二。美国农业部有 7 篇 Top100 高质量论文，是全球高质量论文最多的机构。Top100 高质量论文的前三篇均来自澳大利亚的大学，可见该国在林业学研究中优势明显。Top100 高质量论文中 71 篇来自大学，占比 70.30%，22 篇来自科研机构，10 篇来自政府部门，没有来自企业的论文（表 2–27）。

这些高质量论文涉及林业学多方面研究，包括但不限于林业无人机与遥感技术、激光扫描森林测量等研究方向。

表 2–27　林业学 Top100 高质量论文情况

序号	被引频次	论文题目	国家/国际组织	机构	机构类型
1	445	Dynamics of global forest area：Results from the FAO global forest resources assessment 2015	澳大利亚	墨尔本大学	大学
2	280	Vegetation of Europe：Hierarchical floristic classification system of vascular plant，bryophyte，lichen，and algal communities	澳大利亚	西澳大学	大学
3	214	Assessment of forest structure using two UAV Techniques：A comparison of airborne laser scanning and structure from motion（SfM）point clouds	澳大利亚	塔斯马尼亚大学、皇家墨尔本理工大学	大学
4	207	Challenges and strategies for urban green–space planning in cities undergoing densification：A review	瑞典	瑞典农业科技大学	大学
5	183	Changes in planted forests and future global implications	新西兰	新西兰森林研究院	科研机构
6	179	Health benefits of green spaces in the living environment：A systematic review of epidemiological studies	荷兰	阿姆斯特丹大学	大学
7	153	The impact of heavy traffic on forest soils：A review	意大利	佛罗伦萨大学	大学
8	142	A survey on technologies for automatic forest fire monitoring，detection，and fighting using unmanned aerial vehicles and remote sensing techniques	加拿大	康考迪亚大学	大学
9	135	Climate change impacts and adaptation in forest management：A review	澳大利亚	墨尔本大学	大学

（续表）

序号	被引频次	论文题目	国家/国际组织	机构	机构类型
10	129	Growth and yield of mixed versus pure stands of Scots pine（*Pinus sylvestris* L.）and European beech（*Fagus sylvatica* L.）analysed along a productivity gradient through Europe	德国	慕尼黑工业大学	大学
10	129	Climate change presents increased potential for very large fires in the contiguous United States	美国	爱达荷州立大学	大学
12	127	An updated megaphylogeny of plants, a tool for generating plant phylogenies and an analysis of phylogenetic community structure	美国	美国伊利诺伊州州立博物馆	科研机构
13	126	Climate forcing datasets for agricultural modeling: Merged products for gap-filling and historical climate series estimation	美国	美国宇航局	政府
13	126	Assessing street-level urban greenery using Google Street View and a modified green view index	美国	康涅狄格大学	大学
15	125	Drone remote sensing for forestry research and practices	美国	普渡大学	大学
15	125	Quantifying consequences of removing harvesting residues on forest soils and tree growth-A meta-analysis	法国	法国农业科学院	科研机构
17	120	A review of processes behind diversity-productivity relationships in forests	德国	弗赖堡大学	大学
18	118	Improving winter wheat yield estimation by assimilation of the leaf area index from Landsat TM and MODIS data into the WOFOST model	中国	中国农业大学	大学
19	116	Spatiotemporal vegetation cover variations associated with climate change and ecological restoration in the Loess Plateau	中国	中国科学院	科研机构
20	115	European Vegetation Archive（EVA）: an integrated database of European vegetation plots	捷克	马萨利克大学	大学
20	115	Effects of different vegetation restoration on soil water storage and water balance in the Chinese Loess Plateau	中国	兰州大学	大学
22	112	Silvicultural alternatives to conventional even-aged forest management-what limits global adoption?	美国	俄勒冈大学系统	大学
22	112	The relationship between leaf area index and microclimate in tropical forest and oil palm plantation: Forest disturbance drives changes in microclimate	英国	帝国理工学院	大学
24	108	Observed and anticipated impacts of drought on forest insects and diseases in the United States	美国	北亚利桑那大学	大学

（续表）

序号	被引频次	论文题目	国家/国际组织	机构	机构类型
24	108	High spatial resolution land use and land cover mapping wf the Brazilian Legal Amazon in 2008 using Landsat-5/TM and MODIS data	巴西	巴西国家空间研究所	科研机构
26	107	Widespread Phytophthora infestations in European nurseries put forest, semi-natural and horticultural ecosystems at high risk of Phytophthora diseases	葡萄牙	阿尔加维大学	大学
27	106	Air pollution removal by trees in public green spaces in Strasbourg city, France	法国	斯特拉斯堡大学	大学
28	103	Forest Resources Assessment of 2015 shows positive global trends but forest loss and degradation persist in poor tropical countries	澳大利亚	詹姆斯·库克大学	大学
29	102	Intra-annual density fluctuations in tree rings: How, when, where, and why?	意大利	那不勒斯菲里德里克第二大学	大学
30	100	Forest disturbance across the conterminous United States from 1985-2012: The emerging dominance of forest decline	美国	美国农业部	政府
31	99	A review of recent application of near infrared spectroscopy to wood science and technology	日本	名古屋大学	大学
32	97	SimpleTree - an efficient open source tool to build tree models from TLS clouds	德国	弗赖堡大学	大学
33	93	Global Forest Resources Assessment 2015: What, why and how?	国际组织	联合国粮食及农业组织	科研机构
34	92	Non - structural carbohydrates in woody plants compared among laboratories	澳大利亚	澳大利亚联邦科学与工业研究组织	科研机构
34	92	Delving into the variations in tree species composition and richness across South American subtropical Atlantic and Pampean forests	巴西	米纳斯联邦大学	大学
36	91	Forest restoration following surface mining disturbance: Challenges and solutions	加拿大	阿尔伯塔大学	大学
37	90	Terrestrial Laser Scanning for Plot - Scale Forest Measurement	澳大利亚	澳大利亚联邦科学与工业研究组织	科研机构
37	90	Negative consequences of positive feedbacks in US wildfire management	美国	美国农业部	政府
39	88	Temperate and boreal forest tree phenology: From organ-scale processes to terrestrial ecosystem models	法国	巴黎第十一大学	大学
39	88	Assimilating a synthetic Kalman filter leaf area index series into the WOFOST model to improve regional winter wheat yield estimation	中国	中国农业大学	大学
41	87	Comparing ALS and Image-Based Point Cloud Metrics and modelled forest Inventory Attributes in a complex coastal forest environment	加拿大	加拿大自然资源部	政府

（续表）

序号	被引频次	论文题目	国家/国际组织	机构	机构类型
42	85	Intervessel pit membrane thickness as a key determinant of embolism resistance in angiosperm xylem	德国	乌尔姆大学	大学
43	84	Changes in forest production, biomass and carbon: Results from the 2015 UN FAO Global Forest Resource Assessment	德国	汉堡大学	大学
44	80	Upscaling evapotranspiration measurements from multi-site to the satellite pixel scale over heterogeneous land surfaces	中国	北京师范大学	大学
45	79	Characterization of the structure, dynamics, and productivity of mixed-species stands: Review and perspectives	西班牙	西班牙国家农业与食品技术研究院、巴亚多利德大学	科研机构、大学
45	79	Analysis of spatial and temporal patterns of net primary production and their climate controls in China from 1982 to 2010	中国	西安理工大学	大学
45	79	Distilling allometric and environmental information from time series of conduit size: The standardization issue and its relationship to tree hydraulic architecture	意大利	帕多瓦大学	大学
48	78	Tamm review: Management of mixed-severity fire regime forests in Oregon, Washington, and Northern California	美国	美国农业部	政府
49	77	Lignin pyrolysis reactions	日本	京都大学	大学
49	77	Effectiveness of forestry best management practices in the United States: Literature review	美国	弗吉尼亚理工大学	大学
49	77	Drought assessment and monitoring through blending of multi-sensor indices using machine learning approaches for different climate regions	韩国	蔚山科技大学	大学
49	77	A benchmark of lidar-based single tree detection methods using heterogeneous forest data from the alpine space	奥地利	维也纳技术大学	大学
49	77	Impacts of recent climate warming, cultivar changes, and crop management on winter wheat phenology across the Loess Plateau of China	中国	中国科学院	科研机构
54	76	A hybrid artificial intelligence approach using GIS-based neural-fuzzy inference system and particle swarm optimization for forest fire susceptibility modeling at a tropical area	挪威	挪威东南大学	大学
54	76	Seed germination traits can contribute better to plant community ecology	捷克	马萨利克大学	大学
54	76	Effects of stand composition and tree size on resistance and resilience to drought in sessile oak and Scots pine	法国	法国国家农业食品与环境研究院	科研机构

（续表）

序号	被引频次	论文题目	国家/国际组织	机构	机构类型
57	75	Quantifying carbon stores and decomposition in dead wood：A review	美国	明尼苏达大学	大学
58	73	Individual tree detection from Unmanned Aerial Vehicle（UAV）derived canopy height model in an open canopy mixed conifer Forest	美国	北卡罗来纳州立大学	大学
58	73	Potential of forest thinning to mitigate drought stress：A meta-analysis	德国	弗赖堡大学	大学
60	72	Satellite remote sensing of grasslands：From observation to management	爱尔兰	科克大学	大学
60	72	Assessing the evolution of soil moisture and vegetation conditions during the 2012 United States flash drought	美国	威斯康星大学系统	大学
60	72	Restoring forests：What constitutes success in the twenty-first century?	美国	普渡大学	大学
63	71	Using green infrastructure for urban climate-proofing：An evaluation of heat mitigation measures at the micro-scale	德国	慕尼黑理工大学	大学
63	71	Model-based thinking for community ecology	澳大利亚	新南威尔士大学	大学
63	71	Water balance and topography predict fire and forest structure patterns	美国	华盛顿大学	大学
66	70	Biochar and forest restoration：A review and meta-analysis of tree growth responses	加拿大	多伦多大学	大学
66	70	A comparative framework for broad-scale plot-based vegetation classification	西班牙	西班牙加泰罗尼亚森林科技中心	科研机构
66	70	Global progress toward sustainable forest management	国际组织	联合国粮食及农业组织	科研机构
66	70	Status and trends in global primary forest，protected areas，and areas designated for conservation of biodiversity from the Global Forest Resources Assessment 2015	印度	印度统计研究所	科研机构
70	69	Air pollution removal by urban forests in Canada and its effect on air quality and human health	美国	美国农业部	政府
70	69	Tree diversity drives forest stand resistance to natural disturbances	法国	波尔多大学	大学
70	69	A walk on the wild side：Disturbance dynamics and the conservation and management of European mountain forest ecosystems	美国	克拉克大学	大学
70	69	Family forest ownerships of the United States，2013：Findings from the USDA forest service's national woodland owner survey	美国	美国农业部	政府
74	68	Seasonal variations in depth of water uptake for a subtropical coniferous plantation subjected to drought in an East Asian monsoon region	中国	中国科学院	科研机构

（续表）

序号	被引频次	论文题目	国家/国际组织	机构	机构类型
75	67	Patterns of conifer regeneration following high severity wildfire in ponderosa pine-dominated forests of the Colorado Front Range	美国	科罗拉多州立大学	大学
76	66	Forest inventory with terrestrial LiDAR: A comparison of static and hand-held mobile laser scanning	比利时、荷兰	列日大学、瓦格宁根大学	大学
76	66	Do experiments exploring plant diversity-ecosystem functioning relationships inform how biodiversity loss impacts natural ecosystems?	瑞典	瑞典农业科学大学	大学
76	66	Effects of forest management on productivity and carbon sequestration: A review and hypothesis	美国	北卡罗来纳州立大学	大学
76	66	Assessing change in national forest monitoring capacities of 99 tropical countries	荷兰	瓦格宁根大学	大学
76	66	Categorizing the social context of the wildland urban interface: Adaptive capacity for wildfire and community "archetypes"	美国	爱达荷州立大学	大学
81	64	Linkages of C∶N∶P stoichiometry and bacterial community in soil following afforestation of former farmland	中国	西北农林科技大学	大学
81	64	Trends in post-disturbance recovery rates of Canada's forests following wildfire and harvest	加拿大	加拿大林务局	政府
81	64	A review of the challenges and opportunities in estimating above ground forest biomass using tree-level models	美国	俄勒冈州立大学	大学
81	64	Constraints on mechanized treatment significantly limit mechanical fuels reduction extent in the Sierra Nevada	美国	美国农业部	政府
85	63	Inter-annual variability of net and gross ecosystem carbon fluxes: A review	美国	加利福尼亚大学系统	大学
85	63	How similar are forest disturbance maps derived from different landsat Time Series Algorithms?	美国	美国农业部	政府
85	63	The social licence to operate: A critical review	澳大利亚	澳大利亚联邦科学与工业研究组织	科研机构
85	63	Responses of spring phenology in temperate zone trees to climate warming: A case study of apricot flowering in China	中国	中国科学院	科研机构
85	63	Urban forestry and cool roofs: Assessment of heat mitigation strategies in Phoenix residential neighborhoods	美国	亚利桑那州立大学	大学
90	62	Directly estimating diurnal changes in GPP for C3 and C4 crops using far-red sun-induced chlorophyll fluorescence	中国	中国科学院	科研机构

（续表）

序号	被引频次	论文题目	国家/国际组织	机构	机构类型
90	62	Effect of tree species mixing on the size structure, density, and yield of forest stands	德国	慕尼黑理工大学	大学
90	62	The burning question: Does forest bioenergy reduce carbon emissions a review of common misconceptions about forest carbon accounting	加拿大	安大略森林研究所	科研机构
93	61	Wood modification technologies: A review	瑞典	吕勒奥理工大学	大学
93	61	Potential benefits of climate change for crop productivity in China	中国	中国农业大学	大学
93	61	Resilience of forests to pathogens: An evolutionary ecology perspective	英国	爱丁堡大学	大学
93	61	pointRes: An R package to analyze pointer years and components of resilience	德国	格赖夫斯瓦尔德大学	大学
97	60	Generalized biomass and leaf area allometric equations for European tree species incorporating stand structure, tree age and climate	瑞士	瑞士联邦森林/雪和景观研究所	科研机构
97	60	New alternatives for wood preservation based on thermal and chemical modification of wood: A review	法国	法国国家农业食品与环境研究院、洛林大学	科研机构、大学
97	60	A plant economics spectrum in Mediterranean forests along environmental gradients: Is there coordination among leaf, stem and root traits?	西班牙	科尔多瓦大学	大学
97	60	Ranges of critical temperature and water potential values for the germination of species worldwide: Contribution to a seed trait database	法国	法国农业科学院	科研机构
97	60	Crown size and growing space requirement of common tree species in urban centres, parks, and forests	德国	慕尼黑理工大学	大学

（3）领域高产作者分析：美国高产作者数占据优势，美国森林管理局是全球高产作者最多的机构

在林业学Top100高产作者（共178位）中，美国有48位（35位来自大学，13位来自政府），排名第一。德国有29位（27位来自大学，2位来自科研机构），排名第二。中国有16位（9位来自大学，7位来自科研机构），与加拿大和西班牙并列第三。其中美国森林管理局有11位，是全球高产作者最多的机构。机构数排名前三的国家中，美国和德国的机构均多数来自大学，只有中国的机构分布是大学和科研机构相当，说明中国的科研机构（中国科学院）在林业学研究方面表现突出（表2-28）。

表 2-28 林业学 Top100 高产作者情况

序号	h 指数	高产作者	国家	机构	机构类型
1	17	Pretzsch Hans	德国	慕尼黑工业大学	大学
2	12	Julio Camarero J.	西班牙	西班牙高等科学研究理事会	科研机构
2	12	Bauhus Juergen	德国	弗莱堡大学	大学
4	11	Wulder Michael A.	加拿大	加拿大林务局	政府
4	11	White Joanne C.	加拿大	加拿大林务局	政府
4	11	Verheyen Kris	比利时	根特大学	大学
4	11	Thompson Matthew P.	美国	美国森林管理局	政府
4	11	Sun Ge	美国	美国森林管理局	政府
4	11	Richardson Andrew D.	美国	哈佛大学	大学
4	11	Naesset Erik	挪威	挪威生命科学大学	大学
4	11	Cherubini Paolo	瑞士	苏黎世联邦理工学院	大学
4	11	Bruelheide Helge	德国	马丁路德·哈勒维腾贝格大学	大学
4	11	Ammer Christian	德国	哥廷根大学	大学
14	10	Steppe Kathy	比利时	根特大学	大学
14	10	Seidel Dominik	德国	哥廷根大学	大学
14	10	Penuelas Josep	西班牙	生态与林业应用研究中心	科研机构
14	10	Palik Brian J.	美国	美国森林管理局	政府
14	10	Leuschner Christoph	德国	哥廷根大学	大学
14	10	Jagodzinski Andrzej M.	波兰	波兰科学院、波兹南生命科学大学	科研机构、大学
14	10	Jacobs Douglass F.	美国	普渡大学	大学
14	10	Gobakken Terje	挪威	挪威生命科学大学	大学
14	10	Gessler Arthur	瑞士	瑞士联邦森林/雪和景观研究所	科研机构
14	10	D'Amato Anthony W.	美国	佛蒙特大学、明尼苏达大学	大学
14	10	Coops Nicholas C.	加拿大	不列颠哥伦比亚大学	大学
14	10	Coll Lluis	西班牙	西班牙加泰罗尼亚森林科技中心	科研机构
14	10	Calkin David E.	美国	美国森林管理局	政府
14	10	Bergeron Yves	加拿大	魁北克大学	大学

（续表）

序号	h 指数	高产作者	国家	机构	机构类型
28	9	肖向明	中国	复旦大学	大学
28	9	朴世龙	中国	北京大学	大学
28	9	von Arx Georg	瑞士	瑞士联邦森林/雪和景观研究所	科研机构
28	9	Smith Alistair M. S.	美国	爱达荷大学	大学
28	9	Schmid Bernhard	瑞士	苏黎世大学	大学
28	9	Rossi Sergio	加拿大	魁北克大学	大学
28	9	Mueller Joerg	德国	巴伐利亚森林国家公园	科研机构
28	9	McRoberts Ronald E.	美国	美国森林管理局	政府
28	9	Lof Magnus	瑞典	瑞典农业科学大学	大学
28	9	Jansen Steven	德国	乌尔姆大学	大学
28	9	Hudak Andrew T.	美国	美国森林管理局	政府
28	9	Gauthier Sylvie	加拿大	加拿大林务局	政府
28	9	Fonti Patrick	瑞士	瑞士联邦森林/雪和景观研究所	科研机构
28	9	Esper Jan	德国	美因茨大学	大学
28	9	Dey Daniel C.	美国	美国森林管理局	政府
28	9	del Rio Miren	西班牙	巴利亚多利德大学	大学
28	9	Chang Scott X.	加拿大	阿尔伯塔大学	大学
28	9	Carrer Marco	意大利	帕多瓦大学	大学
28	9	Bonal Damien	法国	法国国家农业食品与环境研究院	科研机构
47	8	朱教君	中国	中国科学院	科研机构
47	8	王辉民	中国	中国科学院	科研机构
47	8	何兴元	中国	中国科学院	科研机构
47	8	Wohlgemuth Thomas	瑞士	苏黎世联邦理工学院	大学
47	8	Weiskittel Aaron R.	美国	缅因大学	大学
47	8	von Oheimb Goddert	德国	德累斯顿工业大学	大学
47	8	Tognetti Roberto	意大利	莫利塞大学	大学
47	8	Temesgen Hailemariam	美国	俄勒冈大学系统	大学
47	8	Spinelli Raffaele	意大利	意大利国家研究委员会	科研机构

（续表）

序号	h 指数	高产作者	国家	机构	机构类型
47	8	Slesak Robert A.	美国	明尼苏达州自然资源部	政府
47	8	Rigling Andreas	瑞士	苏黎世联邦理工学院	大学
47	8	Pretzsch H.	德国	慕尼黑工业大学	大学
47	8	Ponette Quentin	比利时	天主教鲁汶大学	大学
47	8	Pauleit Stephan	德国	慕尼黑工业大学	大学
47	8	Noormets Asko	美国	北卡罗来纳州立大学	大学
47	8	Militz Holger	德国	哥廷根大学	大学
47	8	Menzel Annette	德国	慕尼黑工业大学	大学
47	8	Matteucci Giorgio	意大利	意大利国家研究委员会	科研机构
47	8	Marchetti Marco	意大利	莫利塞大学	大学
47	8	Mai Carsten	德国	哥廷根大学	大学
47	8	Maclean David A.	加拿大	新不伦瑞克大学	大学
47	8	Lutz James A.	美国	犹他州立大学	大学
47	8	Lindroos Ola	瑞典	瑞典农业科学大学	大学
47	8	Lebourgeois Francois	法国	巴黎高科农业学院	科研机构
47	8	Larson Andrew J.	美国	蒙大拿大学	大学
47	8	Kolden Crystal A.	美国	爱达荷大学	大学
47	8	Kacki Zygmunt	波兰	弗罗茨瓦夫大学	大学
47	8	Jandt Ute	德国	马丁路德·哈勒维腾贝格大学	大学
47	8	Gutierrez Emilia	西班牙	巴塞罗那大学	大学
47	8	Gonsamo Alemu	加拿大	多伦多大学	大学
47	8	Gil Luis	西班牙	马德里理工大学	大学
47	8	Gazol Antonio	西班牙	西班牙高等科学研究理事会	科研机构
47	8	Fox Thomas R.	美国	弗吉尼亚理工大学	大学
47	8	Forrester David I.	德国	弗莱堡大学	大学
47	8	Fornwalt Paula J.	美国	美国森林管理局	政府
47	8	Ewald Joerg	德国	魏恩施蒂芬·特里斯多夫应用科学大学	大学
47	8	Domec Jean-Christophe	法国	法国农业科学院	科研机构
47	8	Dickinson Matthew B.	美国	美国森林管理局	政府

（续表）

序号	h 指数	高产作者	国家	机构	机构类型
47	8	Deslauriers Annie	加拿大	魁北克大学	大学
47	8	Condes Sonia	西班牙	马德里理工大学	大学
47	8	Chen Jiquan	美国	密歇根州立大学	大学
47	8	Chen Han Y. H.	加拿大	湖首大学	大学
47	8	Bravo-Oviedo Andres	西班牙	巴利亚多利德大学	大学
47	8	Bravo Felipe	西班牙	巴利亚多利德大学	大学
47	8	Braeuning Achim	德国	埃尔朗根·纽伦堡大学	大学
47	8	Biber Peter	德国	慕尼黑工业大学	大学
47	8	Asseng Senthold	美国	佛罗里达大学	大学
94	7	王文杰	中国	中国科学院	科研机构
94	7	时培建	中国	南京林业大学	大学
94	7	吕建雄	中国	中国林科院	科研机构
94	7	刘绍民	中国	北京师范大学	大学
94	7	梁顺林	中国	北京师范大学	大学
94	7	梁尔源	中国	中国科学院	科研机构
94	7	李英年	中国	中国科学院	科研机构
94	7	江源	中国	北京师范大学	大学
94	7	勾晓华	中国	兰州大学	大学
94	7	董友明	中国	北京林业大学	大学
94	7	曹坤芳	中国	广西大学	大学
94	7	Zenner Eric K.	美国	宾夕法尼亚州立大学	大学
94	7	Zang Christian	德国	慕尼黑工业大学	大学
94	7	Wu Harry X.	瑞典	瑞典农业科学大学	大学
94	7	Voltas Jordi	西班牙	莱里达大学	大学
94	7	Veblen Thomas T.	美国	科罗拉多州立大学	大学
94	7	Vacchiano Giorgio	意大利	都灵大学	大学
94	7	Uhl Enno	德国	慕尼黑工业大学	大学
94	7	Tompalski Piotr	加拿大	不列颠哥伦比亚大学	大学
94	7	Tissue David T.	澳大利亚	西悉尼大学	大学
94	7	Sullivan Andrew L.	澳大利亚	澳大利亚联邦科学与工业研究组织	科研机构
94	7	Stephens Scott L.	美国	加利福尼亚大学系统	大学

（续表）

序号	h 指数	高产作者	国家	机构	机构类型
94	7	Stambaugh Michael C.	美国	密苏里大学	大学
94	7	Stahl Goran	瑞典	瑞典农业科学大学	大学
94	7	Spiecker Heinrich	德国	弗莱堡大学	大学
94	7	Solla Alejandro	西班牙	埃斯特雷马杜拉大学	大学
94	7	Sillett Stephen C.	美国	加州洪堡州立大学	大学
94	7	Schaminee Joop H. J.	荷兰	瓦格宁根大学	大学
94	7	Schall Peter	德国	哥廷根大学	大学
94	7	Sanchez-Salguero Raul	巴西	巴勃罗大学	大学
94	7	Safford Hugh D.	美国	加利福尼亚大学系统	大学
94	7	Roetzer Thomas	德国	慕尼黑工业大学	大学
94	7	Rennenberg Heinz	德国	弗莱堡大学	大学
94	7	Putz Francis E.	美国	佛罗里达大学	大学
94	7	Puettmann Klaus J.	美国	俄勒冈大学系统	大学
94	7	Potts Brad M.	澳大利亚	塔斯马尼亚大学	大学
94	7	Pothier David	加拿大	拉瓦尔大学	大学
94	7	Pizzi Antonio	法国	洛林大学	大学
94	7	Picchio Rodolfo	意大利	图西亚大学	大学
94	7	Parisien Marc-Andre	加拿大	加拿大林务局	政府
94	7	Olsson Bengt A.	瑞典	瑞典农业科学大学	大学
94	7	O'Hara Kevin L.	美国	加利福尼亚大学系统	大学
94	7	O'Brien Joseph J.	美国	美国森林管理局	政府
94	7	Niklaus Pascal A.	瑞士	苏黎世大学	大学
94	7	Niemz Peter	瑞士	苏黎世联邦理工学院	大学
94	7	Neale David B.	美国	加利福尼亚大学系统	大学
94	7	Nardini Andrea	意大利	的里雅斯特大学	大学
94	7	Moya Daniel	西班牙	卡斯蒂利亚拉曼查大学	大学
94	7	Motta Renzo	意大利	都灵大学	大学
94	7	Moorman Christopher E.	美国	北卡罗来纳州立大学	大学
94	7	Miller Jay D.	美国	美国森林管理局	政府

（续表）

序号	h 指数	高产作者	国家	机构	机构类型
94	7	Migliavacca Mirco	德国	马克斯·普朗克科学促进学会	科研机构
94	7	Meador Andrew J. Sanchez	美国	北亚利桑那大学	大学
94	7	Martinez-Vilalta Jordi	西班牙	巴塞罗那自治大学	大学
94	7	Marchi Enrico	意大利	佛罗伦萨大学	大学
94	7	Magagnotti Natascia	意大利	意大利国家研究委员会	科研机构
94	7	Luo Yiqi	美国	俄克拉何马大学	大学
94	7	Lindenmayer David B.	澳大利亚	澳大利亚国立大学	大学
94	7	Kuehne Christian	美国	缅因大学	大学
94	7	Keeley Jon E.	美国	美国地质调查局	政府
94	7	Kane Jeffrey M.	美国	加州洪堡州立大学	大学
94	7	Kahl Tiemo	德国	弗赖堡大学	大学
94	7	Jokela Eric J.	美国	佛罗里达大学	大学
94	7	Haerdtle Werner	德国	吕讷堡大学	大学
94	7	Gerardin Philippe	法国	洛林大学	大学
94	7	Fule Peter Z.	美国	北亚利桑那大学	大学
94	7	Fraver Shawn	美国	缅因大学	大学
94	7	Flannigan Mike D.	加拿大	阿尔伯塔大学	大学
94	7	Fischer Markus	瑞士	伯尔尼大学	大学
94	7	Egnell Gustaf	瑞典	瑞典农业科学大学	大学
94	7	Dunn Christopher J.	美国	俄勒冈大学系统	大学
94	7	de las Heras Jorge	西班牙	卡斯蒂利亚拉曼查大学	大学
94	7	de Jong Wil	日本	京都大学	大学
94	7	Collins Brandon M.	美国	加利福尼亚大学系统	大学
94	7	Collet Catherine	法国	巴黎高科农业学院	大学
94	7	Chirici Gherardo	意大利	佛罗伦萨大学	大学
94	7	Chen Jing M.	加拿大	多伦多大学	大学
94	7	Calders Kim	英国	伦敦大学学院	大学
94	7	Buongiorno Joseph	美国	威斯康星大学系统	大学

（续表）

序号	h 指数	高产作者	国家	机构	机构类型
94	7	Bugmann Harald	瑞士	苏黎世联邦理工学院	大学
94	7	Biurrun Idoia	西班牙	巴斯克大学	大学
94	7	Bettinger Pete	美国	佐治亚大学系统	大学
94	7	Bennett Lauren T.	澳大利亚	墨尔本大学	大学
94	7	Beeckman Hans	比利时	中非皇家博物馆	科研机构
94	7	Battipaglia Giovanna	意大利	坎帕尼亚大学	大学

（4）领域国际合作分析：中国和美国的国际合作论文数量领先

2015—2019 年，22 国第一作者和通讯作者国际合作发文量直接加和为 8789 篇。中国排名第一，为 1702 篇（图 2-25），占比 19.37%。美国排名第二，数量几乎是第三名德国的 2 倍。中国和美国的国际合作论文数占 22 国总量的 1/3，优势明显。

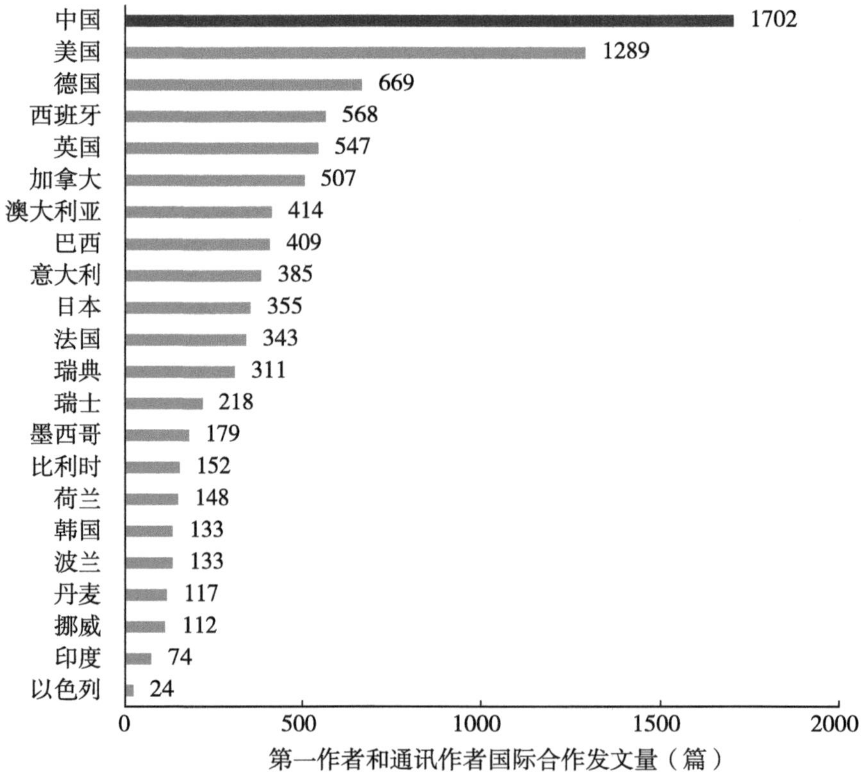

图 2-25 2015—2019 年林业学第一作者和通讯作者国际合作发文量

2.2.9 基因与遗传学

（1）领域科技论文竞争力指数分析：中国科技论文竞争力全球最强，英国和美国紧随其后

中国、英国、美国分数接近且遥遥领先于其他国家，竞争力得分大于 9。虽然 3 个国家的竞争力总分相差无几，但在二级指标上的表现还是差异明显。总分排名第一的中国在 CNCI 指标表现较差，依靠发文量和高被引论文量拉升了整体表现。美国也是 CNCI 值偏低。英国在 3 个指标上的表现较为均等，不存在“偏科”现象。法国、德国、瑞士、澳大利亚、荷兰、意大利、比利时、加拿大、挪威、以色列、瑞典、丹麦、西班牙、墨西哥、日本、巴西 16 个国家竞争力得分为 3~6。韩国、波兰、印度 3 个国家竞争力得分小于 3（表 3-29）。

从发文量指标来看，22 个国家发文量直接加和为 20992 篇。其中，中国发表 7873 篇，排名第一，占总发文量的 37.50%；美国发表 3502 篇，排名第二，占总发文量的 16.68%。中国和美国的发文量之和占 22 国发文总量的一半以上。

从 CNCI 指标来看，瑞士、挪威、荷兰、法国领先，且分数接近，这 4 国的共同特点是在其他两个指标的排名明显不如 CNCI 排名，其中挪威的其他两个指标排名几乎垫底，仅依靠 CNCI 指标就将自身总体排名拉高了一个档次，中国的 CNCI 排名第二十一，CNCI 值低于全球平均水平；从高被引论文量来看，英国和美国排名前列且分数接近，中国排名第三，虽与英美还有差距，但遥遥领先其他国家。

表 2-29　2015—2019 年国家基因与遗传学科技论文竞争力指数

国家	国家科技论文竞争力（一级指标）		发文量（二级指标）			CNCI（二级指标）			高被引论文量（二级指标）		
	得分	排名	数量（篇）	得分	排名	数值	得分	排名	数量（篇）	得分	排名
中国	10.00	1	7873	10.00	1	0.86	3.94	21	35	8.33	3
英国	9.48	2	1425	1.81	3	2.04	9.31	5	42	10.00	1
美国	9.44	3	3502	4.45	2	1.49	6.82	15	41	9.76	2
法国	5.81	4	464	0.59	12	2.08	9.50	4	12	2.86	6
德国	5.65	5	615	0.78	9	1.80	8.24	8	15	3.57	4
瑞士	5.57	6	214	0.27	16	2.19	10.00	1	9	2.14	8
澳大利亚	5.52	7	860	1.09	5	1.67	7.63	11	15	3.57	4

（续表）

国家	国家科技论文竞争力（一级指标）		发文量（二级指标）			CNCI（二级指标）			高被引论文量（二级指标）		
	得分	排名	数量（篇）	得分	排名	数值	得分	排名	数量（篇）	得分	排名
荷兰	5.40	8	269	0.34	15	2.09	9.54	3	9	2.14	8
意大利	5.06	9	478	0.61	11	1.76	8.05	9	11	2.62	7
比利时	4.89	10	179	0.23	19	1.97	9.01	6	7	1.67	13
加拿大	4.66	11	620	0.79	8	1.63	7.45	12	9	2.14	8
挪威	4.56	12	110	0.14	22	2.09	9.55	2	2	0.48	20
以色列	4.46	13	136	0.17	20	1.93	8.81	7	4	0.95	17
瑞典	4.41	14	396	0.50	14	1.57	7.18	13	9	2.14	8
丹麦	4.01	15	188	0.24	17	1.70	7.75	10	4	0.95	17
西班牙	3.89	16	436	0.55	13	1.46	6.68	16	6	1.43	15
墨西哥	3.41	17	184	0.23	18	1.56	7.12	14	1	0.24	22
日本	3.32	18	897	1.14	4	0.95	4.35	19	8	1.90	12
巴西	3.16	19	595	0.76	10	1.01	4.62	18	7	1.67	13
韩国	2.83	20	666	0.85	7	0.88	4.02	20	6	1.43	15
波兰	2.80	21	120	0.15	21	1.23	5.61	17	2	0.48	20
印度	2.33	22	765	0.97	6	0.72	3.27	22	4	0.95	17

（2）领域高质量论文分析：美国高质量论文数全球第一，中国科学院是全球高质量论文最多的机构

在基因与遗传学Top100高质量论文中（共101篇），美国拥有37篇文章，排名第一；中国有24篇，排名第二。中国和美国高质量论文之和占据了高质量论文总数的半壁江山。澳大利亚的高质量论文数虽然位居第三，但Top100论文前3名中有两篇来自澳大利亚，足见其在基因与遗传学方面的研究实力相当强。Top100高质量论文中，中国科学院有9篇，是全球高质量论文最多的机构。中国农业科学院有5篇。Top100高质量论文中72篇来自大学，占比71.29%，38篇来自科研机构，10篇来自政府部门，没有来自企业的论文（表2-30）。

这些高质量论文涉及基因与遗传学多方面研究，包括但不限于RNA序列数据分析、叶绿体基因组、水稻基因组选择与关联等研究方向。

表 2-30 基因与遗传学 Top100 高质量论文情况

序号	被引频次	论文题目	国家/国际组织	机构	机构类型
1	611	A survey of best practices for RNA-seq data analysis	美国	佛罗里达州大学、加利福尼亚大学	大学
2	417	Integration of summary data from GWAS and eQTL studies predicts complex trait gene targets	澳大利亚	昆士兰大学	大学
3	400	DNA methylation age of blood predicts all-cause mortality in later life	澳大利亚	昆士兰大学	大学
4	379	Convergent losses of decay mechanisms and rapid turnover of symbiosis genes in mycorrhizal mutualists	法国	法国农业科学院	科研机构
5	291	Genetic mechanisms of abiotic stress tolerance that translate to crop yield stability	美国	加利福尼亚大学系统	大学
6	285	The genome sequences of Arachis duranensis and Arachis ipaensis, the diploid ancestors of cultivated peanut	巴西、美国	巴西利亚大学、佐治亚大学系统	大学
7	274	Genetic variance estimation with imputed variants finds negligible missing heritability for human height and body mass index	澳大利亚	昆士兰大学	大学
8	268	Recognition of seven species in the Cryptococcus gattii/Cryptococcus neoformans species complex	荷兰	荷兰皇家艺术与科学院	科研机构
9	264	Chloroplast genomes: Diversity, evolution, and applications in genetic engineering	美国	宾夕法尼亚大学	大学
10	251	Genetic rescue to the rescue	美国	阿拉斯加大学	大学
11	241	The evolutionary significance of polyploidy	比利时	根特大学	大学
12	224	Modeling linkage disequilibrium increases accuracy of polygenic risk scores	美国	哈佛大学	大学
12	224	Egg cell-specific promoter-controlled CRISPR/Cas9 efficiently generates homozygous mutants for multiple target genes in Arabidopsis in a single generation	中国	中国农业大学	大学
14	223	OsSPL13 controls grain size in cultivated rice	中国	中国科学院	科研机构
15	218	Genomics and the challenging translation into conservation practice	瑞典	乌普萨拉大学	大学
16	211	The OsSPL16-GW7 regulatory module determines grain shape and simultaneously improves rice yield and grain quality	中国	中国科学院	科研机构
17	206	Copy number variation at the GL7 locus contributes to grain size diversity in rice	中国	中国农业科学院	科研机构
18	200	Co-occurrence of resistance genes to antibiotics, biocides and metals reveals novel insights into their co-selection potential	瑞典	哥德堡大学	大学
19	199	Critical evaluation of the Illumina Methylation EPIC BeadChip microarray for whole-genome DNA methylation profiling	澳大利亚	加文医学研究所	科研机构

（续表）

序号	被引频次	论文题目	国家/国际组织	机构	机构类型
19	199	Genomic selection and association mapping in rice（*Oryza sativa*）：Effect of trait genetic architecture，training population composition，marker number and statistical model on accuracy of rice genomic selection in elite，tropical rice breeding lines	美国	康奈尔大学	大学
21	190	Phylogeographical analysis of the dominant multidrug-resistant H58 clade of *Salmonella Typhi* identifies inter-and intracontinental transmission events	英国	桑格研究院	科研机构
22	187	The pineapple genome and the evolution of CAM photosynthesis	中国	福建农林大学	大学
23	185	High-quality de novo assembly of the apple genome and methylome dynamics of early fruit development	法国	法国布列塔尼·卢瓦尔大学	大学
24	182	Single-molecule sequencing and chromatin conformation capture enable de novo reference assembly of the domestic goat genome	美国	美国农业部、美国国立卫生研究院	政府、科研机构
25	174	Autumn，the neglected season in climate change research	美国	波士顿大学	大学
26	173	Convergent evolution of the genomes of marine mammals	丹麦	哥本哈根大学	大学
27	170	A recently evolved hexose transporter variant confers resistance to multiple pathogens in wheat	澳大利亚	澳大利亚联邦科学与工业研究组织	科研机构
28	168	The genome sequence of the orchid *Phalaenopsis equestris*	中国	中国科学院	科研机构
29	167	The draft genome of the grass carp（*Ctenopharyngodon idellus*）provides insights into its evolution and vegetarian adaptation	中国	中国科学院	科研机构
30	165	Genome-wide association study using whole-genome sequencing rapidly identifies new genes influencing agronomic traits in rice	日本	名古屋大学	大学
31	162	The genomes of two key bumblebee species with primitive eusocial organization	美国	伊利诺伊州立大学	大学
32	157	The genome sequence of allopolyploid Brassica juncea and analysis of differential homoeolog gene expression influencing selection	中国	浙江大学、中国农业农村部	大学、政府
33	151	Microsatellite markers：What they mean and why they are so useful	巴西	圣保罗大学	大学
33	151	A high-quality carrot genome assembly provides new insights into carotenoid accumulation and asterid genome evolution	美国	威斯康星大学系统、美国农业部	大学、政府

（续表）

序号	被引频次	论文题目	国家/国际组织	机构	机构类型
35	149	Systematic genome assessment of B-vitamin biosynthesis suggests co-operation among gut microbes	卢森堡	卢森堡大学	大学
36	140	The two-speed genomes of filamentous pathogens：Waltz with plants	英国	剑桥大学	科研机构
37	139	A whole-genome shotgun approach for assembling and anchoring the hexaploid bread wheat genome	美国	美国能源部	政府
38	138	Contrasting patterns of Y chromosome and mtDNA variation in Africa：Evidence for sex-biased demographic processes	美国	亚利桑那大学	大学
38	138	Variation in NRT1. 1B contributes to nitrate-use divergence between rice subspecies	中国	中国科学院	科研机构
40	133	Iterative usage of fixed and random effect models for powerful and efficient genome-wide association studies	美国、中国	华盛顿州立大学、东北农业大学	大学
40	133	A maize wall-associated kinase confers quantitative resistance to head smut	中国	中国农业大学	大学
42	132	Comparative genomics reveals high biological diversity and specific adaptations in the industrially and medically important fungal genus Aspergillus	荷兰	韦斯特迪克真菌生物多样性研究所、乌得勒支大学	科研机构、大学
43	130	The influence of age and sex on genetic associations with adult body size and shape：A large-scale genome-wide interaction study	德国	雷根斯堡大学	大学
44	127	Adaptation and possible ancient interspecies introgression in pigs identified by whole-genome sequencing	中国	江西农业大学	大学
45	126	LinkImpute：Fast and accurate genotype imputation for nonmodel organisms	加拿大	达尔豪斯大学	大学
45	126	A genome-wide association study of resistance to stripe rust（*Puccinia striiformis* f. sp tritici）in a worldwide collection of hexaploid spring wheat（*Triticum aestivum* L.）	美国	加利福尼亚大学系统	大学
47	125	Harnessing the clustered regularly interspaced short palindromic repeat（CRISPR）/CRISPR-associated Cas9 system to disrupt the hepatitis B virus	中国	中国医学科学院	科研机构
48	122	Evolution of plant genome architecture	美国	爱荷华州立大学	大学
48	122	Functional traits in agriculture：Agrobiodiversity and ecosystem services	美国	哥伦比亚大学	大学
48	122	A cascade of arabinosyltransferases controls shoot meristem size in tomato	美国	冷泉港实验室	科研机构

（续表）

序号	被引频次	论文题目	国家/国际组织	机构	机构类型
51	121	Carotenoid metabolism and regulation in horticultural crops	美国	康奈尔大学	大学
52	120	A phylogenetic analysis of 34 chloroplast genomes elucidates the relationships between wild and domestic species within the genus *Citrus*	西班牙	西班牙 CIPF 研究中心	科研机构
53	118	Coordinated international action to accelerate genome-to-phenome with FAANG，the Functional Annotation of Animal Genomes project	法国	法国农业科学院	科研机构
54	116	ALLMAPS：Robust scaffold ordering based on multiple maps	中国	福建农林大学	大学
55	115	The impact of Septoria tritici Blotch disease on wheat：An EU perspective	英国	埃克塞特大学	大学
56	114	Structural genomic changes underlie alternative reproductive strategies in the ruff（*Philomachus pugnax*）	瑞典	乌普萨拉大学	大学
56	114	Training set optimization under population structure in genomic selection	美国	康奈尔大学	大学
58	112	Asymmetric subgenome selection and cis-regulatory divergence during cotton domestication	中国、英国	华中农业大学、杜伦大学	大学、大学
58	112	Resolution of *Brassicaceae phylogeny* using nuclear genes uncovers nested radiations and supports convergent morphological evolution	中国	复旦大学	大学
60	111	Variation in the flowering gene SELF PRUNING 5G promotes day-neutrality and early yield in tomato	美国、德国、法国	冷泉港实验室、马克斯普朗克植物育种研究所、法国国家科学研究中心	科研机构
60	111	Wheat Fhb1 encodes a chimeric lectin with agglutinin domains and a pore-forming toxin-like domain conferring resistance to Fusarium head blight	美国	堪萨斯州立大学	大学
60	111	A comparative meta-analysis of QTL between intraspecific *Gossypium hirsutum* and interspecific G. hirsutum x G. barbadense populations	美国	新墨西哥州立大学	大学
60	111	Genome-wide association mapping of salinity tolerance in rice（*Oryza sativa*）	印度	印度农业研究理事会	科研机构
64	110	HomBlocks：A multiple-alignment construction pipeline for organelle phylogenomics based on locally collinear block searching	中国	中华人民共和国教育部、中国海洋大学	政府、大学
65	109	A haplotype map of allohexaploid wheat reveals distinct patterns of selection on homoeologous genomes	美国	堪萨斯州立大学	大学
66	108	Mycobacterium tuberculosis lineage 4 comprises globally distributed and geographically restricted sublineages	瑞士	瑞士热带疾病与公共卫生研究所、巴塞尔大学	科研机构、大学

（续表）

序号	被引频次	论文题目	国家/国际组织	机构	机构类型
66	108	Genome-wide association study for flowering time, maturity dates and plant height in early maturing soybean (*Glycine max*) germplasm	美国	达科他州立大学	大学
68	107	Invasion science: A horizon scan of emerging challenges and opportunities	加拿大	麦吉尔大学	大学
68	107	The Fasciola hepatica genome: Gene duplication and polymorphism reveals adaptation to the host environment and the capacity for rapid evolution	英国	利物浦大学	大学
68	107	Multiple polyploidy events in the early radiation of nodulating and nonnodulating legumes	美国	美国农业部	政府
71	105	Seed filling in domesticated maize and rice depends on SWEET-mediated hexose transport	美国	卡内基科学研究所	科研机构
72	99	Genetic variation in ZmVPP1 contributes to drought tolerance in maize seedlings	中国	中国科学院、中国农业大学	科研机构、大学
73	97	The genome sequence of saccharomyces eubayanus and the domestication of lager-brewing yeasts	美国	威斯康星大学系统	大学
74	96	Genomes of 13 domesticated and wild rice relatives highlight genetic conservation, turnover and innovation across the genus Oryza	美国、菲律宾	亚利桑那大学、国际水稻研究所	大学、科研机构
74	96	Evolution of resistance against CRISPR/Cas9 gene drive	美国	康奈尔大学	大学
74	96	Dietary mycotoxins, co-exposure, and carcinogenesis in humans: Short review	比利时	根特大学	大学
74	96	A high density GBS map of bread wheat and its application for dissecting complex disease resistance traits	墨西哥	国际玉米小麦改良中心	科研机构
74	96	A complete view of the genetic diversity of the *Escherichia coli* O-antigen biosynthesis gene cluster	日本	宫崎大学	大学
79	95	Urbanization and disease emergence: Dynamics at the wildlife-livestock-human interface	英国、肯尼亚	利物浦大学、国际牲畜研究所	大学、科研机构
80	94	Genomic analyses in cotton identify signatures of selection and loci associated with fiber quality and yield traits	中国	南京农业大学、浙江大学、中国农业科学院	大学、科研机构
80	94	Applications of next-generation sequencing reconstructing ancient genomes and epigenomes	丹麦	哥本哈根大学	大学
82	93	Roux-en-Y gastric bypass surgery of morbidly obese patients induces swift and persistent changes of the individual gut microbiota	丹麦	哥本哈根大学	大学

（续表）

序号	被引频次	论文题目	国家/国际组织	机构	机构类型
82	93	A proposed regulatory framework for genome-edited crops	中国、德国、美国	中国农业科学院、马克斯普朗克研究所、加利福尼亚大学系统、国家植物基因研究中心、中国科学院	科研机构
82	93	Development and preliminary evaluation of a 90 K Axiom (R) SNP array for the allo-octoploid cultivated strawberry Fragaria x ananassa	美国	美国农业部	政府
85	92	MAGIC populations in crops: Current status and future prospects	澳大利亚	澳大利亚联邦科学与工业研究组织	科研机构
86	91	Genome-wide prediction models that incorporate de novo GWAS are a powerful new tool for tropical rice improvement	美国	康奈尔大学	大学
87	90	A long noncoding RNA critically regulates Bcr-Abl-mediated cellular transformation by acting as a competitive endogenous RNA	中国	中国科学院	科研机构
88	89	DNA methylation signatures of chronic low-grade inflammation are associated with complex diseases	荷兰	鹿特丹大学	大学
88	89	Subgenome parallel selection is associated with morphotype diversification and convergent crop domestication in *Brassica rapa* and *Brassica oleracea*	中国、荷兰	中国农业科学院、瓦格宁根大学	科研机构、大学
88	89	Exploiting biological priors and sequence variants enhances QTL discovery and genomic prediction of complex traits	澳大利亚	墨尔本大学、乐卓博大学	大学
91	87	Resequencing of 243 diploid cotton accessions based on an updated a genome identifies the genetic basis of key agronomic traits	中国	中国农业科学院、北京大学、武汉大学	科研机构、大学
91	87	Genome of the Asian longhorned beetle (*Anoplophora glabripennis*), a globally significant invasive species, reveals key functional and evolutionary innovations at the beetle-plant interface	美国	孟菲斯大学、贝勒医学院	大学、科研机构
93	86	Pan-genome analysis highlights the extent of genomic variation in cultivated and wild rice	中国	中国科学院、上海师范大学	科研机构、大学
93	86	Farming approaches for greater biodiversity, livelihoods, and food security	阿根廷	阿根廷里奥内格罗国立大学、阿根廷国家科学与技术研究理事会	大学、科研机构
93	86	Fingerprinting soybean germplasm and its utility in genomic research	美国	美国农业部	政府

（续表）

序号	被引频次	论文题目	国家/国际组织	机构	机构类型
93	86	Stress tolerance and virulence of insect-pathogenic fungi are determined by environmental conditions during conidial formation	巴西	帕拉伊巴联邦大学	大学
93	86	Genotyping-by-sequencing based intra-specific genetic map refines a "QTL-hotspot" region for drought tolerance in chickpea	国际组织	国际半干旱热带作物研究所	科研机构
98	85	Antioxidant responses of wheat plants under stress	巴西	巴西农牧研究院	科研机构
99	84	Genomic features of bacterial adaptation to plants	美国	美国能源部、北卡罗来纳大学、霍华德·休斯医学研究所、加利福尼亚大学系统	政府、大学、科研机构
99	84	Reconstructing the backbone of the saccharomycotina yeast phylogeny using genome-scale data	美国	范德比尔特大学、威斯康星大学系统、美国农业部	大学、政府
99	84	Independent genomewide screens identify the tumor suppressor VTRNA2-1 as a human epiallele responsive to periconceptional environment	英国	伦敦医科大学	大学

（3）领域高产作者分析：美国高产作者数占据优势，美国农业部是全球高产作者最多的机构

在基因与遗传学 Top100 高产作者（共 118 位）中，美国有 43 位（26 位来自大学，2 位来自科研机构，15 位来自政府）；中国有 36 位（21 位来自大学，14 位来自科研机构，1 位来自企业）。中国和美国高产作者数量相当，但所属机构分布却存在较大差异，政府是美国大学外的主要研究主力，而在中国主要由科研机构扮演这一角色，足见两国科研体系有所不同。从单个机构看，美国农业部有 15 位，是全球高产作者最多的机构。中国农业科学院有 14 位，排名第二（表 2-31）。

表 2-31 基因与遗传学 Top100 高产作者情况

序号	h 指数	高产作者	国家/国际组织	机构	机构类型
1	14	Song Qijian	美国	美国农业部	政府
2	13	Chao Shiaoman	美国	美国农业部	政府
3	12	王峰	中国	南京农业大学	大学
3	12	Goddard Michael E.	澳大利亚	墨尔本大学	大学
5	11	Weng Yiqun	美国	威斯康星大学系统	大学

（续表）

序号	h 指数	高产作者	国家/国际组织	机构	机构类型
5	11	Visscher Peter M.	澳大利亚	昆士兰大学	大学
5	11	Stella Alessandra	意大利	帕达诺技术园	科研机构
5	11	Fang David D.	美国	美国农业部	政府
9	10	杨定	中国	中国农业大学	大学
9	10	熊爱生	中国	南京农业大学	大学
9	10	廖伯寿	中国	中国农业科学院	科研机构
9	10	Wicker Thomas	瑞士	苏黎世大学	大学
9	10	Varshney Rajeev K.	国际组织	国际半干旱热带作物研究所	科研机构
9	10	van de Weg Eric	荷兰	瓦赫宁根大学	大学
9	10	Stothard Paul	加拿大	阿尔伯塔大学	大学
9	10	Sonstegard Tad S.	美国	美国农业部	政府
9	10	Ming Ray	美国	伊利诺伊大学系统	大学
9	10	Legarra Andres	法国	法国农业科学院	科研机构
9	10	Lamont Susan J.	美国	爱荷华州立大学	大学
9	10	Jannink Jean-Luc	美国	康奈尔大学	大学
9	10	Crossa Jose	国际组织	国际玉米小麦改良中心	科研机构
9	10	Buckler Edward S.	美国	康奈尔大学	大学
23	9	张天真	中国	南京农业大学	大学
23	9	张积森	中国	福建农林大学	大学
23	9	严建兵	中国	华中农业大学	大学
23	9	魏育明	中国	四川农业大学	大学
23	9	魏书军	中国	北京市农林科学院	大学
23	9	王晓武	中国	中国农业科学院	科研机构
23	9	李学伟	中国	四川农业大学	大学
23	9	李明洲	中国	四川农业大学	大学
23	9	李立会	中国	中国农业科学院	科研机构
23	9	房经贵	中国	南京农业大学	大学
23	9	Yang Tae-Jin	韩国	首尔大学	大学
23	9	Van Tassell Curtis P.	美国	美国农业部	政府
23	9	Taylor Jeremy F.	美国	密苏里大学	大学

（续表）

序号	h 指数	高产作者	国家/国际组织	机构	机构类型
23	9	Stein Nils	德国	莱布尼茨植物遗传和植物研究所	科研机构
23	9	Schroeder Steven G.	美国	美国农业部	政府
23	9	Schmutz Jeremy	美国	哈德逊阿尔法生物技术研究所	科研机构
23	9	Rothschild Max F.	美国	爱荷华州立大学	大学
23	9	Plastow Graham S.	加拿大	阿尔伯塔大学	大学
23	9	Parkin Isobel A. P.	加拿大	加拿大农业与农业食品部	政府
23	9	Natali Lucia	意大利	比萨大学	大学
23	9	Muehlbauer Gary J.	美国	明尼苏达大学	大学
23	9	Liu Shikai	美国	奥本大学	大学
23	9	Li Chengdao	澳大利亚	莫道克大学	大学
23	9	Kim Heebal	韩国	首尔大学	大学
23	9	Jackson Scott A.	美国	佐治亚大学系统	大学
23	9	Groenen Martien A. M.	荷兰	瓦赫宁根大学	大学
23	9	Giordani Tommaso	意大利	比萨大学	大学
23	9	Dubcovsky Jorge	美国	加利福尼亚大学系统	大学
23	9	Dekkers Jack C. M.	美国	爱荷华州立大学	大学
23	9	Cavallini Andrea	意大利	比萨大学	大学
23	9	Bickhart Derek M.	美国	美国农业部	政府
23	9	Batley Jacqueline	澳大利亚	西澳大学	大学
23	9	Bao Lisui	美国	奥本大学	大学
23	9	Ajmone-Marsan Paolo	意大利	圣心天主教大学	大学
57	8	周小青	中国	中国农业科学院	科研机构
57	8	郑有良	中国	四川农业大学	大学
57	8	张绍铃	中国	南京农业大学	大学
57	8	张勤	中国	中国农业大学	大学
57	8	杨宁	中国	中国农业大学	大学
57	8	夏先春	中国	中国农业科学院	科研机构
57	8	武剑	中国	中国农业科学院	科研机构
57	8	王坤波	中国	中国农业科学院	科研机构

（续表）

序号	h 指数	高产作者	国家/国际组织	机构	机构类型
57	8	任小平	中国	中国农业科学院	科研机构
57	8	任军	中国	江西农业大学	大学
57	8	金龙	中国	四川农业大学	大学
57	8	姜慧芳	中国	中国农业科学院	科研机构
57	8	黄路生	中国	江西农业大学	大学
57	8	黄丽	中国	中国农业科学院	科研机构
57	8	侯喜林	中国	南京农业大学	大学
57	8	何中虎	中国	中国农业科学院	科研机构
57	8	盖钧镒	中国	南京农业大学	大学
57	8	杜雄明	中国	中国农业科学院	科研机构
57	8	程峰	中国	中国农业科学院	科研机构
57	8	陈玉宁	中国	中国农业科学院	科研机构
57	8	陈宏	中国	西北农林科技大学	大学
57	8	Zheng Hongkun	中国	生物标记技术公司	企业
57	8	Yang Jian	澳大利亚	昆士兰大学	大学
57	8	Xu Steven S.	美国	美国农业部	政府
57	8	Troggio Michela	意大利	埃德蒙·马赫基金会	科研机构
57	8	Su Guosheng	丹麦	奥胡斯大学	大学
57	8	Snowdon Rod J.	德国	吉森大学	大学
57	8	Schnabel Robert D.	美国	密苏里大学	大学
57	8	Sahana Goutam	丹麦	奥胡斯大学	大学
57	8	Qi L. L.	美国	美国农业部	政府
57	8	Poland Jesse A.	美国	堪萨斯州立大学	大学
57	8	Poland Jesse	美国	堪萨斯州立大学	大学
57	8	Paterson Andrew H.	美国	佐治亚大学系统	大学
57	8	Park Jong-In	韩国	顺天大学	大学
57	8	Nou Ill-Sup	韩国	顺天大学	大学
57	8	Misztal Ignacy	美国	佐治亚大学系统	大学
57	8	Mascagni Flavia	意大利	比萨大学	大学
57	8	Liu Zhanjiang	美国	奥本大学	大学

（续表）

序号	h 指数	高产作者	国家/国际组织	机构	机构类型
57	8	Liu George E.	美国	美国农业部	政府
57	8	Lipka Alexander E.	美国	伊利诺伊大学系统	大学
57	8	Kijas James W.	澳大利亚	澳大利亚联邦科学与工业研究组织	科研机构
57	8	Keller Beat	瑞士	苏黎世大学	大学
57	8	Hittinger Chris Todd	美国	威斯康星大学系统	大学
57	8	Hirakawa Hideki	日本	加律佐 DNA 研究所	科研机构
57	8	Henrissat Bernard	法国	艾克斯·马赛大学	大学
57	8	Hanotte Olivier	英国	诺丁汉大学	大学
57	8	Guldbrandtsen Bernt	丹麦	奥胡斯大学	大学
57	8	Gilbert M. Thomas P.	丹麦	哥本哈根大学	大学
57	8	Gianola Daniel	美国	威斯康星大学系统	大学
57	8	Garrick Dorian J.	美国	爱荷华州立大学	大学
57	8	Friesen Timothy L.	美国	美国农业部	政府
57	8	Fei Zhangjun	美国	博伊斯·汤普森植物研究所	科研机构
57	8	Faris Justin D.	美国	美国农业部	政府
57	8	Decker Jared E.	美国	密苏里大学	大学
57	8	Daetwyler Hans D.	澳大利亚	乐卓博大学	大学
57	8	Cregan Perry B.	美国	美国农业部	政府
57	8	Cole John B.	美国	美国农业部	政府
57	8	Choi Doil	韩国	首尔大学	大学
57	8	Chen Xianming	美国	美国农业部	政府
57	8	Andersson Leif	瑞典	瑞典农业科学大学	大学
57	8	Akhunov Eduard	美国	堪萨斯州立大学	大学
57	8	Akdemir Deniz	美国	康奈尔大学	大学

（4）领域国际合作分析：中国和美国在国际合作中占据绝对优势

2015—2019 年，22 国第一作者和通讯作者国际合作发文量直接加和为 5986 篇。中国排名第一，为 1583 篇，占比 26.45%。中国和美国的国际合作论文量占到 22 国总量的近一半，占据绝对优势（图 2–26）。

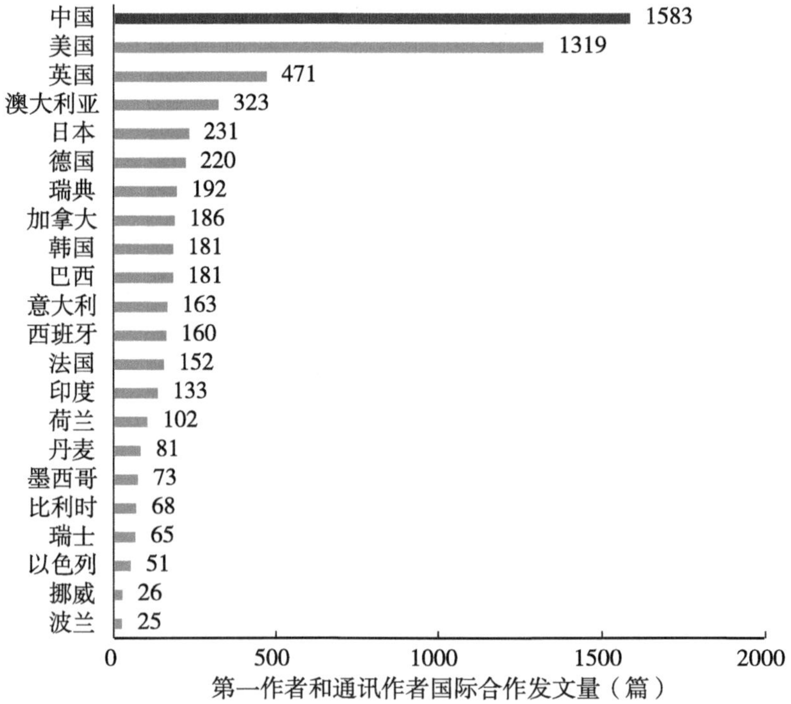

图 2-26 2015—2019 年基因与遗传学第一作者和通讯作者国际合作发文量

2.2.10 生物学

（1）领域科技论文竞争力指数分析：中国科技论文竞争力全球最强

中国分数遥遥领先，美国、英国分数接近，排名第二和第三，竞争力得分大于 7。3 个国家中，中国和美国的 CNCI 值偏低，但也都高于全球平均水平。荷兰、瑞士、德国、挪威、丹麦、法国、意大利、西班牙、澳大利亚、比利时、加拿大、瑞典、日本 13 个国家竞争力得分为 3~5。印度、巴西、墨西哥、以色列、韩国、波兰 6 个国家竞争力得分小于 3（表 2-32）。

从发文量指标来看，22 个国家发文量直接加和为 89020 篇。其中，中国发表 28830 篇，排名第一，占总发文量的 32.39%，几乎是排名第二的美国的 2 倍。美国发表 14478 篇，排名第二，占总发文量的 16.26%，是排名第三的英国的 2 倍多。

从 CNCI 指标来看，挪威、瑞士两国分数接近且遥遥领先，虽然在其他两个指标上表现不佳，尤其挪威的发文量排名垫底，但这两个国家借助超高的 CNCI 值，其竞争力总分排名靠前。中国 CNCI 排名仅第十九位；从高被引论文量来看，中国遥遥领先，英国和美国分数接近，排名第二和第三。

表 2-32 2015—2019 年国家生物学科技论文竞争力指数

国家	国家科技论文竞争力（一级指标）		发文量（二级指标）			CNCI（二级指标）			高被引论文量（二级指标）		
	得分	排名	数量（篇）	得分	排名	数值	得分	排名	数量（篇）	得分	排名
中国	10.00	1	28830	10.00	1	1.09	4.04	19	312	10.00	1
美国	7.78	2	14478	5.02	2	1.39	5.16	15	266	8.53	3
英国	7.57	3	5928	2.06	4	2.01	7.48	5	270	8.65	2
荷兰	4.90	4	1016	0.35	16	2.48	9.23	4	69	2.21	10
瑞士	4.88	5	807	0.28	19	2.67	9.94	2	47	1.51	15
德国	4.67	6	2709	0.94	9	1.86	6.93	7	105	3.37	4
挪威	4.59	7	511	0.18	22	2.69	10.00	1	27	0.87	19
丹麦	4.39	8	751	0.26	21	2.51	9.33	3	30	0.96	18
法国	4.28	9	2020	0.70	13	1.85	6.86	8	85	2.72	6
意大利	4.27	10	2639	0.92	10	1.68	6.24	10	97	3.11	5
西班牙	4.00	11	2318	0.80	11	1.71	6.34	9	77	2.47	8
澳大利亚	3.93	12	3119	1.08	5	1.55	5.77	12	81	2.60	7
比利时	3.70	13	1023	0.35	15	1.95	7.25	6	40	1.28	16
加拿大	3.60	14	2764	0.96	8	1.48	5.51	13	68	2.18	11
瑞典	3.48	15	1790	0.62	14	1.65	6.13	11	50	1.60	14
日本	3.39	16	7332	2.54	3	0.89	3.32	22	71	2.28	9
印度	2.92	17	2271	0.79	12	1.22	4.54	17	53	1.70	13
巴西	2.88	18	3061	1.06	7	1.05	3.92	20	61	1.96	12
墨西哥	2.57	19	840	0.29	18	1.40	5.21	14	21	0.67	20
以色列	2.43	20	779	0.27	20	1.36	5.06	16	16	0.51	21
韩国	2.36	21	3116	1.08	6	0.95	3.53	21	33	1.06	17
波兰	2.18	22	918	0.32	17	1.19	4.41	18	16	0.51	21

（2）领域高质量论文分析：美国高质量论文数全球第一，中国科学院是全球高质量论文最多的机构

在生物学 Top100 高质量论文中（共 100 篇），美国有 28 篇文章，排名第一；中国有 23 篇，排名第二。Top100 高质量论文中有多篇论文由不止一家单位完成，可见多单位合作已渐成如今的生物学研究趋势。Top100 高质量论文中中国科学院有 8 篇，是全球高质量论文最多的机构。中国农业科学院有 2 篇。Top100 高质量论文中 68 篇来自大学，占比 71.29%，36 篇来自科研机构，3 篇来自政府部门，1 篇来自企业（表 2-33）。

这些高质量论文涉及生物学多方面研究，包括但不限于自噬检测分析、生物合成基因簇、蛋白质序列功能注释等研究方向。

表 2-33　生物学 Top100 高质量论文情况

序号	被引频次	论文题目	国家/国际组织	机构	机构类型
1	2614	Guidelines for the use and interpretation of assays for monitoring autophagy（3rd edition）	美国	密歇根大学	大学
2	732	STRING v11：protein-protein association networks with increased coverage，supporting functional discovery in genome-wide experimental datasets	瑞士、丹麦、德国	苏黎世大学、哥本哈根大学、欧洲分子生物学实验室、海德堡大学、马克斯·德尔布鲁克中心分子医学、乌尔茨堡大学	大学、科研机构
3	588	CARD 2017：expansion and model-centric curation of the comprehensive antibiotic resistance database	加拿大	麦克马斯特大学	大学
4	505	Plant-mediated biosynthesis of nanoparticles as an emerging tool against mosquitoes of medical and veterinary importance：A review	意大利	比萨大学	大学
5	489	A robust CRISPR/Cas9 system for convenient，high-efficiency multiplex genome editing in monocot and dicot plants	中国	华南农业大学	大学
6	387	Silver nanoparticles：Synthesis，characterization，properties，applications，and therapeutic approaches	韩国	建国大学	大学
7	374	agriGO v2.0：A GO analysis toolkit for the agricultural community，2017 update	中国	中国农业大学	大学
8	371	The faces of fungi database：Fungal names linked with morphology，phylogeny and human impacts	泰国	清迈大学	大学
9	370	A phylum-level phylogenetic classification of zygomycete fungi based on genome-scale data	美国	俄勒冈大学系统	大学
10	367	CTCF-mediated human 3D Genome architecture reveals chromatin topology for transcription	美国	美国杰克逊实验室	科研机构
11	344	IRAC：Mode of action classification and insecticide resistance management	美国	陶氏化学公司	企业
11	344	InteractiVenn：A web-based tool for the analysis of sets through Venn diagrams	巴西	圣保罗大学	大学
13	340	Heatmapper：Web-enabled heat mapping for all	加拿大	阿尔伯塔大学	大学
14	325	First report of behavioural lateralisation in mosquitoes：Right-biased kicking behaviour against males in females of the Asian tiger mosquito，Aedes albopictus	意大利	比萨大学	大学

（续表）

序号	被引频次	论文题目	国家/国际组织	机构	机构类型
15	320	Carotenoid metabolism in plants	澳大利亚	澳大利亚国立大学	大学
16	311	The hierarchy quorum sensing network in Pseudomonas aeruginosa	新加坡	新加坡国立大学	大学
17	304	Minimum information about a biosynthetic gene cluster	德国	马克斯·普朗克科学促进学会	科研机构
18	275	Revision of Begomovirus taxonomy based on pairwise sequence comparisons	美国	亚利桑那大学	大学
19	273	Algae as nutritional and functional food sources：Revisiting our understanding	美国	缅因大学	大学
19	273	Epidemiology，genetic recombination，and pathogenesis of coronaviruses	中国	南京农业大学、深圳第三人民医院、中国科学院、中国疾病预防控制中心、浙江大学	大学、科研机构
21	268	Recognition of seven species in the Cryptococcus gattii/Cryptococcus neoformans species complex	荷兰	荷兰皇家艺术与科学院	科研机构
22	265	Qualimap 2：Advanced multi-sample quality control for high-throughput sequencing data	德国	马克斯·普朗克科学促进学会	科研机构
22	265	Microplastics in sediments：A review of techniques，occurrence and effects	比利时	根特大学	大学
24	254	Fungal diversity notes 111-252-taxonomic and phylogenetic contributions to fungal taxa	中国	贵州农业科学院	科研机构
25	252	Insights into land plant evolution garnered from the *Marchantia polymorpha* genome	日本	蒙纳士大学	大学
26	251	A new subfamily classification of the Leguminosae based on a taxonomically comprehensive phylogeny	加拿大	蒙特利尔大学	大学
26	251	Genetic rescue to the rescue	美国	阿拉斯加大学	大学
28	246	Functional identity and diversity of animals predict ecosystem functioning better than species-based indices	瑞典	瑞典农业科技大学	大学
29	242	InterPro in 2019：Improving coverage，classification and access to protein sequence annotations	德国	欧洲分子生物学实验室	科研机构
30	238	Taxonomy of the order Mononegavirales：Update 2016	美国	美国国立卫生研究院	政府
30	238	Towards a natural classification and backbone tree for Sordariomycetes	中国	贵州农业科学院	科研机构
32	236	Temporal trends in sperm count：A systematic review and meta-regression analysis	以色列	希伯来大学	大学

（续表）

序号	被引频次	论文题目	国家/国际组织	机构	机构类型
33	234	The beetle tree of life reveals that Coleoptera survived end-Permian mass extinction to diversify during the Cretaceous terrestrial revolution	美国	孟菲斯大学	大学
33	234	Signaling mechanisms in Pattern-Triggered Immunity（PTI）	沙特阿拉伯	阿卜杜拉国王科技大学	大学
35	232	A multi - species synthesis of physiological mechanisms in drought-induced tree mortality	美国	俄克拉何马州立大学	大学
36	230	50 years of the international committee on taxonomy of viruses：Progress and prospects	国际组织	国际微生物学会联合会	科研机构
37	220	Fungal diversity notes 1-110：Taxonomic and phylogenetic contributions to fungal species	中国	贵州农业科学院	科研机构
37	220	General mechanisms of drought response and their application in drought resistance improvement in plants	中国	华中农业大学	大学
39	218	Genomics and the challenging translation into conservation practice	瑞典	乌普萨拉大学	大学
40	215	The gut microbiota of rural papua New Guineans：Composition，diversity patterns，and ecological processes	巴布亚新几内亚	巴布亚新几内亚医疗研究所	科研机构
41	214	COLD1 confers chilling tolerance in rice	中国	中国科学院	科研机构
42	211	Plant DNA barcoding：from gene to genome	中国	澳门大学	大学
43	210	Pharmaceuticals in the environment - global occurrences and perspectives	德国	杜伊斯堡·埃森大学	大学
44	208	A first line of stress defense：small heat shock proteins and their function in protein homeostasis	德国	慕尼黑工业大学	大学
45	207	50-plus years of fungal viruses	美国	肯塔基大学	大学
46	203	Oxidative stress and inflammation：What polyphenols can do for us?	中国	中国科学院	科研机构
47	197	The impact of dietary fiber on gut microbiota in host health and disease	瑞典、丹麦	哥德堡大学、萨尔格伦斯卡大学医院、哥本哈根大学	大学、科研机构
48	196	Two faces of one seed：Hormonal regulation of dormancy and germination	中国	中国科学院	科研机构
49	195	OrthoVenn：A web server for genome wide comparison and annotation of orthologous clusters across multiple species	美国	美国农业部	政府
49	195	A plant immune receptor detects pathogen effectors that target WRKY transcription factors	英国	剑桥大学	科研机构
49	195	OST1 kinase modulates freezing tolerance by enhancing ICE1 stability in arabidopsis	中国	中国农业大学	大学
52	194	Diversification practices reduce organic to conventional yield gap	美国	加利福尼亚伯克利大学	大学

（续表）

序号	被引频次	论文题目	国家/国际组织	机构	机构类型
53	193	Evolutionary History of the Hymenoptera	德国、美国	弗赖堡大学、亚利桑那州立大学	大学
53	193	Fungal diversity notes 367 – 490：Taxonomic and phylogenetic contributions to fungal taxa	中国	云南省农业科学院	科研机构
55	191	Reinventing residual reserves in the sea：Are we favouring ease of establishment over need for protection?	加拿大	纽芬兰纪念大学	大学
56	190	The Sol Genomics Network（SGN）–from genotype to phenotype to breeding	美国	康奈尔大学	大学
56	190	Epigenetics and human obesity	澳大利亚	阿德莱德大学	大学
58	188	Health effects and toxicity mechanisms of rare earth elements–Knowledge gaps and research prospects	意大利	那不勒斯菲里德里克第二大学	大学
59	184	Epigenomic Diversity in a Global Collection of Arabidopsis thaliana Accessions	美国	索尔克生物研究所	科研机构
59	184	Insights into protein–ligand interactions：Mechanisms，Models，and Methods	中国	云南大学	大学
61	183	Eugenol，alpha–pinene and beta–caryophyllene from Plectranthus barbatus essential oil as eco–friendly larvicides against malaria，dengue and Japanese encephalitis mosquito vectors	印度、意大利	安纳马莱大学、比萨大学	大学
62	182	Intercontinental spread of Asian – Origin H5N8 to North America through beringia by migratory birds	美国	美国农业部	政府
63	181	Different continuous cropping spans Significantly affect microbial community membership and structure in a vanilla–grown soil as revealed by deep pyrosequencing	中国	南京农业大学	大学
64	180	A molecular chaperone breaks the catalytic cycle that generates toxic A beta oligomers	瑞典	卡罗林斯卡学院	大学
64	180	Distance，flow and PCR inhibition：eDNA dynamics in two headwater streams	美国	马萨诸塞大学系统	大学
66	178	Interspecies chimerism with mammalian pluripotent stem cells	美国	索尔克生物研究所	科研机构
66	178	Ecological dynamics of emerging bat virus spillover	美国	蒙大拿州立大学	大学
68	177	Soil pH determines microbial diversity and composition in the park grass experiment	美国	佛罗里达大学	大学
69	176	Cryptochromes interact directly with PIFs to control plant growth in limiting blue light	美国	索尔克生物研究所	科研机构
69	176	Data quality aware analysis of differential expression in RNA – seq with NOISeq R/Bioc package	西班牙	Prince Felipe 研究中心	科研机构

（续表）

序号	被引频次	论文题目	国家/国际组织	机构	机构类型
71	174	Antioxidants maintain cellular redox homeostasis by elimination of reactive oxygen species	中国、美国	中国农业大学、得克萨斯大学系统	大学
71	174	Autumn, the neglected season in climate change research	美国	波士顿大学	大学
73	173	Chloroquine inhibits autophagic flux by decreasing autophagosome-lysosome fusion	荷兰	格罗宁根大学、乌得勒支中央大学	大学
73	173	Conservation status of freshwater mussels in Europe: State of the art and future challenges	葡萄牙、英国	波尔图大学、世界自然保护联盟物种生存委员会	大学、科研机构
73	173	Ecological impacts of global warming and water abstraction on lakes and reservoirs due to changes in water level and related changes in salinity	丹麦	奥胡斯大学	大学
73	173	CRISPR/Cas9: a molecular Swiss army knife for simultaneous introduction of multiple genetic modifications in Saccharomyces cerevisiae	荷兰	代尔夫特理工大学	大学
77	171	Mitigating cyanobacterial harmful algal blooms in aquatic ecosystems impacted by climate change and anthropogenic nutrients	美国	北卡罗来纳州立大学	大学
77	171	Ascorbate peroxidase and catalase activities and their genetic regulation in plants subjected to drought and salinity stresses	意大利	巴西利卡塔大学	大学
79	169	Zika virus causes testis damage and leads to male infertility in mice	中国	中国农业大学、中国农业科学院	大学、科研机构
79	169	Recent advances in the role of probiotics and prebiotics in carp aquaculture: A review	日本	鹿儿岛大学	大学
79	169	One fungus, which genes? Development and assessment of universal primers for potential secondary fungal DNA barcodes	荷兰	荷兰皇家艺术和科学院	科研机构
82	167	The tea tree genome provides insights into tea flavor and independent evolution of caffeine biosynthesis	中国	中国科学院、华南农业大学	科研机构、大学
82	167	Replacing antibodies with aptamers in lateral flow immunoassay	中国	中国农业科学院	科研机构
84	166	Outline of Ascomycota: 2017	中国	中国科学院	科研机构
84	166	Where is the UK's pollinator biodiversity? The importance of urban areas for flower-visiting insects	英国	布里斯托大学	大学
86	165	Root endophyte *Colletotrichum tofieldiae* confers plant fitness benefits that are phosphate status dependent	德国、法国	马克斯普朗克研究所、巴黎萨克雷大学、科隆大学	科研机构、大学
86	165	Lignocellulose degradation mechanisms across the tree of life	英国	朴次茅斯大学	大学

（续表）

序号	被引频次	论文题目	国家/国际组织	机构	机构类型
88	164	Research priorities for harnessing plant microbiomes in sustainable agriculture	美国	俄勒冈州立大学	大学
89	163	Fungal diversity notes 253–366：taxonomic and phylogenetic contributions to fungal taxa	中国	中国科学院	科研机构
89	163	Porcine epidemic diarrhea virus：An emerging and re–emerging epizootic swine virus	韩国	庆北大学	大学
91	162	Families of sordariomycetes	中国	贵州农业科学院	科研机构
91	162	Microplastic contamination in brown shrimp (Crangon crangon，Linnaeus 1758) from coastal waters of the Southern North Sea and Channel area	比利时	农业与渔业研究所	科研机构
93	161	A century of trends in adult human height	英国、国际组织	伦敦帝国理工学院、世界卫生组织	大学、科研机构
93	161	Transcriptome – wide investigation of circular RNAs in rice	中国	中国科学院	科研机构
93	161	Antibiotic pollution in the environment：A Review	印度	印度理工学院	大学
96	160	Crystal structure of staphylococcus aureus Cas9	美国	哈佛大学、麻省理工学院	大学
97	159	Insect vector – mediated transmission of plant viruses	美国	堪萨斯州立大学	大学
98	157	Moment of truth for the Cerrado hotspot	巴西	里约热内卢天主教大学	大学
98	157	Larval dispersal and movement patterns of coral reef fishes，and implications for marine reserve network design	国际组织	大自然保护协会	科研机构
98	157	Cancer metabolism and the Warburg effect：the role of HIF–1 and PI3K	澳大利亚	澳大利亚贝克 IDI 心脏与糖尿病研究所	科研机构

（3）领域高产作者分析：中国高产作者数占据优势，四川农业大学是全球高产作者最多的机构

在生物学 Top100 高产作者（共 104 位）中，中国有 69 位（46 位来自大学，23 位来自科研机构），占比一半以上，排名第二的印度有 9 位。22 国中仅有 9 国有高产作者。其中四川农业大学有 16 位，是全球高产作者最多的机构。中国农业科学院有 3 位（表 2–34）。

表 2-34 生物学 Top100 高产作者情况

序号	h 指数	姓名	国家	机构	机构类型
1	36	Benelli Giovanni	意大利	比萨大学	大学
2	31	Hyde Kevin D.	中国	中国科学院	科研机构
3	22	周小秋	中国	四川农业大学	大学
3	22	刘扬	中国	四川农业大学	大学
3	22	姜维丹	中国	四川农业大学	大学
3	22	姜俊	中国	四川农业大学	大学
3	22	冯琳	中国	四川农业大学	大学
3	22	Wu Guoyao	美国	得克萨斯 A&M 大学系统	大学
9	21	张永安	中国	中国科学院	科研机构
9	21	印遇龙	中国	中国科学院	科研机构
9	21	吴培	中国	四川农业大学	大学
9	21	Nicoletti Marcello	意大利	罗马大学	大学
9	21	Murugan Kadarkarai	印度	巴哈蒂尔大学	大学
14	20	唐武能	中国	四川省畜牧科学研究院	科研机构
14	20	唐凌	中国	四川省畜牧科学研究院	科研机构
14	20	邝声耀	中国	四川省畜牧科学研究院	科研机构
14	20	Reiter Russel J.	美国	得克萨斯大学系统	大学
18	18	Subramaniam Jayapal	印度	巴哈蒂尔大学	大学
18	18	Dinesh Devakumar	印度	巴哈蒂尔大学	大学
18	18	Camporesi Erio	意大利	AMB Grp Micol Forlivese Antonio Cicognani	企业
21	17	王坤	中国	江苏大学	大学
21	17	Suresh Udaiyan	印度	巴哈蒂尔大学	大学
21	17	Koshio Shunsuke	日本	鹿儿岛大学	大学
21	17	Back Kyoungwhan	韩国	全南大学	大学
25	16	徐世文	中国	东北农业大学	大学
25	16	肖少波	中国	华中农业大学	大学
25	16	沈伟	中国	青岛农业大学	大学
25	16	陈焕春	中国	华中农业大学	大学
25	16	Panneerselvam Chellasamy	印度	巴哈蒂尔大学	大学
25	16	Govindarajan Marimuthu	印度	安纳马莱大学	大学
31	15	左之才	中国	四川农业大学	大学
31	15	赵娟	中国	四川农业大学	大学
31	15	张子威	中国	东北农业大学	大学

（续表）

序号	h 指数	姓名	国家	机构	机构类型
31	15	殷焕顺	中国	山东农业大学	大学
31	15	王荡	中国	华中农业大学	大学
31	15	马曦	中国	中国农业大学	大学
31	15	林丽	中国	华中农业大学	大学
31	15	李超	中国	青岛农业大学	大学
31	15	方六荣	中国	华中农业大学	大学
31	15	方静	中国	四川农业大学	大学
31	15	崔恒敏	中国	四川农业大学	大学
31	15	艾仕云	中国	山东农业大学	大学
31	15	Thambugala Kasun M.	中国	贵州农业科学院	科研机构
31	15	Madhiyazhagan Pari	印度	巴哈蒂尔大学	大学
31	15	Ishikawa Manabu	日本	鹿儿岛大学	大学
46	14	朱健康	中国	中国科学院	科研机构
46	14	刘文斌	中国	南京农业大学	大学
46	14	刘建奎	中国	贵州农业科学院	科研机构
46	14	李术	中国	东北农业大学	大学
46	14	姜道宏	中国	华中农业大学	大学
46	14	Tan Dun-Xian	美国	得克萨斯大学系统	大学
46	14	Kuhn Jens H.	美国	美国国立卫生研究院	政府
46	14	Gasser Robin B.	澳大利亚	墨尔本大学	大学
46	14	Gao George F.	中国	中国科学院	科研机构
55	13	朱兴全	中国	中国农业科学院	科研机构
55	13	周雪平	中国	中国农业科学院	科研机构
55	13	张龙现	中国	河南农业大学	大学
55	13	袁宗辉	中国	华中农业大学	大学
55	13	王芸	中国	中国水产科学研究院	科研机构
55	13	王讯	中国	四川农业大学	大学
55	13	孙少琛	中国	南京农业大学	大学
55	13	钱静	中国	江苏大学	大学
55	13	麦康森	中国	中国海洋大学	大学
55	13	高希武	中国	中国农业大学	大学
55	13	邓俊良	中国	四川农业大学	大学
55	13	Vaseeharan Baskaralingam	印度	印度阿拉嘎帕大学	大学
55	13	Tanaka Kazuaki	日本	弘前大学	大学

（续表）

序号	h 指数	姓名	国家	机构	机构类型
55	13	Iriti Marcello	意大利	米兰大学	大学
55	13	Fei Zhangjun	美国	博伊斯·汤普森植物研究所	科研机构
55	13	Dietzgen Ralf G.	澳大利亚	昆士兰大学	大学
55	13	Canale Angelo	意大利	比萨大学	大学
55	13	Bazer Fuller W.	美国	得克萨斯 A&M 大学系统	大学
73	12	周云雷	中国	山东农业大学	大学
73	12	张勇	中国	西北农林科技大学	大学
73	12	王荣军	中国	河南农业大学	大学
73	12	汪铭书	中国	四川农业大学	大学
73	12	彭西	中国	四川农业大学	大学
73	12	刘作易	中国	贵州农业科学院	科研机构
73	12	刘倩	中国	江苏大学	大学
73	12	刘波	中国	中国水产科学研究院	科研机构
73	12	李铁军	中国	中国科学院	科研机构
73	12	李兰	中国	青岛农业大学	大学
73	12	李斌	中国	华中农业大学	大学
73	12	侯永清	中国	武汉轻工大学	大学
73	12	谷阳光	中国	中国水产科学研究院	科研机构
73	12	戈贤平	中国	中国水产科学研究院	科研机构
73	12	程安春	中国	四川农业大学	大学
73	12	陈舜	中国	四川农业大学	大学
73	12	陈化兰	中国	中国农业科学院	科研机构
73	12	毕玉海	中国	中国科学院	科研机构
73	12	艾庆辉	中国	中国海洋大学	大学
73	12	Yokoyama Saichiro	日本	鹿儿岛大学	大学
73	12	Xiao Lihua	美国	美国疾病控制与预防中心	政府
73	12	Walter Jens	加拿大	阿尔伯塔大学	大学
73	12	Phookamsak Rungtiwa	中国	中国科学院	科研机构
73	12	Mortimer Peter E.	中国	中国科学院	科研机构
73	12	Kawada Teruo	日本	京都大学	大学
73	12	Karunarathna Samantha C.	中国	中国科学院	科研机构
73	12	Groenewald J. Z.	荷兰	荷兰皇家艺术与科学院	科研机构
73	12	Giampieri Francesca	意大利	马尔理工大学	大学
73	12	Fujita Masayuki	日本	香川大学	大学

（续表）

序号	h 指数	姓名	国家	机构	机构类型
73	12	Crous Pedro W.	荷兰	荷兰皇家艺术与科学院	科研机构
73	12	Bhat D. Jayarama	印度	果阿大学	大学
73	12	Battino Maurizio	意大利	马尔理工大学	大学

（4）领域国际合作分析：中国和美国在国际合作中占据绝对优势

2015—2019 年，22 国第一作者和通讯作者国际合作发文量直接加和为 25010 篇。中国排名第一，为 6524 篇，占比 26.09%。美国排名第二，是英国的 2 倍有余。中国和美国遥遥领先，占据绝对优势（图 2-27）。

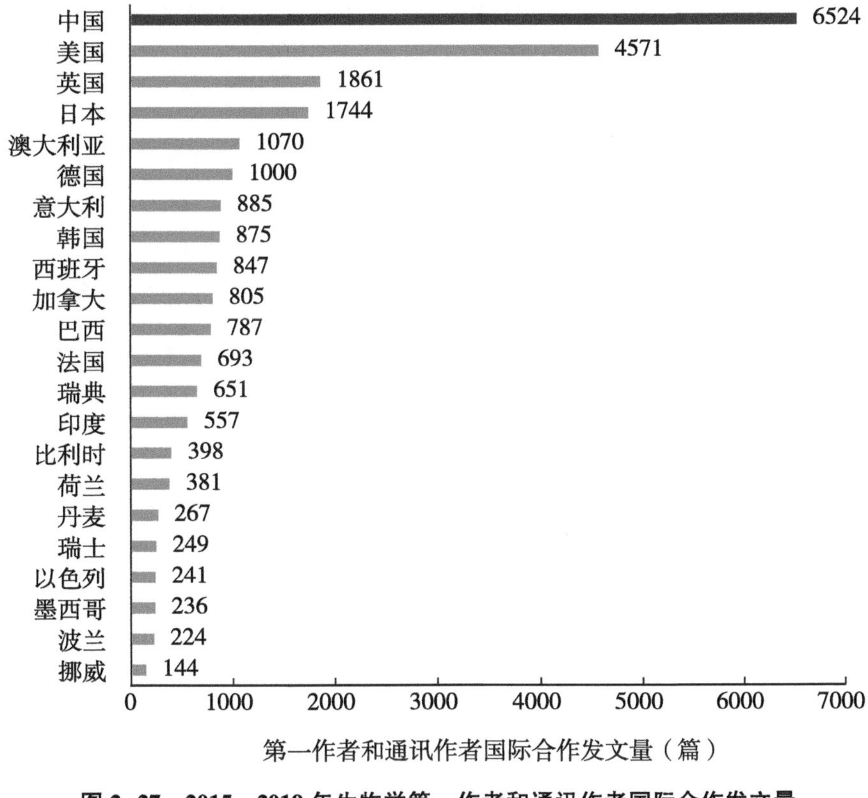

图 2-27　2015—2019 年生物学第一作者和通讯作者国际合作发文量

2.2.11　生物技术与应用微生物学

（1）领域科技论文竞争力指数分析：中国科技论文竞争力全球最强

中国、美国、英国跻身前三，其中只有英国在 3 个指标上的排名较为均衡，竞争力得分大于 7。挪威、德国、澳大利亚、加拿大、瑞士、法国、丹麦、荷兰、意大利、瑞典 10

个国家竞争力得分为 3~5。西班牙、巴西、韩国、日本、比利时、印度、以色列、波兰、墨西哥 9 个国家竞争力得分小于 3，其中，日本和韩国的发文量排名较为领先，但其他两个指标表现不佳，导致总排名靠后（表 2-35）。

从发文量指标来看，22 个国家发文量直接加和为 43515 篇。其中，中国发表 13997 篇，排名第一，占总发文量的 32.17%，几近是美国发文量的 2 倍；美国发表 7610 篇，排名第二，占总发文量的 17.49%。

从 CNCI 指标来看，挪威遥遥领先，中国 CNCI 排名仅第十九位，但也高于全球平均水平；从高被引论文量来看，中国、美国、英国分数接近，排名前三，远远高于其他国家。

表 2-35　2015—2019 年国家生物技术与应用微生物学科技论文竞争力指数

国家	国家科技论文竞争力（一级指标）		发文量（二级指标）			CNCI（二级指标）			高被引论文量（二级指标）		
	得分	排名	数量（篇）	得分	排名	数值	得分	排名	数量（篇）	得分	排名
中国	10.00	1	13997	10.00	1	1.06	3.32	19	138	10.00	1
美国	8.25	2	7610	5.44	2	1.29	4.03	16	135	9.78	2
英国	7.33	3	2513	1.80	4	2.00	6.24	4	125	9.06	3
挪威	4.49	4	159	0.11	22	3.20	10.00	1	5	0.36	21
德国	3.80	5	1504	1.07	8	1.61	5.04	8	38	2.75	4
澳大利亚	3.63	6	1323	0.95	10	1.57	4.90	9	36	2.61	5
加拿大	3.56	7	1509	1.08	7	1.48	4.62	10	36	2.61	5
瑞士	3.53	8	308	0.22	21	2.29	7.15	2	12	0.87	17
法国	3.49	9	889	0.64	13	1.71	5.32	6	30	2.17	7
丹麦	3.48	10	318	0.23	20	2.23	6.95	3	13	0.94	16
荷兰	3.43	11	545	0.39	15	1.88	5.87	5	24	1.74	9
意大利	3.27	12	1462	1.04	9	1.41	4.41	13	30	2.17	7
瑞典	3.04	13	653	0.47	14	1.64	5.11	7	21	1.52	11
西班牙	2.68	14	971	0.69	12	1.39	4.33	14	17	1.23	14
巴西	2.58	15	1221	0.87	11	1.13	3.54	17	22	1.59	10
韩国	2.47	16	2303	1.65	5	0.87	2.73	20	19	1.38	13
日本	2.42	17	3018	2.16	3	0.74	2.32	22	16	1.16	15
比利时	2.39	18	508	0.36	16	1.48	4.62	11	8	0.58	20
印度	2.32	19	1648	1.18	6	0.87	2.70	21	21	1.52	11
以色列	2.30	20	324	0.23	19	1.41	4.41	12	10	0.72	18
波兰	1.99	21	331	0.24	18	1.32	4.11	15	4	0.29	22
墨西哥	1.91	22	401	0.29	17	1.10	3.44	18	10	0.72	18

（2）领域高质量论文分析：美国高质量论文数全球第一，中国农业大学是全球高质量论文最多的机构

在生物技术与应用微生物学 Top100 高质量论文中（共 102 篇），美国有 26 篇文章，排名第一，中国有 20 篇，排名第二。Top100 高质量论文中，中国农业大学有 5 篇，是全球高质量论文最多的机构。中国农业科学院有 2 篇。Top100 高质量论文中 83 篇来自大学，占比 81.37%，20 篇来自科研机构，3 篇来自政府部门，2 篇来自企业（表 2-36）。

这些高质量论文涉及生物技术与应用微生物学多方面研究，包括但不限于土壤微生物群落、异源四倍体棉测序、陆地栽培棉基因组序列等研究方向。

表 2-36 生物技术与应用微生物学 Top100 高质量论文情况

序号	被引频次	论文题目	国家	机构	机构类型
1	656	Sequencing of allotetraploid cotton（*Gossypium hirsutum* L. acc. TM-1）provides a resource for fiber improvement	中国	南京农业大学	大学
2	639	Sharing and community curation of mass spectrometry data with Global Natural Products Social Molecular Networking	美国	加利福尼亚大学系统	大学
3	611	A survey of best practices for RNA-seq data analysis	美国	佛罗里达州大学、加利福尼亚大学系统	大学
4	588	Tackling antibiotic resistance：The environmental framework	葡萄牙	葡萄牙天主教大学	大学
5	563	The hidden world within plants：Ecological and evolutionary considerations for defining functioning of microbial endophytes	巴西	里约热内卢联邦大学	大学
6	532	A large-scale evaluation of algorithms to calculate average nucleotide identity	韩国	首尔大学	大学
7	497	Proteobacteria：microbial signature of dysbiosis in gut microbiota	韩国	庆熙大学	大学
8	449	Genome sequence of cultivated Upland cotton（*Gossypium hirsutum* TM-1）provides insights into genome evolution	中国	北京大学	大学
9	400	DNA methylation age of blood predicts all-cause mortality in later life	澳大利亚	昆士兰大学	大学
10	385	CD Taxonomy，physiology，and natural products of actinobacteria	法国、荷兰	兰斯大学、莱顿大学	大学
11	364	Using the class 1 integron-integrase gene as a proxy for anthropogenic pollution	澳大利亚	麦考瑞大学	大学
12	350	Resequencing 302 wild and cultivated accessions identifies genes related to domestication and improvement in soybean	中国	中国科学院	科研机构

（续表）

序号	被引频次	论文题目	国家	机构	机构类型
13	344	InteractiVenn：A web－based tool for the analysis of sets through Venn diagrams	巴西	圣保罗大学	大学
14	337	Bioremediation of soils contaminated with polycyclic aromatic hydrocarbons，petroleum，pesticides，chlorophenols and heavy metals by composting：Applications，microbes and future research needs	中国	湖南大学	大学
15	334	Discovery of microbial natural products by activation of silent biosynthetic gene clusters	英国	华威大学	大学
16	333	Distinct soil microbial diversity under long-term organic and conventional farming	瑞士	瑞士联邦政府农业生态研究所	科研机构
17	319	Reproducible，interactive，scalable and extensible microbiome data science using QIIME 2	美国	北亚利桑那大学	大学
18	301	Plant growth-promoting bacterial endophytes	墨西哥	米却肯大学	大学
19	275	Biological synthesis of nanoparticles from plants and microorganisms	韩国、中国	庆熙大学、上海交通大学	大学
20	273	Algae as nutritional and functional food sources：Revisiting our understanding	美国	缅因大学	大学
20	273	Epidemiology，genetic recombination，and pathogenesis of coronaviruses	中国	南京农业大学、深圳第三人民医院、中国科学院、中国疾病预防控制中心、浙江大学	大学、科研机构
22	265	Qualimap 2：Advanced multi－sample quality control for high-throughput sequencing data	德国	马克斯·普朗克科学促进学会	科研机构
23	264	Chloroplast genomes：Diversity，evolution，and applications in genetic engineering	美国	宾夕法尼亚大学	大学
24	261	Age-related changes in gut microbiota composition from newborn to centenarian：A cross-sectional study	日本	森永乳业株式会社	企业
25	260	Improved annotation of antibiotic resistance determinants reveals microbial resistomes cluster by ecology	美国	华盛顿州立大学	大学
26	257	The Soil Microbiome Influences Grapevine-Associated Microbiota	美国	美国能源部	科研机构
27	250	Biochar stability in soil：Meta-analysis of decomposition and priming effects	德国、中国	哥廷根大学、南京农业大学	大学
28	242	Organic solvent pretreatment of lignocellulosic biomass for biofuels and biochemicals：A review	美国	堪萨斯州立大学	大学
29	236	Nanocellulose，a tiny fiber with huge applications	以色列	希伯来大学	大学
30	231	Anaerobic digestion of lignocellulosic biomass：Challenges and opportunities	美国	夏威夷大学	大学

（续表）

序号	被引频次	论文题目	国家	机构	机构类型
31	229	A critical assessment of the "sterile womb" and "in utero colonization" hypotheses: Implications for research on the pioneer infant microbiome	加拿大	阿尔伯塔大学	大学
32	228	Rapid and easy in silico serotyping of escherichia coli Isolates by Use of whole-genome sequencing data	丹麦	国家血清研究所	科研机构
33	224	Egg cell-specific promoter-controlled CRISPR/Cas9 efficiently generates homozygous mutants for multiple target genes in Arabidopsis in a single generation	中国	中国农业大学	大学
33	224	Removal of arsenic by magnetic biochar prepared from pinewood and natural hematite	美国	佛罗里达大学	大学
35	222	Bioenergy and climate change mitigation: An assessment	德国	柏林工业大学	大学
36	216	Virus taxonomy in the age of metagenomics	英国	牛津大学	大学
36	216	Global dissemination of carbapenemase-producing *Klebsiella pneumoniae*: Epidemiology, genetic context, treatment options, and detection methods	韩国	明知大学	大学
38	214	Minimum information about a single amplified genome (MISAG) and a metagenome-assembled genome (MIMAG) of bacteria and archaea	美国	美国能源部、加利福尼亚大学系统	科研机构、大学
38	214	Lignocellulosic agriculture wastes as biomass feedstocks for second-generation bioethanol production: concepts and recent developments	印度	印度石油公司	企业
40	213	Challenges in microbial ecology: Building predictive understanding of community function and dynamics	英国	华威大学、爱丁堡大学	大学
41	212	Novel plasmid-mediated colistin resistance gene mcr-3 in *Escherichia coli*	中国	中国农业大学	大学
42	204	Synthetic biology to access and expand nature's chemical diversity	美国	麻省理工学院	大学
43	200	Co-occurrence of resistance genes to antibiotics, biocides and metals reveals novel insights into their co-selection potential	瑞典	哥德堡大学	大学
43	200	Microbial regulation of terrestrial nitrous oxide formation: Understanding the biological pathways for prediction of emission rates	中国	中国科学院	科研机构
45	199	Health benefits of fermented foods: Microbiota and beyond	美国	内布拉斯加大学	大学

（续表）

序号	被引频次	论文题目	国家	机构	机构类型
45	199	Critical evaluation of the Illumina Methylation EPIC BeadChip microarray for whole-genome DNA methylation profiling	澳大利亚	加文医学研究所	科研机构
47	197	The impact of dietary fiber on gut microbiota in host health and disease	瑞典、丹麦	哥德堡大学、萨尔格伦斯卡大学医院、哥本哈根大学	大学、科研机构
48	194	Nano based drug delivery systems: Recent developments and future prospects	韩国	东国大学	大学
49	192	The ecology of acidobacteria: Moving beyond genes and genomes	荷兰	荷兰皇家艺术与科学院	科研机构
50	191	Removal of Pb（Ⅱ）, Cu（Ⅱ）, and Cd（Ⅱ）from aqueous solutions by biochar derived from $KMnO_4$ treated hickory wood	美国	佛罗里达大学	大学
51	186	Critical review on biofilm methods	丹麦	丹麦技术大学	大学
52	182	Microbiome datasets are compositional: And this is not optional	加拿大	西安大略大学	大学
53	181	Targeted base editing in rice and tomato using a CRISPR-Cas9 cytidine deaminase fusion	日本	神户大学、筑波大学	大学
53	181	Different continuous cropping spans significantly affect microbial community membership and structure in a vanilla-grown soil as revealed by deep pyrosequencing	中国	南京农业大学	大学
53	181	Selection on soil microbiomes reveals reproducible impacts on plant function	美国	康奈尔大学	大学
56	180	Where less may be more: How the rare biosphere pulls ecosystems strings	荷兰	荷兰生态研究所	科研机构
57	178	New evidences on the altered gut microbiota in autism spectrum disorders	意大利	意大利国家研究委员会	科研机构
58	177	Modification of biochar derived from sawdust and its application in removal of tetracycline and copper from aqueous solution: Adsorption mechanism and modelling	中国	湖南农业大学	大学
58	177	Soil pH determines microbial diversity and composition in the park grass experiment	美国	佛罗里达大学	大学
60	173	CRISPR/Cas9: A molecular Swiss army knife for simultaneous introduction of multiple genetic modifications in *Saccharomyces cerevisiae*	荷兰	代尔夫特理工大学	大学
61	169	A novel gene, optrA, that confers transferable resistance to oxazolidinones and phenicols and its presence in Enterococcus faecalis and *Enterococcus faecium* of human and animal origin	中国	中国农业大学	大学
62	167	Replacing antibodies with aptamers in lateral flow immunoassay	中国	中国农业科学院	科研机构

（续表）

序号	被引频次	论文题目	国家	机构	机构类型
62	167	Bacterial populations and the volatilome associated to meat spoilage	意大利	那不勒斯费德里科二世大学	大学
64	165	Microbial enzymes: Industrial progress in 21st century	以色列	以色列理工学院	大学
65	162	The genomes of two key bumblebee species with primitive eusocial organization	美国	伊利诺伊州立大学	大学
66	159	Enhancement of drought stress tolerance in crops by plant growth promoting rhizobacteria	印度	PJTS 农业大学	大学
67	157	Bees under stress: Sublethal doses of a neonicotinoid pesticide and pathogens interact to elevate honey bee mortality across the life cycle	德国	哈勒－维腾贝格大学	大学
68	156	Microbes as engines of ecosystem function: When does community structure enhance predictions of ecosystem processes?	美国	科罗拉多大学系统、美国能源部	大学、政府
68	156	Effect of liquid hot water pretreatment severity on properties of hardwood lignin and enzymatic hydrolysis of cellulose	美国	普渡大学	大学
70	155	An overview of key pretreatment processes for biological conversion of lignocellulosic biomass to bioethanol	印度	Sam Higginbottom 农业科技大学	大学
71	153	Quorum quenching: Role in nature and applied developments	法国	法国国家科学研究中心	科研机构
71	153	Biocontrol mechanism by root-associated *Bacillus amyloliquefaciens* FZB42-a review	德国	柏林洪堡大学	大学
71	153	Manganese oxide-modified biochars: Preparation, characterization, and sorption of arsenate and lead	美国	佛罗里达大学	大学
74	152	Arbuscular mycorrhizal fungi as natural biofertilizers: Let's benefit from past successes	意大利	意大利国家研究委员会	科研机构
75	151	Current knowledge and perspectives of Paenibacillus: A review	加拿大	加拿大农业与农业食品部、西安大略大学	政府、大学
76	149	Flowering time regulation in crops-what did we learn from Arabidopsis?	德国	德国基尔大学	大学
77	148	Specific microbiome-dependent mechanisms underlie the energy harvest efficiency of ruminants	以色列	本·古里安大学	大学
77	148	Green synthesized nanoparticles in the fight against mosquito-borne diseases and cancer-a brief review	意大利	比萨大学	大学
77	148	Investigating the mechanisms of biochar's removal of lead from solution	中国	中国海洋大学	大学

（续表）

序号	被引频次	论文题目	国家	机构	机构类型
80	147	Improved plant resistance to drought is promoted by the root-associated microbiome as a water stress-dependent trait	意大利	米兰大学	大学
81	146	Direct interspecies electron transfer accelerates syntrophic oxidation of butyrate in paddy soil enrichments	中国	中国农业大学	大学
82	145	A review on biosynthesis of silver nanoparticles and their biocidal properties	埃塞俄比亚	冈达大学	大学
83	144	Biology of *Acinetobacter baumannii*: Pathogenesis, antibiotic resistance mechanisms, and prospective treatment options	韩国	明知大学	大学
84	143	Effects of pyrolysis temperature and heating time on biochar obtained from the pyrolysis of straw and lignosulfonate	中国	中国农业科学院	科研机构
85	139	A whole-genome shotgun approach for assembling and anchoring the hexaploid bread wheat genome	美国	美国能源部	政府
86	138	An in-depth comparison of latency-reversing agent combinations in various in vitro and Ex Vivo HIV-1 latency models identified Bryostatin-1+JQ1 and Ingenol-B+JQ1 to potently reactivate viral gene expression	比利时	布鲁塞尔自由大学	大学
86	138	A high-density, SNP-based consensus map of tetraploid wheat as a bridge to integrate durum and bread wheat genomics and breeding	意大利	博洛尼亚大学	大学
88	137	Comprehensive resistome analysis reveals the prevalence of NDM and MCR-1 in Chinese poultry production	中国	中国农业大学	大学
88	137	An effective and recyclable adsorbent for the removal of heavy metal ions from aqueous system: Magnetic chitosan/cellulose microspheres	中国	武汉理工学院	大学
90	136	The role of Ciliate Protozoa in the Rumen	英国	阿伯里斯特威斯大学	大学
91	135	Environmental factors influencing the development and spread of antibiotic resistance	瑞典	哥德堡大学	大学
91	135	Optimizing pyramided transgenic Bt crops for sustainable pest management	美国	亚利桑那大学	大学
93	133	Anaerobic digestion of food waste-Challenges and opportunities	美国	俄亥俄州立大学	大学
93	133	The structure and diversity of human, animal and environmental resistomes	瑞典	哥德堡大学	大学

（续表）

序号	被引频次	论文题目	国家	机构	机构类型
95	132	Comparative genomics reveals high biological diversity and specific adaptations in the industrially and medically important fungal genus Aspergillus	荷兰	韦斯特迪克真菌生物多样性研究所、乌得勒支大学	科研机构、大学
95	132	One-pot synthesis of magnetite nanorods/graphene composites and its catalytic activity toward electrochemical detection of dopamine	韩国	全北国立大学	大学
95	132	Antimicrobial compounds from seaweeds-associated bacteria and fungi	印度	中央盐与海洋化学研究所	科研机构
98	131	A phylo-functional core of gut microbiota in healthy young Chinese cohorts across lifestyles, geography and ethnicities	中国	上海交通大学	大学
98	131	Microbial lipid-based lignocellulosic biorefinery: Feasibility and challenges	美国	密歇根州立大学	大学
100	130	Dynamic regulation of metabolic flux in engineered bacteria using a pathway-independent quorum-sensing circuit	美国	麻省理工学院	大学
100	130	Rapid cloning of disease-resistance genes in plants using mutagenesis and sequence capture	英国、澳大利亚	桑斯伯里实验室、约翰因内斯中心、澳大利亚联邦科学与工业研究组织	科研机构
100	130	Adsorption of enzyme onto lignins of liquid hot water pretreated hardwoods	美国	普渡大学	大学

（3）领域高产作者分析：中国高产作者数占据优势，中国农业大学是全球拥有高产作者最多的机构

在生物技术与应用微生物学 Top100 高产作者（共 115 位）中，中国有 62 位（56 位来自大学，6 位来自科研机构），美国有 16 位（14 位来自大学，2 位来自政府）。两个国家均以大学为研究主力，中国以科研机构作为补充，而美国以政府为补充。高产作者中中国农业大学有 12 位，是全球高产作者最多的机构。中国农业科学院有 4 位（表 2-37）。

表 2-37 生物技术与应用微生物学 Top100 高产作者情况

序号	h 指数	姓名	国家	机构	机构类型
1	20	汪洋	中国	中国农业大学	大学
2	18	赵越	中国	东北农业大学	大学
2	18	魏自民	中国	东北农业大学	大学
2	18	沈其荣	中国	南京农业大学	大学

（续表）

序号	h 指数	姓名	国家	机构	机构类型
2	18	沈建忠	中国	中国农业大学	大学
2	18	Ercolini Danilo	意大利	那不勒斯费德里科二世大学	大学
7	17	王坤	中国	江苏大学	大学
8	16	Walter Jens	加拿大	阿尔伯塔大学	大学
8	16	Spano Giuseppe	意大利	福贾大学	大学
8	16	Li Yebo	美国	俄亥俄州立大学	大学
11	15	殷焕顺	中国	山东农业大学	大学
11	15	吴聪明	中国	中国农业大学	大学
11	15	艾仕云	中国	山东农业大学	大学
14	14	张瑞福	中国	南京农业大学	大学
14	14	张全国	中国	河南农业大学	大学
14	14	曾光明	中国	湖南大学	大学
14	14	Seo Jin-Ho	韩国	首尔大学	大学
18	13	姚斌	中国	中国农业科学院	科研机构
18	13	孙坚	中国	华南农业大学	大学
18	13	钱静	中国	江苏大学	大学
18	13	彭良才	中国	华中农业大学	大学
18	13	Zhou Jizhong	美国	俄克拉何马大学	大学
18	13	Wiedmann Martin	美国	康奈尔大学	大学
18	13	Varshney Rajeev K.	国际组织	国际半干旱热带作物研究所	科研机构
18	13	Singh Priyanka	韩国	庆熙大学	大学
18	13	Settanni Luca	意大利	巴勒莫大学	大学
18	13	Schwarz Stefan	德国	弗里德里希·洛弗勒研究所	科研机构
18	13	Khanal Samir Kumar	美国	夏威夷大学	大学
18	13	Kang Dong-Hyun	韩国	首尔大学	大学
18	13	Ge Xumeng	美国	俄亥俄州立大学	大学
18	13	De Filippis Francesca	意大利	那不勒斯费德里科二世大学	大学
18	13	Cocolin Luca	意大利	都灵大学	大学
33	12	朱伟云	中国	南京农业大学	大学
33	12	周云雷	中国	山东农业大学	大学
33	12	张龙现	中国	河南农业大学	大学
33	12	吴永红	中国	中国科学院	科研机构
33	12	沈张奇	中国	中国农业大学	大学
33	12	罗会颖	中国	中国农业科学院	科研机构

（续表）

序号	h 指数	姓名	国家	机构	机构类型
33	12	刘雅红	中国	华南农业大学	大学
33	12	刘倩	中国	江苏大学	大学
33	12	韩鲁佳	中国	中国农业大学	大学
33	12	崔宗均	中国	中国农业大学	大学
33	12	Zhang Yuanhui	美国	伊利诺伊大学系统	大学
33	12	Tiedje James M.	美国	密歇根州立大学	大学
33	12	Schenk Peer M.	澳大利亚	昆士兰大学	大学
33	12	Capozzi Vittorio	意大利	福贾大学	大学
47	11	郑金水	中国	华中农业大学	大学
47	11	张献龙	中国	华中农业大学	大学
47	11	袁旭峰	中国	中国农业大学	大学
47	11	尹华群	中国	中南大学	大学
47	11	王小芬	中国	中国农业大学	大学
47	11	孙明	中国	华中农业大学	大学
47	11	石鹏君	中国	中国农业科学院	科研机构
47	11	廖晓萍	中国	华南农业大学	大学
47	11	李笃中	中国	台湾大学	大学
47	11	黄火清	中国	中国农业科学院	科研机构
47	11	郝楠	中国	江苏大学	大学
47	11	褚海燕	中国	中国科学院	科研机构
47	11	陈舜	中国	四川农业大学	大学
47	11	Yang Deok-Chun	韩国	庆熙大学	大学
47	11	Wang En Tao	墨西哥	墨西哥国立理工大学	大学
47	11	Topp Edward	加拿大	加拿大农业与农业食品部	政府
47	11	Sonomoto Kenji	日本	九州大学	大学
47	11	Schnurer Anna	瑞典	瑞典农业科学大学	大学
47	11	Ruan Roger	美国	明尼苏达大学	大学
47	11	Rantsiou Kalliopi	意大利	都灵大学	大学
47	11	Moschetti Giancarlo	意大利	巴勒莫大学	大学
47	11	Henrissat Bernard	法国	艾克斯·马赛大学	大学
47	11	He Ji-zheng	澳大利亚	墨尔本大学	大学
47	11	Hallsworth John E.	英国	女王大学	大学
47	11	Gobbetti Marco	意大利	巴里大学	大学
47	11	Edwards David	澳大利亚	西澳大学	大学
47	11	Dunlap Christopher A.	美国	美国农业部	政府

（续表）

序号	h指数	姓名	国家	机构	机构类型
47	11	De Angelis Maria	意大利	巴里大学	大学
47	11	Benelli Giovanni	意大利	比萨大学	大学
76	10	张荣	中国	浙江大学	大学
76	10	杨乔	中国	四川农业大学	大学
76	10	鄢庆枇	中国	集美大学	大学
76	10	吴俊秋	中国	东北农业大学	大学
76	10	王小娟	中国	西北农林科技大学	大学
76	10	王少林	中国	中国农业大学	大学
76	10	王革娇	中国	华中农业大学	大学
76	10	涂媛媛	中国	华中农业大学	大学
76	10	覃映雪	中国	集美大学	大学
76	10	罗云波	中国	中国农业大学	大学
76	10	刘学端	中国	中南大学	大学
76	10	李国学	中国	中国农业大学	大学
76	10	李峰	中国	青岛农业大学	大学
76	10	姜道宏	中国	华中农业大学	大学
76	10	黄启为	中国	南京农业大学	大学
76	10	胡建军	中国	河南农业大学	大学
76	10	韩宇星	中国	华南农业大学	大学
76	10	韩洪军	中国	哈尔滨工业大学	大学
76	10	谷洁	中国	西北农林科技大学	大学
76	10	高学文	中国	南京农业大学	大学
76	10	董仁杰	中国	中国农业大学	大学
76	10	陈守文	中国	湖北大学	大学
76	10	Zhang Qijing	美国	艾奥瓦州立大学	大学
76	10	Yu Zhongtang	美国	俄亥俄州立大学	大学
76	10	Ueda Mitsuyoshi	日本	京都大学	大学
76	10	Tashiro Yukihiro	日本	九州大学	大学
76	10	Smalla Kornelia	德国	朱利叶斯库恩研究所	科研机构
76	10	Schlueter Andreas	德国	比勒菲尔德大学	大学
76	10	Saif Linda J.	美国	俄亥俄州立大学	大学
76	10	Raza Waseem	中国	南京农业大学	大学
76	10	Park Yong-Cheol	韩国	国民大学	大学
76	10	Oechsner Hans	德国	霍恩海姆大学	大学
76	10	Mathiyalagan Ramya	韩国	庆熙大学	大学

（续表）

序号	h 指数	姓名	国家	机构	机构类型
76	10	Ladisch Michael R.	美国	普渡大学	大学
76	10	Klocke Michael	德国	德国莱布尼茨学会	科研机构
76	10	Gasser Robin B.	澳大利亚	墨尔本大学	大学
76	10	Francesca Nicola	意大利	巴勒莫大学	大学
76	10	Dubey Jitender P.	美国	美国农业部	政府
76	10	Dale Bruce E.	美国	密歇根州立大学	大学
76	10	Chen Paul	美国	明尼苏达大学	大学

（4）领域国际合作分析：中国和美国在国际合作中占据绝对优势

2015—2019 年，22 国第一作者和通讯作者国际合作发文量直接加和为 12381 篇。中国排名第一，为 3465 篇，占比 27.99%。中国和美国的国际合作发文量占比是 22 国总量的近一半，其他国家的国际合作发文量与中美存在数量级上的差距（图 3-28）。

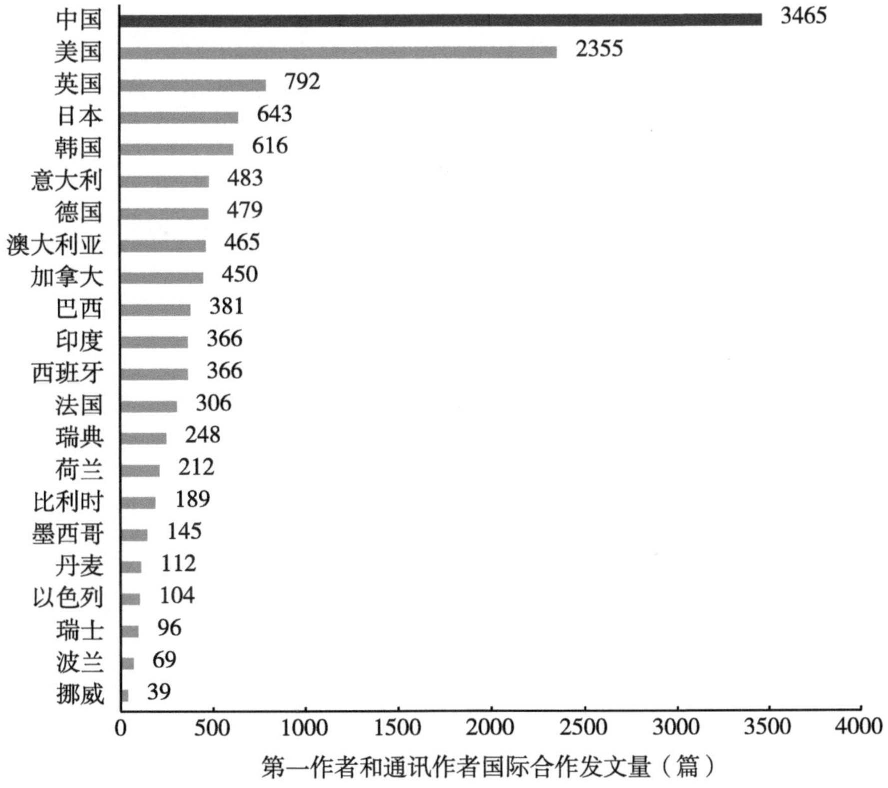

图 2-28 2015—2019 年生物技术与应用微生物学第一作者和通讯作者国际合作发文量

2.2.12 食品科学与技术

（1）领域科技论文竞争力指数分析：中国科技论文竞争力全球最强

中国和美国跻身前二位，竞争力得分大于6，该竞争力排名与发文量和高被引论文量排名趋势一致。意大利、英国、加拿大、澳大利亚、荷兰、西班牙、以色列、挪威、法国、德国、瑞士、比利时、丹麦、巴西、瑞典15个国家竞争力得分为3~5。韩国、印度、波兰、墨西哥、日本5个国家竞争力得分小于3。韩国和印度是CNCI指标排名靠后导致总排名靠后，而波兰、墨西哥、日本的CNCI和高被引论文量指标排名均靠后，因此总排名垫底。尤其日本发文量排名第四，但论文质量不高，严重拉低了其整体排名（表2-38）。

从发文量指标来看，22个国家发文量直接加和为51922篇。其中中国发表13616篇，排名第一，占总发文量的26.22%；美国发表9306篇，排名第二，占总发文量的17.92%。

从CNCI指标来看，以色列、挪威、荷兰3国领先且分数接近，均拉高其整体竞争力排名，中国CNCI排名第十，是表现较好的一个学科；从高被引论文量来看，中国遥遥领先，比第二名多了1倍多。

表2-38 2015—2019年国家食品科学与技术科技论文竞争力指数

国家	国家科技论文竞争力（一级指标）		发文量（二级指标）			CNCI（二级指标）			高被引论文量（二级指标）		
	得分	排名	数量（篇）	得分	排名	数值	得分	排名	数量（篇）	得分	排名
中国	10.00	1	13616	10.00	1	1.35	8.44	10	302	10.00	1
美国	6.66	2	9306	6.83	2	1.23	7.69	16	133	4.40	2
意大利	4.78	3	3815	2.80	3	1.35	8.43	11	71	2.35	3
英国	4.69	4	2780	2.04	6	1.45	9.09	5	67	2.22	4
加拿大	4.23	5	2813	2.07	5	1.30	8.11	14	56	1.85	5
澳大利亚	4.12	6	1999	1.47	9	1.38	8.66	8	48	1.59	6
荷兰	3.89	7	679	0.50	16	1.58	9.88	3	21	0.70	11
西班牙	3.75	8	2231	1.64	8	1.26	7.91	15	34	1.13	7
以色列	3.71	9	272	0.20	21	1.60	10.00	1	11	0.36	17
挪威	3.70	10	224	0.16	22	1.59	9.93	2	13	0.43	16
法国	3.50	11	951	0.70	13	1.36	8.49	9	23	0.76	9
德国	3.49	12	1315	0.97	12	1.31	8.22	13	22	0.73	10

（续表）

国家	国家科技论文竞争力（一级指标）		发文量（二级指标）			CNCI（二级指标）			高被引论文量（二级指标）		
	得分	排名	数量（篇）	得分	排名	数值	得分	排名	数量（篇）	得分	排名
瑞士	3.44	13	317	0.23	20	1.48	9.25	4	9	0.30	19
比利时	3.42	14	688	0.51	15	1.40	8.77	7	14	0.46	14
丹麦	3.37	15	547	0.40	17	1.41	8.85	6	10	0.33	18
巴西	3.25	16	1678	1.23	10	1.17	7.31	17	21	0.70	11
瑞典	3.18	17	493	0.36	19	1.31	8.23	12	14	0.46	14
韩国	2.85	18	2604	1.91	7	0.89	5.54	21	20	0.66	13
印度	2.65	19	1399	1.03	11	0.89	5.59	20	28	0.93	8
波兰	2.53	20	816	0.60	14	1.01	6.31	18	9	0.30	19
墨西哥	2.36	21	546	0.40	18	0.96	6.01	19	9	0.30	19
日本	2.32	22	2833	2.08	4	0.68	4.23	22	9	0.30	19

（2）领域高质量论文分析：美国高质量论文数全球第一，美国马萨诸塞大学系统是全球高质量论文最多的机构

在食品科学与技术 Top100 高质量论文中（共 100 篇），美国有 25 篇文章，排名第一，中国有 22 篇，排名第二。美国马萨诸塞大学系统有 9 篇，是全球高质量论文最多的机构。中国农业科学院有 2 篇。Top100 高质量论文中，有 83 篇来自大学，占比 83.00%，13 篇来自科研机构，3 篇来自政府部门，1 篇来自企业（表 2-39）。

这些高质量论文涉及食品科学与技术多方面研究，包括但不限于多酚类物质与肠道菌群的相互作用、农业食品中的纳米技术、饮食健康与疾病、肠道微生物代谢产物等研究方向。

表 2-39　食品科学与技术 Top100 高质量论文情况

序号	被引频次	论文题目	国家/国际组织	机构	机构类型
1	325	Dietary polyphenols, oxidative stress and antioxidant and anti-inflammatory effects	加拿大	加拿大农业与农业食品部	政府
2	323	Starch retrogradation: A comprehensive review	中国	天津科技大学	大学
3	320	ESPEN guidelines on definitions and terminology of clinical nutrition	瑞典	乌普萨拉大学	大学
4	251	Dietary gut microbial metabolites, short-chain fatty acids, and host metabolic regulation	日本	东京农工大学	大学

（续表）

序号	被引频次	论文题目	国家/国际组织	机构	机构类型
5	220	Consumers' perceptions and preferences for local food：A review	德国	卡塞尔大学	大学
6	196	Probiotics，gut microbiota，and their influence on host health and disease	西班牙	西班牙高等科学研究理事会	科研机构
7	190	Epigenetics and human obesity	澳大利亚	阿德莱德大学	大学
7	190	Profiling consumers who are ready to adopt insects as a meat substitute in a Western society	比利时	根特大学	大学
9	188	Carotenoids from fruits and vegetables：Chemistry，analysis，occurrence，bioavailability and biological activities	韩国	建国大学	大学
10	186	Interaction of dietary compounds，especially polyphenols，with the intestinal microbiota：A review	波兰	克拉科夫科翁泰农学院	大学
11	183	The reciprocal interactions between polyphenols and gut microbiota and effects on bioaccessibility	土耳其	伊斯坦布尔理工大学	大学
12	169	Optimization of microwave-assisted extraction of polyphenols from *Myrtus communis* L. leaves	美国	缅因大学	大学
13	167	Improving nutrition through biofortification：A review of evidence from HarvestPlus，2003 through 2016	国际组织	国际食物政策研究所	科研机构
13	167	Bacterial populations and the volatilome associated to meat spoilage	意大利	那不勒斯费德里科二世大学	大学
15	165	Advances in characterisation and biological activities of chitosan and chitosan oligosaccharides	中国	中国农业科学院	科研机构
16	164	Quercetin，inflammation and immunity	中国	东北农业大学	大学
16	164	Feeding 9 billion by 2050 – Putting fish back on the menu	哥伦比亚	国际热带农业中心	科研机构
18	158	Microencapsulation of oils：A comprehensive review of benefits，techniques，and applications	中国	江南大学	大学
19	157	Phenolic profiles of 20 Canadian lentil cultivars and their contribution to antioxidant activity and inhibitory effects on alpha-glucosidase and pancreatic lipase	中国	南昌大学	大学
20	153	3d printing technologies applied for food design：Status and prospects	澳大利亚	昆士兰大学	大学
21	151	Formation of vitamin D nanoemulsion-based delivery systems by spontaneous emulsification：Factors affecting particle size and stability	美国	马萨诸塞大学系统	大学
22	149	The biological activities，chemical stability，metabolism and delivery systems of quercetin：A review	中国	中国农业大学	大学

（续表）

序号	被引频次	论文题目	国家/国际组织	机构	机构类型
23	147	Spent coffee grounds：A review on current research and future prospects	墨西哥	克雷塔罗大学	大学
24	145	Development of biocontrol products for postharvest diseases of fruit：The importance of elucidating the mechanisms of action of yeast antagonists	意大利	都灵大学	大学
25	144	Preparation，characterization，and antimicrobial activity of gelatin/ZnO nanocomposite films	韩国	国立木浦大学	大学
26	141	Resveratrol induces brown-like adipocyte formation in white fat through activation of AMP-activated protein kinase（AMPK）alpha 1	美国	华盛顿州立大学	大学
26	141	The coffee rust crises in Colombia and Central America（2008－2013）：impacts，plausible causes and proposed solutions	法国	法国农业发展研究中心	科研机构
28	139	Invited review：Changes in the dairy industry affecting dairy cattle health and welfare	加拿大	卡尔加里大学	大学
29	138	A review of vibrational spectroscopic techniques for the detection of food authenticity and adulteration	韩国	忠南国立大学	大学
29	138	Protein oxidation in processed meat：Mechanisms and potential implications on human health	西班牙	埃斯特雷马杜拉大学	大学
31	135	Nutritional composition of black soldier fly（*Hermetia illucens*）prepupae reared on different organic waste substrates	比利时	根特大学	大学
32	134	Nanoencapsulation，nano-guard for pesticides：A new window for safe application	澳大利亚	纽卡斯尔大学	大学
32	134	Pomegranate peel and peel extracts：Chemistry and food features	巴基斯坦	巴哈丁扎卡里亚大学	大学
34	130	Selenium cycling across soil-plant-atmosphere interfaces：A critical review	瑞士	苏黎世联邦理工学院	大学
34	130	Strawberry as a health promoter：An evidence based review	意大利	马尔凯理工大学	大学
36	126	Recent advances on food-grade particles stabilized Pickering emulsions：Fabrication，characterization and research trends	美国	罗格斯大学	大学
36	126	Phytase in non-ruminant animal nutrition：A critical review on phytase activities in the gastrointestinal tract and influencing factors	英国	杜邦工业生物科学公司	企业
38	125	Dietary polyphenol intake in Europe：the European Prospective Investigation into Cancer and Nutrition（EPIC）study	法国	国际癌症研究机构	政府
38	125	Dietary cholesterol and cardiovascular disease：A systematic review and meta-analysis	美国	塔夫茨大学	大学

（续表）

序号	被引频次	论文题目	国家/国际组织	机构	机构类型
40	124	Making sense of the “clean label” trends：A review of consumer food choice behavior and discussion of industry implications	挪威	挪威渔业食品研究所	科研机构
41	123	Recent trends in the use of natural antioxidants for meat and meat products	印度	旁遮普农业大学	大学
41	123	Resistant starch in food：A review	印度	印度农业研究理事会	科研机构
43	122	Formation and stabilization of nanoemulsion－based vitamin E delivery systems using natural biopolymers：Whey protein isolate and gum arabic	美国	马萨诸塞大学系统	大学
43	122	Whole－grain wheat consumption reduces inflammation in a randomized controlled trial on overweight and obese subjects with unhealthy dietary and lifestyle behaviors：Role of polyphenols bound to cereal dietary fiber	意大利	那不勒斯费德里科二世大学	大学
45	121	Plant flavonoids in cancer chemoprevention：Role in genome stability	加拿大	达尔豪斯大学	大学
45	121	Fermentative production of lactic acid from renewable materials：Recent achievements，prospects，and limits	日本	九州大学	大学
47	120	The importance of amylose and amylopectin fine structure for textural properties of cooked rice grains	澳大利亚	昆士兰大学	大学
48	119	Mechanisms of body weight reduction and metabolic syndrome alleviation by tea	美国	罗格斯大学	大学
48	119	Nanotechnology in agro－food：From field to plate	印度	韦洛尔理工大学	大学
48	119	Effect of acid hydrolysis on starch structure and functionality：A Review	澳大利亚	悉尼大学	大学
51	118	Short sleep duration and dietary intake：Epidemiologic evidence，mechanisms，and health implications	美国	塔夫茨大学	大学
52	117	Optimization of ultrasound-assisted extraction of phenolic compounds and anthocyanins from blueberry（Vaccinium ashei）wine pomace	中国	安徽农业大学	大学
52	117	Biocontrol ability and action mechanism of food-isolated yeast strains against Botrytis cinerea causing post-harvest bunch rot of table grape	意大利	卡塔尼亚大学	大学
52	117	Nutraceutical delivery systems：Resveratrol encapsulation in grape seed oil nanoemulsions formed by spontaneous emulsification	美国	马萨诸塞大学系统	大学
52	117	A mitochondrial superoxide theory for oxidative stress diseases and aging	中国	长庚大学	大学

（续表）

序号	被引频次	论文题目	国家/国际组织	机构	机构类型
52	117	A review: Using nanoparticles to enhance absorption and bioavailability of phenolic phytochemicals	美国	佛罗里达大学	大学
57	115	Cancer – associated malnutrition, cachexia and sarcopenia: The skeleton in the hospital closet 40 years later	爱尔兰	爱尔兰国立大学	大学
57	115	Progress in natural emulsifiers for utilization in food emulsions	美国、沙特阿拉伯	马萨诸塞大学系统、阿卜杜勒阿齐兹国王大学	大学
59	114	Invited review: Inflammation during the transition to lactation: New adventures with an old flame	美国	堪萨斯州立大学	大学
59	114	Chlorogenic acid-mediated gel formation of oxidatively stressed myofibrillar protein	美国	肯塔基大学	大学
59	114	Enhanced efficiency fertilisers: A review of formulation and nutrient release patterns	澳大利亚	皇家墨尔本理工大学	大学
62	113	Worldwide occurrence of mycotoxins in cereals and cereal – derived food products: Public health perspectives of their co-occurrence	美国	爱达荷州立大学	大学
62	113	Influence of emulsifier type on gastrointestinal fate of oil – in – water emulsions containing anionic dietary fiber (pectin)	美国	马萨诸塞大学系统	大学
64	112	Characterisation of phenolics, betanins and antioxidant activities in seeds of three *Chenopodium quinoa* Willd. genotypes	中国	天津科技大学	大学
65	110	Development of food-grade nanoemulsions and emulsions for delivery of omega-3 fatty acids: Opportunities and obstacles in the food industry	美国	马萨诸塞大学系统	大学
66	109	Health benefits of anthocyanins and molecular mechanisms: Update from recent decade	中国	中国农业大学	大学
66	109	Non-destructive prediction of thiobarbituric acid reactive substances (TSARS) value for freshness evaluation of chicken meat using hyperspectral imaging	中国	华南理工大学	大学
66	109	Bacterial diversity in typical Italian salami at different ripening stages as revealed by high-throughput sequencing of 16S rRNA amplicons	意大利	圣心天主教大学	大学
66	109	Effects of light quality on the accumulation of phytochemicals in vegetables produced in controlled environments: A review	中国	中国农业科学院	科研机构
66	109	Classification of fresh and frozen – thawed pork muscles using visible and near infrared hyperspectral imaging and textural analysis	爱尔兰	爱尔兰国立大学	大学

（续表）

序号	被引频次	论文题目	国家/国际组织	机构	机构类型
71	108	Edible films and coatings in seafood preservation：A review	伊朗	德黑兰大学	大学
71	108	Interactions of non－thermal atmospheric pressure plasma with solid and liquid food systems：A Review	德国	莱布尼兹农业与生物技术研究所	科研机构
71	108	Anti－inflammatory effect of chlorogenic acid on the IL－8 production in Caco－2 cells and the dextran sulphate sodium－induced colitis symptoms in C57BL/6 mice	日本	东京大学、前桥工科大学	大学
74	107	Advance on the flavonoid C－glycosides and health benefits	中国、罗马尼亚	澳门大学、格里戈列波帕医学和药学大学	大学
74	107	Lactic metabolism revisited：Metabolism of lactic acid bacteria in food fermentations and food spoilage	加拿大	阿尔伯塔大学	大学
76	106	Advances on bioactive polysaccharides from medicinal plants	中国	南昌大学	大学
77	105	Physical and chemical stability of curcumin in aqueous solutions and emulsions：Impact of pH，temperature，and molecular environment	美国、沙特阿拉伯	马萨诸塞大学系统、阿卜杜勒阿齐兹国王大学	大学
77	105	Reducing risks to food security from climate change	国际组织	国际农业研究磋商组织	科研机构
79	104	Comparison of different drying methods on Chinese ginger（*Zingiber officinale* Roscoe）：Changes in volatiles，chemical profile，antioxidant properties，and microstructure	中国	广东省农业科学院	科研机构
79	104	Plant phospholipases D and C and their diverse functions in stress responses	中国、美国	华中农业大学、密苏里大学	大学
79	104	Formation of food－grade nanoemulsions using low－energy preparation methods：A review of available methods	美国、沙特阿拉伯	马萨诸塞大学系统、阿卜杜勒阿齐兹国王大学	大学
79	104	Muscle strength：Clinical and prognostic value of hand－grip dynamometry	美国	康涅狄格大学	大学
79	104	Role of intestinal microbiota in the generation of polyphenol－derived phenolic acid mediated attenuation of Alzheimer's disease－amyloid oligomerization	美国	西奈山伊坎医学院	科研机构
84	103	Active and intelligent packaging in meat industry	澳大利亚	墨尔本大学	大学
84	103	p－Coumaric acid and its conjugates：Dietary sources，pharmacokinetic properties and biological activities	中国	暨南大学	大学

（续表）

序号	被引频次	论文题目	国家/国际组织	机构	机构类型
84	103	Nanoemulsion delivery systems for oil-soluble vitamins: Influence of carrier oil type on lipid digestion and vitamin D-3 bioaccessibility	美国	马萨诸塞大学系统	大学
87	102	Development of simplified models for nondestructive hyperspectral imaging monitoring of TVB-N contents in cured meat during drying process	中国	华南理工大学	大学
87	102	Nanomaterials for products and application in agriculture, feed and food	荷兰	瓦格宁根大学	大学
89	101	An enhanced electrochemical platform based on graphene oxide and multi-walled carbon nanotubes nanocomposite for sensitive determination of Sunset Yellow and Tartrazine	中国	江西农业大学	大学
90	100	Dietary sodium butyrate decreases postweaning diarrhea by modulating intestinal permeability and changing the bacterial communities in weaned piglets	中国	中国农业大学	大学
90	100	Wheat bread aroma compounds in crumb and crust: A review	西班牙	巴利亚多利德大学	大学
90	100	Analysis and characterisation of phytochemicals in mulberry (*Morus alba* L.) fruits grown in Vojvodina, North Serbia	塞尔维亚	贝尔格莱德大学	大学
93	99	Nonalcoholic fatty liver disease and insulin resistance: New insights and potential new treatments	日本	金泽大学	大学
93	99	Poor adherence to US dietary guidelines for children and adolescents in the national health and nutrition examination survey population	美国	美国农业部	政府
95	98	Benefaction of probiotics for human health: A review	韩国	东国大学	大学
95	98	Combining the genetic algorithm and successive projection algorithm for the selection of feature wavelengths to evaluate exudative characteristics in frozen-thawed fish muscle	爱尔兰	爱尔兰国立大学	大学
95	98	L-Cysteine metabolism and its nutritional implications	中国	中国科学院	科研机构
95	98	The intestinal transport of bovine milk exosomes is mediated by endocytosis in human colon carcinoma Caco-2 cells and rat small intestinal IEC-6 cells	美国	内布拉斯加大学	大学
95	98	Optimisation of ultrasonic-assisted extraction of phenolic compounds, antioxidants, and anthocyanins from sugar beet molasses	中国	华南理工大学	大学

（续表）

序号	被引频次	论文题目	国家/国际组织	机构	机构类型
95	98	Principles and application of high pressure – based technologies in the food industry	美国	俄亥俄州立大学	大学

（3）领域高产作者分析：中国高产作者数占据优势，中国农业大学是全球高产作者最多的机构

在食品科学与技术 Top100 高产作者（共 129 位）中，中国有 64 位（56 位来自大学，8 位来自科研机构），美国和意大利各有 17 位（两国的高产作者全部来自大学）。中国农业大学有 13 位，是全球高产作者最多的机构。中国农业科学院有 5 位（表 2–40）。

表 2–40　食品科学与技术 Top100 高产作者情况

序号	h 指数	姓名	国家	机构	机构类型
1	42	McClements David Julian	美国	马萨诸塞大学系统	大学
2	39	孙大文	中国	华南理工大学	大学
3	30	蒲洪彬	中国	华南理工大学	大学
4	25	成军虎	中国	华南理工大学	大学
5	24	高彦祥	中国	中国农业大学	大学
6	21	Xiao Hang	美国	马萨诸塞大学系统	大学
7	20	Bhandari Bhesh	澳大利亚	昆士兰大学	大学
8	19	曾晓雄	中国	南京农业大学	大学
9	18	周光宏	中国	南京农业大学	大学
9	18	张敏	中国	江南大学	大学
9	18	李斌	中国	华中农业大学	大学
12	17	熊柳	中国	青岛农业大学	大学
12	17	孙庆杰	中国	青岛农业大学	大学
12	17	罗永康	中国	中国农业大学	大学
12	17	刘夫国	中国	中国农业大学	大学
12	17	Zhong Qixin	美国	犹他州农科院	大学
12	17	Zhang Zipei	美国	马萨诸塞大学系统	大学
12	17	Zhang Ruojie	美国	马萨诸塞大学系统	大学
12	17	Tsao Rong	加拿大	加拿大农业与农业食品部	政府
12	17	Gidley Michael J.	澳大利亚	昆士兰大学	大学
12	17	Decker Eric Andrew	美国	马萨诸塞大学系统	大学

（续表）

序号	h 指数	姓名	国家	机构	机构类型
12	17	Cui Steve W.	加拿大	加拿大农业与农业食品部	政府
23	16	徐幸莲	中国	南京农业大学	大学
23	16	孙翠霞	中国	中国农业大学	大学
25	15	朱志伟	中国	华南理工大学	大学
25	15	郑永华	中国	南京农业大学	大学
25	15	肖建波	中国	澳门大学	大学
25	15	林河通	中国	福建农林大学	大学
25	15	李曼	中国	青岛农业大学	大学
25	15	孔保华	中国	东北农业大学	大学
25	15	陈艺辉	中国	福建农林大学	大学
25	15	曾新安	中国	华南理工大学	大学
25	15	Wu Jianping	加拿大	阿尔伯塔大学	大学
25	15	Tang Juming	美国	华盛顿州立大学	大学
25	15	Settanni Luca	意大利	巴勒莫大学	大学
25	15	Mathers John C.	英国	纽卡斯尔大学	大学
25	15	Liu Ronghua	加拿大	加拿大农业与农业食品部	政府
25	15	Jo Cheorun	韩国	首尔大学	大学
25	15	Ercolini Danilo	意大利	那不勒斯费德里科二世大学	大学
25	15	Battino Maurizio	意大利	马尔理工大学	大学
25	15	Bansal Nidhi	澳大利亚	昆士兰大学	大学
42	14	张奇	中国	中国农业科学院	科研机构
42	14	印遇龙	中国	中国科学院	科研机构
42	14	肖红伟	中国	中国农业大学	大学
42	14	马海乐	中国	江苏大学	大学
42	14	李培武	中国	中国农业科学院	科研机构
42	14	胡冰	中国	南京农业大学	大学
42	14	毕金峰	中国	中国农业科学院	科研机构
42	14	Song Mingyue	美国	马萨诸塞大学系统	大学
42	14	Singh Narpinder	印度	阿姆利泽纳那克大学	大学
42	14	Shi John	加拿大	加拿大农业与农业食品部	政府
42	14	Lovegrove Julie A.	英国	雷丁大学	大学
42	14	Loor J. J.	美国	伊利诺伊大学系统	大学
42	14	Khaneghah Amin Mousavi	巴西	坎皮纳斯州立大学	大学
42	14	Kang Dong-Hyun	韩国	首尔大学	大学

（续表）

序号	h 指数	姓名	国家	机构	机构类型
42	14	Hopkins David L.	澳大利亚	新南威尔士州第一产业部	政府
42	14	Ho Chi-Tang	美国	罗格斯大学	大学
42	14	Gomez Manuel	西班牙	巴利亚多利德大学	大学
42	14	Giampieri Francesca	意大利	马尔理工大学	大学
42	14	Gasparrini Massimiliano	意大利	马尔理工大学	大学
42	14	Barba Francisco J.	西班牙	瓦伦西亚大学	大学
62	13	郑宝东	中国	福建农林大学	大学
62	13	袁芳	中国	中国农业大学	大学
62	13	杨文建	中国	南京财经大学	大学
62	13	吴昕烨	中国	中国农业科学院	科研机构
62	13	王占辉	中国	中国农业大学	大学
62	13	王绍金	中国	西北农林科技大学	大学
62	13	王军	中国	中国农业大学	大学
62	13	裴斐	中国	南京财经大学	大学
62	13	潘思轶	中国	华中农业大学	大学
62	13	罗自生	中国	浙江大学	大学
62	13	林艺芬	中国	福建农林大学	大学
62	13	李伟	中国	四川农业大学	大学
62	13	金鹏	中国	南京农业大学	大学
62	13	韩忠	中国	华南理工大学	大学
62	13	代蕾	中国	中国农业大学	大学
62	13	曹庸	中国	华南农业大学	大学
62	13	包劲松	中国	浙江大学	大学
62	13	Zhao Yanyun	美国	俄勒冈大学系统	大学
62	13	Shahidi Fereidoon	加拿大	纽芬兰纪念大学	大学
62	13	Rolle Luca	意大利	都灵大学	大学
62	13	Prakash Sangeeta	澳大利亚	昆士兰大学	大学
62	13	Moschetti Giancarlo	意大利	巴勒莫大学	大学
62	13	Mishra Hari Niwas	印度	印度理工学院	科研机构
62	13	Kaur Amritpal	印度	阿姆利泽纳那克大学	大学
62	13	Hung Yen-Con	美国	佐治亚大学系统	大学
62	13	Forbes-Hernandez Tamara Y.	意大利	马尔理工大学	大学
62	13	Farahnaky Asgar	澳大利亚	查尔斯·斯图特大学	大学

（续表）

序号	h 指数	姓名	国家	机构	机构类型
62	13	Daniel Hannelore	德国	慕尼黑工业大学	大学
62	13	Afrin Sadia	意大利	马尔凯理工大学	大学
91	12	张万刚	中国	南京农业大学	大学
91	12	张瑞芬	中国	广东省农业科学院	科研机构
91	12	张名位	中国	广东省农业科学院	科研机构
91	12	张和平	中国	内蒙古农业大学	大学
91	12	王慧	中国	福建农林大学	大学
91	12	宛晓春	中国	安徽农业大学	大学
91	12	屠康	中国	南京农业大学	大学
91	12	沈建忠	中国	中国农业大学	大学
91	12	毛立科	中国	中国农业大学	大学
91	12	马美湖	中国	华中农业大学	大学
91	12	刘杨	中国	中国农业科学院	科研机构
91	12	刘东红	中国	浙江大学	大学
91	12	刘成梅	中国	南昌大学	大学
91	12	林毅雄	中国	福建农林大学	大学
91	12	李彦	中国	华中农业大学	大学
91	12	李靖	中国	华中农业大学	大学
91	12	胡小松	中国	中国农业大学	大学
91	12	高振江	中国	中国农业大学	大学
91	12	Yu Liangli（Lucy）	美国	马里兰大学	大学
91	12	Wu Guoyao	美国	得克萨斯 A&M 大学系统	大学
91	12	Verbeke Wim	比利时	根特大学	大学
91	12	Osimani Andrea	意大利	马尔凯理工大学	大学
91	12	Ordovas Jose M.	美国	塔夫茨大学	大学
91	12	Navas-Carretero Santiago	西班牙	纳瓦拉大学	大学
91	12	Milanovic Vesna	意大利	马尔凯理工大学	大学
91	12	LeBlanc S. J.	加拿大	圭尔夫大学	大学
91	12	Jacques Paul F.	美国	塔夫茨大学	大学
91	12	Huang Qingrong	美国	罗格斯大学	大学
91	12	Giacosa Simone	意大利	都灵大学	大学
91	12	Gellynck Xavier	比利时	根特大学	大学
91	12	Garofalo Cristiana	意大利	马尔凯理工大学	大学
91	12	Francesca Nicola	意大利	巴勒莫大学	大学

（续表）

序号	h 指数	姓名	国家	机构	机构类型
91	12	Dhital Sushil	澳大利亚	昆士兰大学	大学
91	12	Devries T. J.	加拿大	圭尔夫大学	大学
91	12	De Saeger Sarah	比利时	根特大学	大学
91	12	Cocolin Luca	意大利	都灵大学	大学
91	12	Clementi Francesca	意大利	马尔凯理工大学	大学
91	12	Carbonell-Barrachina Angel A.	西班牙	米格尔·埃尔南德斯·德埃尔切大学	大学
91	12	Aquilanti Lucia	意大利	马尔凯理工大学	大学

（4）领域国际合作分析：中国和美国在国际合作中占据绝对优势

2015—2019 年，22 国第一作者和通讯作者国际合作发文量直接加和为 14543 篇。中国排名第一，为 3807 篇，占比 26.18%。中国、美国和意大利国际合作发文量均在千篇数量级，远高于其他国家（图 2-29）。

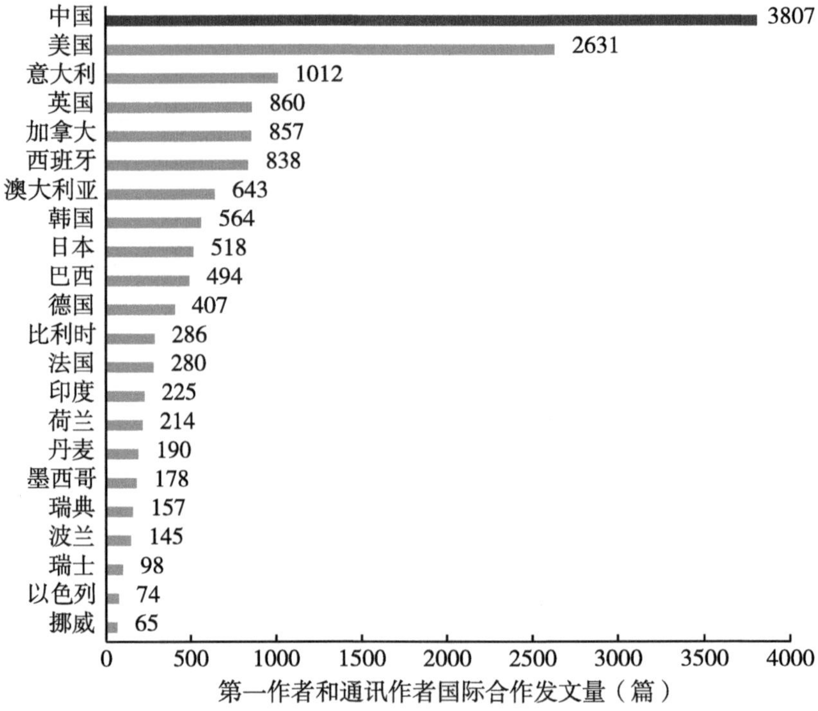

图 2-29　2015—2019 年食品科学与技术第一作者和通讯作者国际合作发文量

2.2.13 农业工程

（1）领域科技论文竞争力指数分析：中国科技论文竞争力全球最强

中国竞争力分数遥遥领先，美国和英国排名第二和第三，竞争力得分大于4。瑞士、澳大利亚、印度、韩国、法国、西班牙、意大利、德国、比利时9个国家竞争力得分在3~4。其中，瑞士发文量排名靠后，依靠CNCI的超高得分，使其总体排名有所提升。瑞典、波兰、挪威、荷兰、丹麦、墨西哥、加拿大、日本、巴西、以色列10个国家竞争力得分小于3。其中，巴西发文量排名第三，但其论文质量欠佳，尤其是CNCI指标排名垫底，严重拉低其整体排名（表2-41）。

从发文量指标来看，22个国家发文量直接加和为48500篇。其中，中国发表15818篇，排名第一，占总发文量的32.61%。美国发表8077篇，排名第二，占总发文量的16.65%。

从CNCI指标来看，瑞士遥遥领先，中国CNCI排名第七位，是该指标表现较好的学科；从高被引论文量来看，中国遥遥领先，比第二名美国的多了1倍有余。

表2-41 2015—2019年国家农业工程科技论文竞争力指数

国家	国家科技论文竞争力（一级指标）		发文量（二级指标）			CNCI（二级指标）			高被引论文量（二级指标）		
	得分	排名	数量（篇）	得分	排名	数值	得分	排名	数量（篇）	得分	排名
中国	10.00	1	15818	10.00	1	1.45	7.49	7	350	10.00	1
美国	5.34	2	8077	5.11	2	1.13	5.81	20	132	3.77	2
英国	4.32	3	2646	1.67	4	1.50	7.75	5	86	2.46	3
瑞士	3.86	4	331	0.21	20	1.94	10.00	1	14	0.40	16
澳大利亚	3.59	5	1417	0.90	12	1.49	7.70	6	45	1.29	5
印度	3.46	6	2415	1.53	5	1.26	6.51	17	51	1.46	4
韩国	3.41	7	1652	1.04	8	1.37	7.07	14	44	1.26	6
法国	3.36	8	1090	0.69	13	1.51	7.79	2	26	0.74	10
西班牙	3.32	9	1583	1.00	10	1.38	7.13	12	35	1.00	7
意大利	3.32	10	1780	1.13	6	1.36	7.03	15	34	0.97	8
德国	3.14	11	1613	1.02	9	1.29	6.66	16	33	0.94	9
比利时	3.07	12	529	0.33	17	1.50	7.76	4	12	0.34	18

（续表）

国家	国家科技论文竞争力（一级指标）		发文量（二级指标）			CNCI（二级指标）			高被引论文量（二级指标）		
	得分	排名	数量（篇）	得分	排名	数值	得分	排名	数量（篇）	得分	排名
瑞典	2.98	13	884	0.56	14	1.37	7.08	13	19	0.54	13
波兰	2.96	14	625	0.40	16	1.41	7.30	9	16	0.46	15
挪威	2.94	15	243	0.15	22	1.51	7.79	3	5	0.14	20
荷兰	2.92	16	739	0.47	15	1.39	7.17	10	14	0.40	16
丹麦	2.85	17	527	0.33	18	1.43	7.36	8	5	0.14	20
墨西哥	2.80	18	389	0.25	19	1.39	7.15	11	11	0.31	19
加拿大	2.71	19	1467	0.93	11	1.15	5.93	19	21	0.60	11
日本	2.34	20	1698	1.07	7	0.92	4.75	21	21	0.60	11
巴西	2.28	21	2730	1.73	3	0.78	4.01	22	18	0.51	14
以色列	2.26	22	247	0.16	21	1.16	5.98	18	3	0.09	22

（2）领域高质量论文分析：中国高质量论文数全球第一，美国佛罗里达大学和中国华南农业大学是全球高质量论文最多的机构

在农业工程 Top100 高质量论文中（共 101 篇），中国有 40 篇文章，排名第一，美国有 19 篇，排名第二。Top100 高质量论文中美国佛罗里达大学和华南农业大学均有 5 篇，是全球高质量论文最多的机构。中国农业科学院有 1 篇。Top100 高质量论文中 82 篇来自大学，占比 81.19%，16 篇来自科研机构，4 篇来自政府部门（表 2-42）。

这些高质量论文涉及农业工程多方面研究，包括但不限于木质纤维素、生物能源与生物燃料、生物炭除砷等研究方向。

表 2-42　农业工程 Top100 高质量论文情况

序号	被引频次	论文题目	国家	机构	机构类型
1	883	Engineering heterogeneous semiconductors for solar water splitting	中国	华南农业大学	大学
2	709	Efficient storage mechanisms for building better supercapacitors	法国	法国国家科学研究中心	科研机构

（续表）

序号	被引频次	论文题目	国家	机构	机构类型
3	645	Pretreatment of lignocellulose：Formation of inhibitory by-products and strategies for minimizing their effects	瑞典	于默奥大学	大学
4	526	CdS/Graphene nanocomposite photocatalysts	中国	武汉理工大学	大学
5	524	Soil contamination in China：Current Status and mitigation strategies	中国	南京农业大学	大学
6	504	Review on research achievements of biogas from anaerobic digestion	中国	西北农林科技大学	大学
7	457	A lightweight TiO_2/Graphene interlayer，applied as a highly effective polysulfide absorbent for fast，long-life lithium-sulfur batteries	中国	温州大学	大学
8	394	A review on alkaline pretreatment technology for bioconversion of lignocellulosic biomass	韩国	国立公州大学	大学
9	373	A comparative review of biochar and hydrochar in terms of production，physico-chemical properties and applications	加拿大	圭尔夫大学	大学
10	360	Production of cellulose nanofibrils：A review of recent advances	法国、瑞典	格勒诺布尔大学、查尔默斯技术大学	大学
11	355	Supercapacitors performance evaluation	美国	加利福尼亚大学系统	大学
12	349	Hydrothermal liquefaction of biomass：Developments from batch to continuous process	美国	美国能源部	政府
13	346	Recent progress in Ga_2O_3 power devices	日本	日本信息和通信技术研究所	科研机构
14	335	Graphene in photocatalysis：A Review	中国	武汉理工大学	大学
15	326	Performance of electron reconstruction and selection with the CMS detector in proton-proton collisions at root s = 8 TeV	亚美尼亚	埃里温物理研究所	科研机构
16	321	Biological pretreatment of lignocellulosic biomass-An overview	印度	印度科学与工业研究理事会	科研机构
17	315	A review on dark fermentative biohydrogen production from organic biomass：Process parameters and use of by-products	意大利	那不勒斯费德里科二世大学	大学
18	307	Recent advances in the use of different substrates in microbial fuel cells toward wastewater treatment and simultaneous energy recovery	印度	Jiwaji 大学、普纳大学	大学
18	307	A review on the sustainability of constructed wetlands for wastewater treatment：Design and operation	中国	山东大学	大学
20	293	Solar energy：Potential and future prospects	韩国	汉阳大学	大学
21	283	Adsorption of VOCs onto engineered carbon materials：A review	美国	佛罗里达大学	大学

（续表）

序号	被引频次	论文题目	国家	机构	机构类型
22	282	Particle-flow reconstruction and global event description with the CMS detector	亚美尼亚	埃里温物理研究所	科研机构
23	281	The role of pretreatment in improving the enzymatic hydrolysis of lignocellulosic materials	中国	北京林业大学	大学
24	270	The CMS trigger system	亚美尼亚	埃里温物理研究所	科研机构
24	270	Hydrologic and water quality models: Performance measures and evaluation criteria	美国	美国农业部	政府
26	267	Bioenergy and biofuels: History, status, and perspective	美国	特拉华州立大学	大学
27	266	CdS-Based photocatalysts	中国	中国电子科技大学、华中农业大学	大学
28	256	A self-quenching-resistant carbon-dot powder with tunable solid-state fluorescence and construction of dual-fluorescence morphologies for white light-emission	中国	华南农业大学	大学
29	252	Recent advances in utilization of biochar	美国	俄克拉荷马州立大学	大学
30	251	Ionic liquids and their solid-state analogues as materials for energy generation and storage	澳大利亚	蒙纳士大学	大学
31	250	Microalgae biorefinery: High value products perspectives	中国	台湾成功大学	大学
31	250	Biochar stability in soil: Meta-analysis of decomposition and priming effects	德国、中国	哥廷根大学、南京农业大学	大学
33	249	Novel mussel-inspired injectable self-healing hydrogel with anti-biofouling property	加拿大	阿尔伯塔大学	大学
34	242	Coupling hollow Fe_3O_4 - Fe nanoparticles with graphene sheets for high-performance electromagnetic wave absorbing material	中国	哈尔滨工程大学	大学
34	242	Organic solvent pretreatment of lignocellulosic biomass for biofuels and biochemicals: A review	美国	堪萨斯州立大学	大学
36	239	Review: Sustainable production of hydroxymethylfurfural and levulinic acid: Challenges and opportunities	加拿大	麦吉尔大学	大学
37	236	Activated carbon derived from carbon residue from biomass gasification and its application for dye adsorption: Kinetics, isotherms and thermodynamic studies	新加坡	新加坡国立大学	大学
38	234	Graphitized carbon fibers as multifunctional 3D current collectors for high areal capacity Li anodes	中国	中国科学院	科研机构

（续表）

序号	被引频次	论文题目	国家	机构	机构类型
38	234	Determination of pyrolysis characteristics and kinetics of palm kernel shell using TGA-FTIR and model-free integral methods	中国	浙江农林大学	大学
40	232	Biochar-based nano-composites for the decontamination of wastewater: A review	中国	湖南大学	大学
41	231	Anaerobic digestion of lignocellulosic biomass: Challenges and opportunities	美国	夏威夷大学	大学
42	229	Software-defined industrial internet of things in the context of industry 4.0	中国	福建农林大学	大学
43	228	Graphene-modified nanosized Ag_3PO_4 photocatalysts for enhanced visible-light photocatalytic activity and stability	中国	华中农业大学	大学
44	227	Waste biorefinery models towards sustainable circular bioeconomy: Critical review and future perspectives	印度	印度理工学院	科研机构
45	225	Insight into highly efficient simultaneous photocatalytic removal of Cr (VI) and 2,4-diclorophenol under visible light irradiation by phosphorus doped porous ultrathin g-C_3N_4 nanosheets from aqueous media: Performance and reaction mechanism	中国	湖南大学	大学
46	224	Rice husk - derived hierarchical silicon/nitrogen - doped carbon/carbon nanotube spheres as low-cost and high-capacity anodes for lithium-ion batteries	中国	华中农业大学	大学
46	224	Removal of arsenic by magnetic biochar prepared from pinewood and natural hematite	美国	佛罗里达大学	大学
48	222	Bioenergy and climate change mitigation: An assessment	德国	柏林工业大学	大学
49	216	ZnO tetrapod materials for functional applications	德国	德国基尔大学	大学
50	213	Sustainable intensification of agriculture for human prosperity and global sustainability	瑞典	斯德哥尔摩大学	大学
50	213	Bacterial community compositions of coking wastewater treatment plants in steel industry revealed by Illumina high-throughput sequencing	中国	大连理工大学	大学
52	212	Microbial degradation of petroleum hydrocarbons	印度	印度高级研究所	科研机构
52	212	A critical review of analytical methods in pretreatment of lignocelluloses: Composition, imaging, and crystallinity	瑞典	布洛斯大学院	大学
54	211	Batch and column sorption of arsenic onto iron-impregnated biochar synthesized through hydrolysis	美国	佛罗里达大学	大学

（续表）

序号	被引频次	论文题目	国家	机构	机构类型
55	205	Light-switchable oxygen vacancies in ultrafine Bi_5O_7Br nanotubes for boosting solar-driven nitrogen fixation in pure water	中国、日本	华中农业大学、天津大学、北海道大学	大学
55	205	Membrane materials for water purification：Design，development，and application	美国	美国能源部	政府
55	205	Biological nitrogen removal from sewage via anammox：Recent advances	中国	北京工业大学	大学
55	205	Biochar supported nanoscale zerovalent iron composite used as persulfate activator for removing trichloroethylene	中国	中国科学院	科研机构
59	204	A microfluidic ExoSearch chip for multiplexed exosome detection towards blood-based ovarian cancer diagnosis	美国	堪萨斯州立大学	大学
60	203	Enhanced photocatalytic H_2 evolution over noble-metal-free NiS cocatalyst modified CdS nanorods/g-C_3N_4 heterojunctions	中国	华南农业大学	大学
61	200	Green synthesis of metallic nanoparticles via biological entities	澳大利亚	莫道克大学	大学
61	200	Thermochemical conversion of microalgal biomass into biofuels：A review	中国	台湾成功大学	大学
63	197	Heat-activated persulfate oxidation of atrazine：Implications for remediation of groundwater contaminated by herbicides	中国	南京农业大学	大学
64	196	Progress in the preparation and application of modified biochar for improved contaminant removal from water and wastewater	澳大利亚	悉尼科技大学	大学
64	196	Environmental impact of dietary change：A systematic review	瑞典	隆德大学	大学
66	195	Degradation of chlorotriazine pesticides by sulfate radicals and the influence of organic matter	德国	杜伊斯堡·埃森大学	大学
67	194	Nano based drug delivery systems：Recent developments and future prospects	韩国	东国大学	大学
68	191	Removal of Pb（Ⅱ），Cu（Ⅱ），and Cd（Ⅱ）from aqueous solutions by biochar derived from $KMnO_4$ treated hickory wood	美国	佛罗里达大学	大学
69	190	Review of feedstock pretreatment strategies for improved anaerobic digestion：From lab-scale research to full-scale application	法国	法国农业科学院	科研机构
69	190	The potentials and challenges of algae based biofuels：A review of the techno-economic，life cycle，and resource assessment modeling	美国	犹他州立大学	大学

（续表）

序号	被引频次	论文题目	国家	机构	机构类型
71	187	Foliar heavy metal uptake, toxicity and detoxification in plants: A comparison of foliar and root metal uptake	法国	图卢兹大学	大学
71	187	A review of the use of engineered nanomaterials to suppress plant disease and enhance crop yield	美国	康涅狄格州农业试验站	科研机构
71	187	Removal of sulfamethoxazole and ciprofloxacin from aqueous solutions by graphene oxide	美国	佛罗里达大学	大学
71	187	Inkjet printing of upconversion nanoparticles for anti-counterfeit applications	中国	西安交通大学	大学
75	185	Atomic scale $g-C_3N_4/Bi_2WO_6$ 2D/2D heterojunction with enhanced photocatalytic degradation of ibuprofen under visible light irradiation	中国	湖南大学	大学
75	185	Biochar as potential sustainable precursors for activated carbon production: Multiple applications in environmental protection and energy storage	中国	湖南大学	大学
75	185	Hierarchical structured carbon derived from bagasse wastes: A simple and efficient synthesis route and its improved electrochemical properties for high-performance supercapacitors	中国	华南农业大学	大学
78	184	Review of sewage sludge management: Standards, regulations and analytical methods	波兰	格但斯克技术大学	大学
79	181	Cellulose Nanofibril/Reduced Graphene Oxide/Carbon Nanotube Hybrid Aerogels for Highly Flexible and All-Solid-State Supercapacitors	美国	威斯康星大学系统	大学
80	180	Recent advancements in supercapacitor technology	韩国、印度	世宗大学、贾姆布什瓦尔科技大学、汉阳大学	大学
80	180	Plant extract synthesized silver nanoparticles: An ongoing source of novel biocompatible materials	韩国	全北国立大学	大学
82	177	Modification of biochar derived from sawdust and its application in removal of tetracycline and copper from aqueous solution: Adsorption mechanism and modelling	中国	湖南农业大学	大学
82	177	Biodiesel fuels	美国	美国农业部	政府
82	177	One-step hydrothermal approach to fabricate carbon dots from apple juice for imaging of mycobacterium and fungal cells	印度	国家技术研究所	大学
85	176	100% clean and renewable wind, water, and sunlight all-sector energy roadmaps for 139 countries of the world	美国	斯坦福大学	大学

（续表）

序号	被引频次	论文题目	国家	机构	机构类型
85	176	Chlorin e6 conjugated poly（dopamine）nanospheres as PDT/PTT dual-modal therapeutic agents for enhanced cancer therapy	中国	福建医科大学	大学
87	175	Constructing multifunctional metallic Ni interface layers in the g-C_3N_4 nanosheets/amorphous NiS Heterojunctions for efficient photocatalytic H_2 generation	中国	华南农业大学	大学
88	174	Enhanced proliferation and osteogenic differentiation of mesenchymal stem cells on graphene oxide-incorporated electrospun poly（lactic-co-glycolic acid）nanofibrous mats	中国	中国科学院	科研机构
89	172	Power to Gas projects review：Lab，pilot and demo plants for storing renewable energy and CO_2	西班牙	巴利亚多利德大学	大学
90	171	Pyrolysis behaviors of four lignin polymers isolated from the same pine wood	中国	浙江大学	大学
91	170	Modelling with stakeholders-Next generation	印度	印度理工学院	大学
92	168	Adsorption behavior of glucosamine-based，pyrimidine-fused heterocycles as green corrosion inhibitors for mild steel：experimental and theoretical studies	印度	巴纳拉斯印度教大学	大学
93	167	Replacing antibodies with aptamers in lateral flow immunoassay	中国	中国农业科学院	科研机构
94	166	Nitrogen-doped porous carbon derived from biomass waste for high-performance supercapacitor	中国	西北师范大学	大学
95	165	Waterborne transmission of protozoan parasites：Review of worldwide outbreaks - An update 2011-2016	中国	青海大学	大学
96	162	Are agricultural soils dumps for microplastics of urban origin?	挪威、捷克	挪威水资源研究所、马萨利克大学	科研机构、大学
97	161	Towards a standardization of biomethane potential tests	瑞士	洛桑联邦理工学院	科研机构
97	161	Cellulose：A review as natural，modified and activated carbon adsorbent	印度	Gurukula Kangri Vishwavidyalaya	大学
99	160	Kinetic and mechanistic investigations of the degradation of sulfamethazine in heat-activated persulfate oxidation process	中国	南京农业大学	大学
99	160	Hydrodeoxygenation processes：Advances on catalytic transformations of biomass - derived platform chemicals into hydrocarbon fuels	印度	德里大学	大学
99	160	Production，separation and applications of phenolic-rich bio-oil-A review	韩国	首尔大学	大学

(3) 领域高产作者分析：中国高产作者数占据优势，华南农业大学是全球高产作者最多的机构

在农业工程 Top100 高产作者（共 105 位）中，中国有 70 位（1 家来自科研机构，其他全部来自大学），美国有 13 位（全部来自大学）。华南农业大学有 11 位，是全球高产作者最多的机构（表 2-43）。

表 2-43 农业工程 Top100 高产作者情况

序号	h 指数	姓名	国家	机构	机构类型
1	38	曾光明	中国	湖南大学	大学
2	29	张嘉修	中国	台湾成功大学	大学
3	28	Xing Baoshan	美国	马萨诸塞大学系统	大学
4	26	Guo Wenshan	澳大利亚	悉尼科技大学	大学
4	26	Gao Bin	美国	佛罗里达大学	大学
6	25	刘应亮	中国	华南农业大学	大学
7	24	王坤	中国	江苏大学	大学
7	24	李笃中	中国	台湾大学	大学
7	24	雷炳富	中国	华南农业大学	大学
10	23	彭永臻	中国	北京工业大学	大学
11	22	White Jason C.	美国	美国康涅狄格州农业实验站	大学
11	22	Tsang Daniel C. W.	中国	香港理工大学	大学
13	21	钱静	中国	江苏大学	大学
13	21	李峰	中国	青岛农业大学	大学
13	21	艾仕云	中国	山东农业大学	大学
13	21	Ruan Roger	美国	明尼苏达大学	大学
17	20	张增强	中国	西北农林科技大学	大学
17	20	Ngo Huu Hao	澳大利亚	悉尼科技大学	大学
17	20	Kim Ki-Hyun	韩国	汉阳大学	大学
20	19	赵越	中国	东北农业大学	大学
20	19	刘倩	中国	江苏大学	大学
20	19	季跃飞	中国	南京农业大学	大学
20	19	Zhang Yuanhui	美国	伊利诺伊大学系统	大学
20	19	Awasthi Mukesh Kumar	中国	西北农林科技大学	大学
25	18	郑明涛	中国	华南农业大学	大学
25	18	张浩然	中国	华南农业大学	大学
25	18	殷焕顺	中国	山东农业大学	大学
25	18	魏自民	中国	东北农业大学	大学
25	18	王娟	中国	西北农林科技大学	大学
25	18	汤琳	中国	湖南大学	大学
25	18	李国学	中国	中国农业大学	大学

（续表）

序号	h 指数	姓名	国家	机构	机构类型
25	18	韩鹤友	中国	华中农业大学	大学
25	18	程军	中国	浙江大学	大学
25	18	Ok Yong Sik	韩国	江原大学	大学
25	18	Lu Junhe	中国	南京农业大学	大学
25	18	Li Yebo	美国	俄亥俄州立大学	大学
25	18	Hai Faisal I.	澳大利亚	伍伦贡大学	大学
25	18	Chen Paul	美国	明尼苏达大学	大学
39	17	周耀渝	中国	湖南农业大学	大学
39	17	周俊虎	中国	浙江大学	大学
39	17	刘玉环	中国	南昌大学	大学
39	17	郝楠	中国	江苏大学	大学
39	17	董仁杰	中国	中国农业大学	大学
39	17	岑可法	中国	浙江大学	大学
39	17	Mohan S. Venkata	印度	印度化学技术研究院	科研机构
39	17	Li Yu-You	日本	东北大学	大学
39	17	Banu J. Rajesh	印度	安那大学	大学
48	16	张全国	中国	河南农业大学	大学
48	16	袁兴中	中国	湖南大学	大学
48	16	王淑莹	中国	北京工业大学	大学
48	16	孙润仓	中国	北京林业大学	大学
48	16	任秀娜	中国	西北农林科技大学	大学
48	16	毛罕平	中国	江苏大学	大学
48	16	李欣	中国	华南农业大学	大学
48	16	李荣华	中国	西北农林科技大学	大学
48	16	董汉武	中国	华南农业大学	大学
48	16	Price William E.	澳大利亚	伍伦贡大学	大学
48	16	Pandey Ashok	印度	印度科技部生物技术局	科研机构
48	16	Nghiem Long D.	澳大利亚	伍伦贡大学	大学
48	16	Kavitha S.	印度	安那大学	大学
48	16	Huu Hao Ngo	澳大利亚	悉尼科技大学	大学
48	16	Ge Xumeng	美国	俄亥俄州立大学	大学
48	16	Angelidaki Irini	丹麦	丹麦技术大学	大学
64	15	周云雷	中国	山东农业大学	大学
64	15	钟新华	中国	华南农业大学	大学
64	15	张建	中国	山东大学	大学
64	15	杨麒	中国	湖南大学	大学
64	15	杨海平	中国	华中科技大学	大学
64	15	王侯	中国	湖南大学	大学
64	15	谭天伟	中国	北京化工大学	大学

（续表）

序号	h 指数	姓名	国家	机构	机构类型
64	15	刘志丹	中国	中国农业大学	大学
64	15	胡建军	中国	河南农业大学	大学
64	15	韩洪军	中国	哈尔滨工业大学	大学
64	15	方岳平	中国	华南农业大学	大学
64	15	Wu Qinglin	美国	路易斯安那州立大学	大学
64	15	Pant Deepak	比利时	法兰德斯技术研究院	科研机构
64	15	Li Hui	中国	华南理工大学	大学
64	15	Khanal Samir Kumar	美国	夏威夷大学	大学
64	15	Esposito Giovanni	意大利	卡西诺大学	大学
64	15	Chen Hanping	中国	华中科技大学	大学
81	14	庄建乐	中国	华南农业大学	大学
81	14	周智	中国	湖南农业大学	大学
81	14	张声森	中国	华南农业大学	大学
81	14	勇强	中国	南京林业大学	大学
81	14	谢君	中国	华南农业大学	大学
81	14	魏源送	中国	中国科学院	科研机构
81	14	王允圃	中国	南昌大学	大学
81	14	王冬波	中国	湖南大学	大学
81	14	任南琪	中国	哈尔滨工业大学	大学
81	14	刘荣厚	中国	上海交通大学	大学
81	14	刘广青	中国	北京化工大学	大学
81	14	李虎	中国	贵州大学	大学
81	14	黄焕忠	中国	香港浸会大学	大学
81	14	韩鲁佳	中国	中国农业大学	大学
81	14	陈浩	中国	华中农业大学	大学
81	14	蔡的	中国	北京化工大学	大学
81	14	Taherzadeh Mohammad J.	瑞典	布洛斯大学院	大学
81	14	Maggi Filippo	意大利	卡梅里诺大学	大学
81	14	Lei Hanwu	美国	华盛顿州立大学	大学
81	14	Gu Zhengrong	美国	南达科他州立大学	大学
81	14	Bhaskar Thallada	印度	印度科学与工业研究理事会	科研机构
81	14	Benelli Giovanni	意大利	比萨大学	大学
81	14	Bacenetti Jacopo	意大利	米兰大学	大学
81	14	Adhikari Sushil	美国	奥本大学	大学
81	14	秦培勇	中国	北京化工大学	大学

（4）领域国际合作分析：中国和美国在国际合作中占据绝对优势

2015—2019 年，22 国第一作者和通讯作者国际合作发文量直接加和为 13394 篇。中国排名第一，为 4507 篇，占比 33.65%。中国和美国的国际合作发文量均在千篇以上，其他国家与中美两国差距悬殊（图 2-30）。

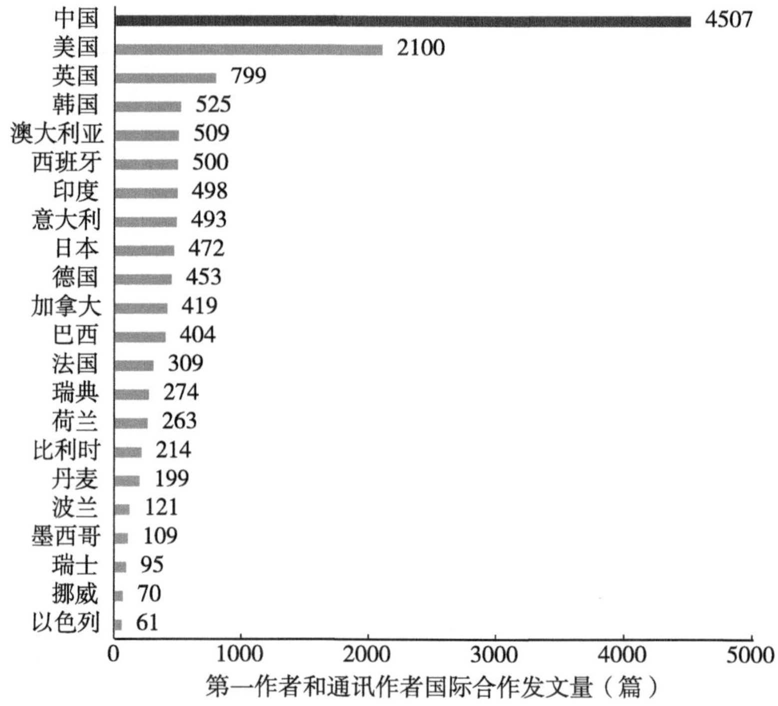

图 2-30　2015—2019 年农业工程第一作者和通讯作者国际合作发文量

2.2.14　分析化学与应用化学

（1）领域科技论文竞争力指数分析：中国科技论文竞争力全球第一，且 CNCI 指标排名第二

中国竞争力分数遥遥领先，美国排名第二，竞争力得分大于 4。中国 CNCI 值为 1.49，全球排名第二，是中国 CNCI 指标排名最高的学科领域。此外，该领域中国的发文量和高被引论文量全球排名均第一位。美国 CNCI 指标全球排名第五位，与其发文量和高被引论文量的全球排名相比略低。意大利、澳大利亚、挪威、加拿大、英国、西班牙、韩国、荷兰 8 个国家竞争力得分为 2~4。其中，澳大利亚、挪威和荷兰 3 个国家的 CNCI 指标排名靠前，但是其发文量和高被引论文量两个指标排名靠后。巴西、法国、比利时、瑞士、丹麦、德国、印度、瑞典、波兰、以色列、日本、墨西哥 12 个国家竞争力得分小于 2。其中，日本的发文量全球第三，但是其 CNCI 和高被引论文量两个指标排名较为靠后，因此导致其综合指标排名靠后（表 2-44）。

从发文量指标来看，22 个国家发文量直接加和为 31661 篇。中国发表 12773 篇，排名第一，占总发文量的 40.34%，是排名第二的美国发文量的 3 倍多。美国发表 4043 篇，排名第二，占总发文量的 12.77%。

从 CNCI 指标来看，挪威、中国、澳大利亚三国排名前三且分数接近。分数高于全球平均水平的国家有 19 个。从高被引论文量来看，中国遥遥领先，高被引论文量是排名第二的美国的 4 倍。

表 2-44 2015—2019 年国家分析化学与应用化学科技论文竞争力指数

国家	国家科技论文竞争力（一级指标）		发文量（二级指标）			CNCI（二级指标）			高被引论文量（二级指标）		
	得分	排名	数量（篇）	得分	排名	数值	得分	排名	数量（篇）	得分	排名
中国	10.00	1	12773	10.00	1	1.49	9.45	2	224	10.00	1
美国	4.80	2	4043	3.17	2	1.33	8.46	5	56	2.50	2
意大利	3.55	3	1555	1.22	5	1.27	8.08	8	26	1.16	3
澳大利亚	3.54	4	883	0.69	11	1.46	9.29	3	10	0.45	9
挪威	3.45	5	87	0.07	22	1.57	10.00	1	2	0.09	16
加拿大	3.43	6	1003	0.79	8	1.31	8.33	6	22	0.98	4
英国	3.29	7	1062	0.83	7	1.31	8.33	7	12	0.54	8
西班牙	3.17	8	1278	1.00	6	1.22	7.77	9	13	0.58	7
韩国	3.13	9	1589	1.24	4	1.15	7.30	14	15	0.67	5
荷兰	3.02	10	206	0.16	18	1.36	8.65	4	2	0.09	16
巴西	2.74	11	984	0.77	9	1.08	6.84	17	10	0.45	9
法国	2.73	12	463	0.36	13	1.17	7.47	12	5	0.22	11
比利时	2.67	13	357	0.28	15	1.16	7.35	13	5	0.22	11
瑞士	2.66	14	123	0.10	21	1.21	7.70	10	1	0.04	19
丹麦	2.65	15	171	0.13	19	1.21	7.67	11	0	0.00	20
德国	2.63	16	631	0.49	12	1.11	7.07	16	4	0.18	13
印度	2.62	17	967	0.76	10	0.99	6.30	20	15	0.67	5
瑞典	2.47	18	239	0.19	16	1.12	7.10	15	0	0.00	20
波兰	2.46	19	432	0.34	14	1.07	6.83	18	2	0.09	16
以色列	2.26	20	126	0.10	20	1.03	6.55	19	0	0.00	20
日本	2.20	21	2457	1.92	3	0.69	4.41	22	3	0.13	14
墨西哥	1.89	22	232	0.18	17	0.83	5.26	21	3	0.13	14

（2）领域高质量论文分析：中国高质量论文数全球第一，华南农业大学是全球高质

量论文最多的机构

在分析化学与应用化学 Top100 高质量论文中（共 101 篇），有 89 篇来自大学，占比 88.12%，10 篇来自科研机构，1 篇来自政府部门，1 篇来自企业。中国发表 43 篇文章，排名第一。其中，大学发表论文 36 篇，科研机构发表论文 7 篇。美国发表 21 篇，排名第二，其论文全部由大学发表。从发文机构来看，华南农业大学拥有 9 篇，是全球发表 Top100 高质量论文最多的机构。美国的马萨诸塞大学系统发文 8 篇，Top100 高质量论文位列全球机构第二。中国农业科学院有 3 篇（表 2-45）。

这些高质量论文涉及分析化学与应用化学多方面研究，包括但不限于石墨烯与纳米材料光催化等研究方向。

表 2-45　分析化学与应用化学 Top100 高质量论文情况

序号	被引频次	论文题目	国家	机构	机构类型
1	907	A review on g-C_3N_4-based photocatalysts	中国、美国	华南农业大学、密苏里大学	大学
2	526	CdS/Graphene nanocomposite photocatalysts	中国	武汉理工大学	大学
3	457	A lightweight TiO_2/Graphene interlayer, applied as a highly effective polysulfide absorbent for fast, long-life lithium-sulfur batteries	中国	温州大学	大学
4	355	Supercapacitors Performance Evaluation	美国	加利福尼亚大学系统	大学
5	335	Graphene in Photocatalysis: A Review	中国	武汉理工大学	大学
6	284	Photocatalysis fundamentals and surface modification of TiO_2 nanomaterials	中国	华南农业大学	大学
7	256	A self-quenching-resistant carbon-dot powder with tunable solid-state fluorescence and construction of dual-fluorescence morphologies for white light-emission	中国	华南农业大学	大学
8	249	Novel mussel-inspired injectable self-healing hydrogel with anti-biofouling property	加拿大	阿尔伯塔大学	大学
9	234	Graphitized carbon fibers as multifunctional 3D current collectors for high areal capacity li anodes	中国	中国科学院	科研机构
10	224	Rice husk-derived hierarchical silicon/nitrogen-doped carbon/carbon nanotube spheres as low-cost and high-capacity anodes for lithiumion batteries	中国	华中农业大学	大学
11	205	Light-switchable oxygen vacancies in ultrafine Bi_5O_7Br nanotubes for boosting solar-driven nitrogen fixation in pure water	中国、日本	华中农业大学、天津大学、北海道大学	大学

（续表）

序号	被引频次	论文题目	国家	机构	机构类型
12	204	A microfluidic ExoSearch chip for multiplexed exosome detection towards blood-based ovarian cancer diagnosis	美国	堪萨斯州立大学	大学
13	199	Label-free and enzyme-free homogeneous electrochemical biosensing strategy based on hybridization chain reaction：A facile，sensitive，and highly specific microrna assay	中国	青岛农业大学	大学
14	192	Constructing 2D layered hybrid CdS nanosheets/ MoS_2 heterojunctions for enhanced visible-light photocatalytic H-2 generation	中国	华南农业大学	大学
15	187	Inkjet printing of upconversion nanoparticles for anti-counterfeit applications	中国	西安交通大学	大学
16	180	Recent advancements in supercapacitor technology	韩国、印度	世宗大学、贾姆布什瓦尔科技大学、汉阳大学	大学
17	177	One - step hydrothermal approach to fabricate carbon dots from apple juice for imaging of mycobacterium and fungal cells	印度	国家技术研究所	大学
18	169	Optimization of microwave-assisted extraction of polyphenols from *Myrtus communis* L. leaves	美国	缅因大学	大学
19	167	Replacing antibodies with aptamers in lateral flow immunoassay	中国	中国农业科学院	科研机构
20	165	Advances in characterisation and biological activities of chitosan and chitosan oligosaccharides	中国	中国农业科学院	科研机构
21	161	Chitosan films and blends for packaging material	荷兰	瓦赫宁根大学	大学
22	159	Enhanced visible light photocatalytic H_2 production over Z-scheme g-C_3N_4 nansheets/WO_3 nanorods nanocomposites loaded with Ni（OH）（x） cocatalysts	中国	华南农业大学	大学
23	158	Highly enhanced photocatalytic degradation of methylene blue over the indirect all-solid-state Z-scheme g-C_3N_4-RGO-TiO_2 nanoheterojunctions	中国	华南农业大学	大学
24	157	Graphene-based heterojunction photocatalysts	中国	华南农业大学	大学
24	157	Phenolic profiles of 20 Canadian lentil cultivars and their contribution to antioxidant activity and inhibitory effects on alpha-glucosidase and pancreatic lipase	中国	南昌大学	大学
26	151	Formation of vitamin D nanoemulsion-based delivery systems by spontaneous emulsification：Factors affecting particle size and stability	美国	马萨诸塞大学系统	大学
27	150	Pharmaceuticals in the environment：Biodegradation and effects on natural microbial communities. A review	意大利	意大利国家研究委员会	科研机构

（续表）

序号	被引频次	论文题目	国家	机构	机构类型
28	148	A hierarchically ordered array of silver-nanorod bundles for surface-enhanced raman scattering detection of phenolic pollutants	中国	中国科学院	科研机构
28	148	Chitosan nanoparticle based delivery systems for sustainable agriculture	印度	印度农业研究理事会	政府
30	144	Preparation, characterization, and antimicrobial activity of gelatin/ZnO nanocomposite films	韩国	国立木浦大学	大学
31	142	Inulin, a flexible oligosaccharide I: Review of its physicochemical characteristics	荷兰	格罗宁根大学	大学
32	141	Low-temperature solid-state preparation of ternary CdS/g-C_3N_4/CuS nanocomposites for enhanced visible-light photocatalytic H_2-production activity	中国	华中农业大学	大学
33	136	Inulin: Properties, health benefits and food applications	中国	江南大学	大学
34	135	Nutritional composition of black soldier fly (*Hermetia illucens*) prepupae reared on different organic waste substrates	比利时	根特大学	大学
35	134	Food authentication: Techniques, trends & emerging approaches	希腊	雅典农业大学	大学
35	134	Nanoencapsulation, nano-guard for pesticides: A New window for safe application	澳大利亚	纽卡斯尔大学	大学
35	134	Pomegranate peel and peel extracts: Chemistry and food features	巴基斯坦	巴哈丁扎卡里亚大学	大学
38	132	Enhanced visible-light H_2 evolution of g-C_3N_4 photocatalysts via the synergetic effect of amorphous NiS and cheap metal-free carbon black nanoparticles as co-catalysts	中国	华南农业大学	大学
38	132	One-pot synthesis of magnetite nanorods/graphene composites and its catalytic activity toward electrochemical detection of dopamine	韩国	全北国立大学	大学
40	131	Review of surface enhanced Raman spectroscopic (SERS) detection of synthetic chemical pesticides	美国	马萨诸塞大学系统	大学
41	129	Metal-organic framework-derived nitrogen-doped highly disordered carbon for electrochemical ammonia synthesis using N_2 and H_2O in alkaline electrolytes	美国	纽约州立大学、匹兹堡大学	大学
42	128	A plate-on-plate sandwiched Z-scheme heterojunction photocatalyst: BiOBr-Bi_2MoO_6 with enhanced photocatalytic performance	中国	华中农业大学	大学
42	128	Paper-based chemical and biological sensors: Engineering aspects	美国	明尼苏达大学	大学

（续表）

序号	被引频次	论文题目	国家	机构	机构类型
44	126	A simple and sensitive fluorescent sensor for methyl parathion based on L-tyrosine methyl ester functionalized carbon dots	中国	山东农业大学	大学
44	126	Phytase in non-ruminant animal nutrition: A critical review on phytase activities in the gastrointestinal tract and influencing factors	英国	杜邦工业生物科学公司	企业
46	123	Resistant starch in food: A review	印度	印度农业研究理事会	科研机构
47	122	Optical biosensors based on ZnO nanostructures: Advantages and perspectives. A review	乌克兰	敖德萨国立大学	大学
47	122	Formation and stabilization of nanoemulsion-based vitamin E delivery systems using natural biopolymers: Whey protein isolate and gum arabic	美国	马萨诸塞大学系统	大学
49	120	The importance of amylose and amylopectin fine structure for textural properties of cooked rice grains	澳大利亚	昆士兰大学	大学
49	120	Homogeneous electrochemical strategy for human telomerase activity assay at single-cell level based on T7 exonuclease-aided target recycling amplification	中国	青岛农业大学	大学
51	118	Chemometric methods in data processing of mass spectrometry-based metabolomics: A review	中国	昆明理工大学	大学
52	117	Comparison of random forest, k-nearest neighbor, and support vector machine classifiers for land cover classification using sentinel-2 imagery	德国、越南	哥廷根大学、越南国立农业大学	大学
52	117	Optimization of ultrasound-assisted extraction of phenolic compounds and anthocyanins from blueberry (*Vaccinium ashei*) wine pomace	中国	安徽农业大学	大学
52	117	Ultrasensitive microfluidic analysis of circulating exosomes using a nanostructured graphene oxide/polydopamine coating	美国	堪萨斯大学	大学
52	117	Microfluidics integrated biosensors: A Leading technology towards lab-on-a-chip and sensing applications	加拿大	不列颠哥伦比亚大学	大学
52	117	Nutraceutical delivery systems: Resveratrol encapsulation in grape seed oil nanoemulsions formed by spontaneous emulsification	美国	马萨诸塞大学系统	大学
52	117	A review: Using nanoparticles to enhance absorption and bioavailability of phenolic phytochemicals	美国	佛罗里达大学	大学

（续表）

序号	被引频次	论文题目	国家	机构	机构类型
58	116	Recent advancements in sensing techniques based on functional materials for organophosphate pesticides	韩国	汉阳大学	大学
58	116	One-step synthesis of single-layer MnO_2 nanosheets with multi-role sodium dodecyl sulfate for high-performance pseudocapacitors	中国	吉林大学	大学
60	115	Infrared spectroscopy as a tool to characterise starch ordered structure-a joint FTIR-ATR, NMR, XRD and DSC study	澳大利亚	昆士兰大学	大学
61	114	In situ one-pot fabrication of g-C_3N_4 nanosheets/NiS cocatalyst heterojunction with intimate interfaces for efficient visible light photocatalytic H_2 generation	中国	华南农业大学	大学
61	114	A robust deep-learning-based detector for real-time tomato plant diseases and pests recognition	韩国	全北国立大学	大学
61	114	Chlorogenic acid-mediated gel formation of oxidatively stressed myofibrillar protein	美国	肯塔基大学	大学
61	114	Enhanced efficiency fertilisers：A review of formulation and nutrient release patterns	澳大利亚	皇家墨尔本理工大学	大学
65	113	Worldwide occurrence of mycotoxins in cereals and cereal-derived food products：Public health perspectives of their co-occurrence	美国	爱达荷州立大学	大学
65	113	Influence of emulsifier type on gastrointestinal fate of oil-in-water emulsions containing anionic dietary fiber（pectin）	美国	马萨诸塞大学系统	大学
67	112	Characterisation of phenolics, betanins and antioxidant activities in seeds of three *Chenopodium quinoa* Willd. genotypes	中国	天津科技大学	大学
68	111	A visual application of gold nanoparticles：Simple, reliable and sensitive detection of kanamycin based on hydrogen-bonding recognition	中国	湖南大学	大学
68	111	Preparation of nanocellulose from micro-crystalline cellulose：The effect on the performance and properties of agar-based composite films	韩国	国立木浦大学	大学
70	109	Non-destructive prediction of thiobarbituric acid reactive substances（TSARS） value for freshness evaluation of chicken meat using hyperspectral imaging	中国	华南理工大学	大学
70	109	Effects of light quality on the accumulation of phytochemicals in vegetables produced in controlled environments：A review	中国	中国农业科学院	科研机构

（续表）

序号	被引频次	论文题目	国家	机构	机构类型
70	109	NMR spectroscopy for metabolomics and metabolic profiling	美国	加利福尼亚大学系统	大学
73	108	Edible films and coatings in seafood preservation: A review	伊朗	德黑兰大学	大学
73	108	Anti-inflammatory effect of chlorogenic acid on the IL-8 production in Caco-2 cells and the dextran sulphate sodium-induced colitis symptoms in C57BL/6 mice	日本	东京大学、前桥工科大学	大学
75	107	Lignocellulose: A sustainable material to produce value-added products with a zero waste approach-A review	墨西哥	蒙特雷理工学院	大学
76	106	Carbon quantum dots as fluorescence resonance energy transfer sensors for organophosphate pesticides determination	美国	华盛顿州立大学	大学
77	105	Physical and chemical stability of curcumin in aqueous solutions and emulsions: Impact of pH, temperature, and molecular environment	美国、沙特阿拉伯	马萨诸塞大学系统、阿卜杜勒阿齐兹国王大学	大学
78	104	Comparison of different drying methods on Chinese ginger (*Zingiber officinale* Roscoe): Changes in volatiles, chemical profile, antioxidant properties, and microstructure	中国	广东省农业科学院	科研机构
79	103	p-Coumaric acid and its conjugates: dietary sources, pharmacokinetic properties and biological activities	中国	暨南大学	大学
79	103	Nanoemulsion delivery systems for oil-soluble vitamins: Influence of carrier oil type on lipid digestion and vitamin D-3 bioaccessibility	美国	马萨诸塞大学系统	大学
79	103	Amino acid mediated synthesis of silver nanoparticles and preparation of antimicrobial agar/silver nanoparticles composite films	韩国	国立木浦大学	大学
79	103	Rapid detection of frozen pork quality without thawing by Vis-NIR hyperspectral imaging technique	爱尔兰	爱尔兰国立大学	大学
79	103	Preparation, characterization, and antimicrobial activity of chitin nanofibrils reinforced carrageenan nanocomposite films	韩国	国立木浦大学	大学
84	102	Electronic-nose applications for fruit identification, ripeness and quality grading	意大利	米兰大学	大学
84	102	Ynamides: Powerful and versatile reagents for chemical synthesis	比利时	布鲁塞尔自由大学	大学
86	101	An enhanced electrochemical platform based on graphene oxide and multi-walled carbon nanotubes nanocomposite for sensitive determination of Sunset Yellow and Tartrazine	中国	江西农业大学	大学

（续表）

序号	被引频次	论文题目	国家	机构	机构类型
86	101	An ultrasensitive electrochemical DNA biosensor based on graphene/Au nanorod/polythionine for human papillomavirus DNA detection	中国	陕西省环境科学研究院	科研机构
86	101	Ordered network of interconnected SnO_2 nanoparticles for excellent lithium-ion storage	美国	普渡大学	大学
89	100	Improving the integrity of natural biopolymer films used in food packaging by crosslinking approach：A review	伊朗	德黑兰大学	大学
89	100	Analysis and characterisation of phytochemicals in mulberry（*Morus alba* L.）fruits grown in Vojvodina，North Serbia	塞尔维亚	贝尔格莱德大学	大学
91	99	Preparation and characterization of chitosan film incorporated with thinned young apple polyphenols as an active packaging material	中国、澳大利亚	陕西师范大学、昆士兰大学	大学
91	99	A quasi-solid-state sodium-ion capacitor with high energy density	中国	南京工业大学	大学
93	98	Combining the genetic algorithm and successive projection algorithm for the selection of feature wavelengths to evaluate exudative characteristics in frozen-thawed fish muscle	爱尔兰	爱尔兰国立大学	大学
93	98	Optimisation of ultrasonic-assisted extraction of phenolic compounds，antioxidants，and anthocyanins from sugar beet molasses	中国	华南理工大学	大学
93	98	Application of inulin in cheese as prebiotic，fat replacer and texturizer：A review	伊朗	阿扎德大学	大学
96	97	Guar gum as a promising starting material for diverse applications：A review	印度	印度农业研究理事会	科研机构
97	96	Effects of different drying methods on the product quality and volatile compounds of whole shiitake mushrooms	中国	福建农林大学	大学
97	96	Physicochemical properties of starches from diverse rice cultivars varying in apparent amylose content and gelatinisation temperature combinations	中国	浙江大学	大学
99	95	Intelligent pH indicator film composed of agar/potato starch and anthocyanin extracts from purple sweet potato	韩国	韩国大学	大学
99	95	Fluorescence quenching study of resveratrol binding to zein and gliadin：Towards a more rational approach to resveratrol encapsulation using water-insoluble proteins	美国	马萨诸塞大学系统	大学

（续表）

序号	被引频次	论文题目	国家	机构	机构类型
99	95	Activation of RAW264.7 macrophages by the polysaccharide from the roots of *Actinidia eriantha* and its molecular mechanisms	中国	浙江大学	大学

（3）领域高产作者分析：中国高产作者数最多，中国农业大学是全球高产作者最多的机构

在分析化学与应用化学 Top100 高产作者（共 137 位）中，118 位来自大学，15 位来自科研机构，4 位来自政府部门。中国拥有 105 位（90 位来自大学，15 位来自科研机构）。美国有 9 位，全部来自大学。中国农业大学有 29 位，是全球拥有高产作者最多的机构。中国农业科学院有 14 位，排名第二（表 2-46）。

表 2-46　分析化学与应用化学 Top100 高产作者情况

序号	h 指数	姓名	国家	机构	机构类型
1	34	McClements David Julian	美国	马萨诸塞大学系统	大学
2	27	李峰	中国	青岛农业大学	大学
3	26	王坤	中国	江苏大学	大学
4	23	艾仕云	中国	山东农业大学	大学
5	22	钱静	中国	江苏大学	大学
5	22	刘倩	中国	江苏大学	大学
5	22	高彦祥	中国	中国农业大学	大学
8	19	殷焕顺	中国	山东农业大学	大学
8	19	熊柳	中国	青岛农业大学	大学
8	19	侯婷	中国	青岛农业大学	大学
8	19	曾晓雄	中国	南京农业大学	大学
12	18	孙庆杰	中国	青岛农业大学	大学
12	18	郝楠	中国	江苏大学	大学
12	18	Gidley Michael J.	澳大利亚	昆士兰大学	大学
12	18	Cui Steve W.	加拿大	加拿大农业与农业食品部	政府
16	17	周云雷	中国	山东农业大学	大学
16	17	王志	中国	河北农业大学	大学

（续表）

序号	h 指数	姓名	国家	机构	机构类型
16	17	王春	中国	河北农业大学	大学
16	17	蒲洪彬	中国	华南理工大学	大学
16	17	李鑫	中国	华南农业大学	大学
16	17	李斌	中国	华中农业大学	大学
16	17	郭红超	中国	中国农业大学	大学
16	17	Li Yanbin	美国	费耶特维尔	大学
16	17	Gilbert Robert G.	澳大利亚	昆士兰大学	大学
25	16	孙翠霞	中国	中国农业大学	大学
25	16	毛罕平	中国	江苏大学	大学
25	16	李培武	中国	中国农业科学院	科研机构
25	16	韩鹤友	中国	华中农业大学	大学
25	16	高海翔	中国	中国农业大学	大学
30	15	张建军	中国	山东农业大学	大学
30	15	宋宝安	中国	贵州大学	大学
30	15	鲁润华	中国	中国农业大学	大学
30	15	李曼	中国	青岛农业大学	大学
30	15	贾乐	中国	山东农业大学	大学
30	15	Xiao Hang	美国	马萨诸塞大学系统	大学
36	14	周文峰	中国	中国农业大学	大学
36	14	郑永权	中国	中国农业科学院	科研机构
36	14	张奇	中国	中国农业科学院	科研机构
36	14	吴秋华	中国	河北农业大学	大学
36	14	吴蕾	中国	南京农业大学	大学
36	14	潘灿平	中国	中国农业大学	大学
36	14	刘夫国	中国	中国农业大学	大学
36	14	胡德禹	中国	贵州大学	大学
36	14	董丰收	中国	中国农业科学院	科研机构
36	14	代蕾	中国	中国农业大学	大学
46	13	邹楠	中国	中国农业大学	大学
46	13	周光宏	中国	南京农业大学	大学
46	13	郑宝东	中国	福建农林大学	大学

（续表）

序号	h 指数	姓名	国家	机构	机构类型
46	13	张三兵	中国	中国农业大学	大学
46	13	杨松	中国	贵州大学	大学
46	13	徐军	中国	中国农业科学院	科研机构
46	13	王占辉	中国	中国农业大学	大学
46	13	王静	中国	中国农业科学院	科研机构
46	13	沈建忠	中国	中国农业大学	大学
46	13	刘新刚	中国	中国农业科学院	科研机构
46	13	林河通	中国	福建农林大学	大学
46	13	李靖	中国	华中农业大学	大学
46	13	胡元亮	中国	南京农业大学	大学
46	13	杜晓娇	中国	江苏大学	大学
46	13	陈艺辉	中国	福建农林大学	大学
46	13	Romero-Gonzalez Roberto	西班牙	阿尔梅里亚大学	大学
46	13	Rhim Jong-Whan	韩国	国立木浦大学	大学
63	12	张素霞	中国	中国农业大学	大学
63	12	袁春浩	中国	中国农业大学	大学
63	12	薛伟	中国	贵州大学	大学
63	12	徐景坤	中国	江西科技师范大学	大学
63	12	谢君	中国	华南农业大学	大学
63	12	肖玉梅	中国	中国农业大学	大学
63	12	王硕	中国	天津科技大学	大学
63	12	王慧	中国	福建农林大学	大学
63	12	王德云	中国	南京农业大学	大学
63	12	宛晓春	中国	安徽农业大学	大学
63	12	佘永新	中国	中国农业科学院	科研机构
63	12	庞杰	中国	福建农林大学	大学
63	12	林艺芬	中国	福建农林大学	大学
63	12	李彦	中国	华中农业大学	大学
63	12	金茂俊	中国	中国农业科学院	科研机构
63	12	金芬	中国	中国农业科学院	科研机构

（续表）

序号	h 指数	姓名	国家	机构	机构类型
63	12	蒋丁	中国	江苏大学	大学
63	12	江海洋	中国	中国农业大学	大学
63	12	江波	中国	江南大学	大学
63	12	胡冰	中国	南京农业大学	大学
63	12	韩永涛	中国	中国农业大学	大学
63	12	陈浩	中国	华中农业大学	大学
63	12	包劲松	中国	浙江大学	大学
63	12	Zhang Zipei	美国	马萨诸塞大学系统	大学
63	12	Tsao Rong	加拿大	加拿大农业与农业食品部	政府
63	12	Shin Jongheon	韩国	首尔大学	大学
63	12	Shim Jae-Han	韩国	韩国全南大学	大学
63	12	Shi John	加拿大	加拿大农业与农业食品部	政府
63	12	Shahidi Fereidoon	加拿大	纽芬兰纪念大学	大学
63	12	Oh Ki-bong	韩国	首尔大学	大学
63	12	Oh Dong-Chan	韩国	首尔大学	大学
63	12	Kim Ki-Hyun	韩国	汉阳大学	大学
63	12	Khan Ikhlas A.	美国	密西西比大学	大学
63	12	He Lili	美国	马萨诸塞大学系统	大学
97	11	邹平	中国	四川农业大学	大学
97	11	张文	中国	中国农业科学院	科研机构
97	11	张迪	中国	河南省农业科学院	科研机构
97	11	袁宗辉	中国	华中农业大学	大学
97	11	袁芳	中国	中国农业大学	大学
97	11	殷丽君	中国	中国农业大学	大学
97	11	杨晓玲	中国	中国农业大学	大学
97	11	许文涛	中国	中国农业大学	大学
97	11	文阳平	中国	江西农业大学	大学
97	11	温凯	中国	中国农业大学	大学
97	11	王珊珊	中国	中国农业科学院	科研机构
97	11	王培龙	中国	中国农业科学院	科研机构
97	11	王鸣华	中国	南京农业大学	大学

（续表）

序号	h 指数	姓名	国家	机构	机构类型
97	11	潘思轶	中国	华中农业大学	大学
97	11	聂少平	中国	南昌大学	大学
97	11	毛立科	中国	中国农业大学	大学
97	11	罗云波	中国	中国农业大学	大学
97	11	罗永康	中国	中国农业大学	大学
97	11	卢丽敏	中国	江西农业大学	大学
97	11	刘应亮	中国	华南农业大学	大学
97	11	刘英菊	中国	华南农业大学	大学
97	11	刘家国	中国	南京农业大学	大学
97	11	刘洪蕾	中国	中国农业大学	大学
97	11	雷红涛	中国	华南农业大学	大学
97	11	雷炳富	中国	华南农业大学	大学
97	11	黄凤洪	中国	中国农业科学院	科研机构
97	11	Zhou Leijie	中国	中国农业大学	大学
97	11	Zhang Ruojie	美国	马萨诸塞大学系统	大学
97	11	Xie Fengwei	澳大利亚	昆士兰大学	大学
97	11	Wang QI	加拿大	加拿大农业与农业食品部	政府
97	11	Supuran Claudiu T.	意大利	佛罗伦萨大学	大学
97	11	Shin Ho-Chul	韩国	建国大学	大学
97	11	Saito Akio	日本	东京农工大学	大学
97	11	Rocha Fabio R. P.	巴西	圣保罗大学	大学
97	11	Qin Yuhong	中国	中国农业大学	大学
97	11	Huang Qingrong	美国	罗格斯大学	大学
97	11	Ho Chi-Tang	美国	罗格斯大学	大学
97	11	Garrido Frenich Antonia	西班牙	阿尔梅里亚大学	大学
97	11	Dhital Sushil	澳大利亚	昆士兰大学	大学
97	11	Cho Byoung-Kwan	韩国	忠南国立大学	大学
97	11	Bhandari Bhesh	澳大利亚	昆士兰大学	大学

（4）领域国际合作分析：中国和美国的第一作者与通讯作者国际合作论文量最多2015—2019 年，22 国第一作者和通讯作者国际合作发文量直接加和为 8523 篇。中国

排名第一，为2798篇，占比32.83%，是排名第二的美国的2倍多。中国和美国论文量占22国总量的48.38%，支撑起本领域一半的国际合作研究（图2-31）。

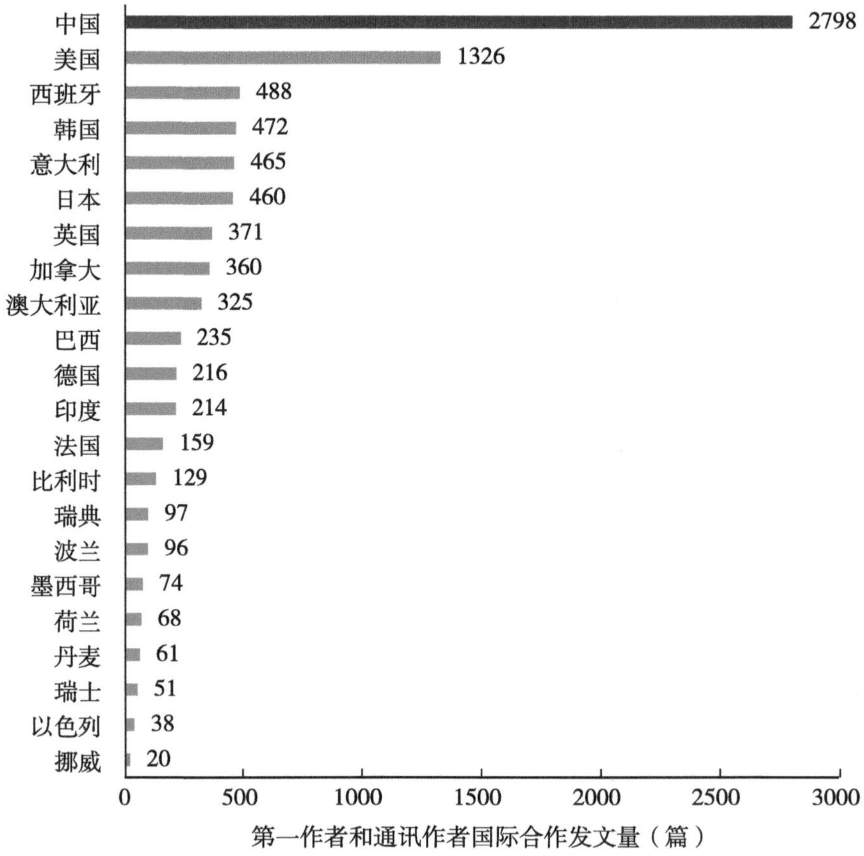

图2-31　2015—2019年分析化学与应用化学第一作者和通讯作者国际合作发文量

2.2.15　农业交叉学科

（1）领域科技论文竞争力指数分析：中国科技论文竞争力全球第一，中国、英国和美国竞争力得分接近

中国、英国和美国跻身前三名且分数接近，竞争力得分大于9。中国发文量较多，全球第一，且发文量远高于发文量排名第二的美国。但中国CNCI指标较低，仅居第十七位。英国发文量、CNCI和高被引论文量3个指标上发展较为均衡。德国、瑞士、法国、荷兰、澳大利亚、瑞典、挪威、加拿大、丹麦、意大利、比利时、西班牙、以色列、日本、巴西15个国家竞争力得分为3~6。其中，巴西发文量较高，全球第三，但其CNCI和高被引论文量指标排名靠后。波兰、印度、墨西哥、韩国4个国家竞争力得分小于3，其中，印度的发文量排名全球第五，但是其CNCI和高被引论文量指标排名均靠后（表

2-47）。

从发文量指标来看，22 个国家发文量直接加和为 71858 篇。其中，中国发表 17532 篇，排名第一，占总发文量的 24.40%；美国发表 11071 篇，排名第二，占总发文量的 15.41%。

从 CNCI 指标来看，瑞士、挪威两国领先，分数高于全球平均水平的国家有 20 个。中国 CNCI 排名第十七位，且高于全球平均水平。从高被引论文量来看，英美两国分数接近且排名前二，中国排名第三。

表 2-47 2015—2019 年国家农业交叉学科科技论文竞争力指数

国家	国家科技论文竞争力（一级指标）		发文量（二级指标）			CNCI（二级指标）			高被引论文量（二级指标）		
	得分	排名	数量（篇）	得分	排名	数值	得分	排名	数量（篇）	得分	排名
中国	10.00	1	17532	10.00	1	1.39	4.31	17	297	7.63	3
英国	9.92	2	5814	3.32	4	2.73	8.45	3	389	10.00	1
美国	9.61	3	11071	6.31	2	1.81	5.60	14	357	9.18	2
德国	5.74	4	2901	1.65	7	2.25	6.96	10	155	3.98	4
瑞士	5.59	5	807	0.46	18	3.23	10.00	1	70	1.80	13
法国	5.29	6	1923	1.10	12	2.44	7.53	7	116	2.98	5
荷兰	5.15	7	1344	0.77	14	2.67	8.24	4	89	2.29	8
澳大利亚	5.10	8	2882	1.64	8	2.14	6.62	12	114	2.93	6
瑞典	4.93	9	1085	0.62	15	2.62	8.09	5	82	2.11	9
挪威	4.78	10	420	0.24	22	3.03	9.35	2	35	0.90	18
加拿大	4.75	11	2028	1.16	11	2.17	6.71	11	99	2.54	7
丹麦	4.37	12	778	0.44	19	2.55	7.88	6	49	1.26	16
意大利	4.33	13	2594	1.48	10	1.91	5.91	13	82	2.11	9
比利时	4.05	14	869	0.50	17	2.30	7.10	9	50	1.29	15
西班牙	4.01	15	2819	1.61	9	1.70	5.26	15	75	1.93	11
以色列	3.78	16	469	0.27	21	2.39	7.40	8	24	0.62	20
日本	3.38	17	3265	1.86	6	1.20	3.72	18	71	1.83	12
巴西	3.16	18	6032	3.44	3	0.67	2.07	22	55	1.41	14
波兰	2.68	19	748	0.43	20	1.59	4.92	16	21	0.54	21
印度	2.47	20	3550	2.02	5	0.73	2.26	21	44	1.13	17
墨西哥	2.33	21	1085	0.62	15	1.20	3.70	19	31	0.80	19
韩国	2.17	22	1842	1.05	13	1.08	3.34	20	15	0.39	22

（2）领域高质量论文分析：美国高质量论文数全球第一，中国科学院是全球高质量论文最多的机构

在农业交叉学科 Top100 高质量论文中（共 100 篇），82 篇来自大学，占比 82.00%，26 篇来自科研机构，4 篇来自政府部门，2 篇来自企业。美国有 41 篇文章，排名第一，其中 35 篇来自大学，5 篇来自科研机构，2 篇来自政府，1 篇来自企业（存在合著情况，因此总数大于 41 篇）。中国有 13 篇，排名第二，其中大学发表 9 篇，科研机构发表 7 篇。中国科学院发表 6 篇，是全球发表 Top100 高质量论文最多的机构，北京大学和华中农业大学分别发表 2 篇 Top100 高质量论文。中国农业科学院发表 1 篇（表 2-48）。

这些高质量论文涉及农业交叉学科多方面研究，包括但不限于珊瑚漂白与全球气候变暖、智能农业大数据、气候变化与生物多样性等研究方向。

表 2-48　农业交叉学科 Top100 高质量论文情况

序号	被引频次	论文题目	国家/国际组织	机构	机构类型
1	1655	Genetic studies of body mass index yield new insights for obesity biology	美国	密歇根大学	大学
2	950	Habitat fragmentation and its lasting impact on Earth’s ecosystems	美国	北卡罗来纳州立大学	大学
3	879	Global warming and recurrent mass bleaching of corals	澳大利亚	詹姆斯·库克大学	大学
4	824	The contentious nature of soil organic matter	美国	康奈尔大学	大学
5	750	Global trends in antimicrobial use in food animals	美国	普林斯顿大学	大学
6	659	The global spectrum of plant form and function	阿根廷	阿根廷国家科学与技术研究理事会	科研机构
7	573	Unprecedented 21st century drought risk in the American Southwest and Central Plains	美国	美国宇航局	政府
8	542	Biodiversity redistribution under climate change: Impacts on ecosystems and human well-being	澳大利亚	海洋社会生态学院、海洋和南极研究所	科研机构
9	518	SoilGrids250m: Global gridded soil information based on machine learning	国际组织	世界土壤信息中心	科研机构
10	467	Systems integration for global sustainability	美国	密歇根州立大学	大学
11	464	Shifting the limits in wheat research and breeding using a fully annotated reference genome	澳大利亚	拉筹伯大学	大学
12	458	Climate-smart soils	美国	科罗拉多州立大学	大学
13	436	Replication of human noroviruses in stem cell-derived human enteroids	美国	贝勒医学院	大学
14	430	Spatial and temporal patterns of mass bleaching of corals in the Anthropocene	澳大利亚	詹姆斯·库克大学	大学

（续表）

序号	被引频次	论文题目	国家/国际组织	机构	机构类型
15	422	Climate variation explains a third of global crop yield variability	美国	明尼苏达大学	大学
16	410	A chromosome conformation capture ordered sequence of the barley genome	澳大利亚、德国、英国	西澳大利亚州政府、亥姆霍兹中心、詹姆斯·赫顿研究所、德国莱布尼茨植物遗传与作物研究所、默多克大学、邓迪大学、西澳大学、长江大学、浙江大学	政府、科研机构
17	404	Productivity limits and potentials of the principles of conservation agriculture	美国	伊利诺伊大学系统	大学
18	402	Seed coating with a neonicotinoid insecticide negatively affects wild bees	瑞典	隆德大学	大学
19	398	Catch reconstructions reveal that global marine fisheries catches are higher than reported and declining	加拿大	不列颠哥伦比亚大学	大学
20	396	Managing nitrogen for sustainable development	美国	普林斯顿大学	大学
21	392	A communal catalogue reveals Earth's multi-scale microbial diversity	美国	加利福尼亚大学系统、芝加哥大学	大学
22	390	The global methane budget 2000-2012	法国	巴黎萨克雷大学	大学
23	378	Global carbon budget 2017	英国	东安格利亚大学	大学
24	366	Long-term decline of the Amazon carbon sink	英国	利兹大学	大学
25	357	Evolution of Darwin's finches and their beaks revealed by genome sequencing	瑞典	乌普萨拉大学	大学
26	356	No saturation in the accumulation of alien species worldwide	德国	奥尔登堡大学	大学
26	356	Targeted nucleotide editing using hybrid prokaryotic and vertebrate adaptive immune systems	日本	神户大学	大学
28	355	Climate-driven regime shift of a temperate marine ecosystem	澳大利亚	西澳大学	大学
29	354	Declining oxygen in the global ocean and coastal waters	美国	史密森学会	科研机构
30	336	CO2 electroreduction to ethylene via hydroxide-mediated copper catalysis at an abrupt interface	加拿大	多伦多大学	大学
30	336	A repeating fast radio burst	荷兰	荷兰天文无线电研究所、阿姆斯特丹大学	科研机构、大学
32	329	Positive biodiversity-productivity relationship predominant in global forests	美国	西弗吉尼亚大学	大学

（续表）

序号	被引频次	论文题目	国家/国际组织	机构	机构类型
33	324	Delivery of crop pollination services is an insufficient argument for wild pollinator conservation	荷兰	瓦赫宁根大学	大学
34	318	Biomass resilience of Neotropical secondary forests	荷兰	瓦赫宁根大学	大学
35	309	Interactions between the microbiota and pathogenic bacteria in the gut	美国	得克萨斯大学	大学
35	309	Temperate forest health in an era of emerging megadisturbance	美国	美国农业部	政府
37	307	Quantifying global soil carbon losses in response to warming	荷兰、美国	荷兰学院、耶鲁大学	大学
38	301	Global assessment of arbuscular mycorrhizal fungus diversity reveals very low endemism	爱沙尼亚	塔尔图大学	大学
39	300	Physico-chemical properties and microbial responses in biochar-amended soils：Mechanisms and future directions	加拿大	麦吉尔大学	大学
40	298	Improving the forecast for biodiversity under climate change	美国	康涅狄格大学	大学
41	296	Redesigning photosynthesis to sustainably meet global food and bioenergy demand	美国	伊利诺伊大学系统	大学
41	296	Science，technology and the future of small autonomous drones	瑞士	洛桑联邦理工学院	大学
43	294	Safeguarding pollinators and their values to human well-being	英国	雷丁大学	大学
44	292	Deep learning in agriculture：A survey	西班牙	西班牙国家农业与食品技术研究院	科研机构
45	289	Chemotherapy drugs induce pyroptosis through caspase-3 cleavage of a gasdermin	中国	北京生命科学研究所	科研机构
46	285	Improved maize reference genome with single-molecule technologies	美国	冷泉港实验室、康奈尔大学	科研机构、大学
47	283	Global carbon budget 2018	英国	东安格利亚大学	大学
48	277	Natural climate solutions	国际组织、美国	大自然保护协会、詹姆斯麦迪逊大学、卡里生态系统研究学院	科研机构、大学
49	275	Carbon sequestration in agricultural soils via cultivation of cover crops-A meta-analysis	瑞典	瑞典农业科学大学	大学
50	271	Plant functional traits have globally consistent effects on competition	法国	法国国家环境与农业科技研究院	科研机构
51	270	Big data in smart farming-A review	荷兰	瓦格宁根大学	大学
52	268	Dual mechanisms regulating glutamate decarboxylases and accumulation of gamma-aminobutyric acid in tea (*Camellia sinensis*) leaves exposed to multiple stresses	中国	中国科学院	科研机构

（续表）

序号	被引频次	论文题目	国家/国际组织	机构	机构类型
53	266	CdS-Based photocatalysts	中国	中国电子科技大学、华中农业大学	大学
54	262	Light-induced structural changes and the site of O=O bond formation in PSII caught by XFEL	日本	冈山大学	大学
55	259	Options for keeping the food system within environmental limits	英国	牛津大学	大学
55	259	Anthropogenic disturbance in tropical forests can double biodiversity loss from deforestation	巴西、英国	埃米利奥·戈尔迪博物馆、拉夫拉斯联邦大学、兰卡斯特大学	科研机构、大学
57	254	Climate change impacts on bumblebees converge across continents	加拿大	渥太华大学	大学
58	251	An Arabidopsis gene regulatory network for secondary cell wall synthesis	美国	加利福尼亚大学系统	大学
59	247	Phenological sensitivity to climate across taxa and trophic levels	英国	兰开斯特大学	大学
60	240	Impending extinction crisis of the world's primates: Why primates matter	墨西哥、美国	墨西哥国立自治大学、伊利诺伊大学系统	大学
61	234	ATG14 promotes membrane tethering and fusion of autophagosomes to endolysosomes	美国	得克萨斯大学达拉斯西南医学中心	科研机构
62	232	Wild emmer genome architecture and diversity elucidate wheat evolution and domestication	以色列	特拉维夫大学	大学
62	232	Rates and drivers of mangrove deforestation in Southeast Asia, 2000-2012	新加坡	新加坡国立大学	大学
62	232	Synthesis of phylogeny and taxonomy into a comprehensive tree of life	美国	密歇根大学	大学
65	229	VirSorter: mining viral signal from microbial genomic data	美国	俄亥俄州立大学	大学
66	228	Non-bee insects are important contributors to global crop pollination	澳大利亚	新英格兰大学	大学
66	228	Mapping soil properties of Africa at 250 m Resolution: Random forests significantly improve current predictions	国际组织	世界土壤信息中心	科研机构
68	227	Progress in and promise of bacterial quorum sensing research	美国、中国	华盛顿大学、华南农业大学	大学
69	224	Temperature increase reduces global yields of major crops in four independent estimates	中国、美国	北京大学、佛罗里达大学、中国科学院	大学、科研机构
70	223	Increasing aridity reduces soil microbial diversity and abundance in global drylands	西班牙	雷伊胡安卡洛斯大学	大学

（续表）

序号	被引频次	论文题目	国家/国际组织	机构	机构类型
71	213	Wireless sensor networks for agriculture: The state-of-the-art in practice and future challenges	印度	卡哈拉格普尔理工学院	大学
71	213	Mapping tree density at a global scale	美国	耶鲁大学	大学
73	211	Meta-analysis reveals that hydraulic traits explain cross-species patterns of drought-induced tree mortality across the globe	美国	犹他州立大学、普林斯顿大学	大学
74	210	Increasing human dominance of tropical forests	英国	伦敦大学学院	大学
74	210	Viral-genetic tracing of the input-output organization of a central noradrenaline circuit	美国	斯坦福大学	大学
76	208	Phytochrome B integrates light and temperature signals in Arabidopsis	阿根廷	阿根廷国家科学与技术研究理事会、布宜诺斯艾利斯大学	科研机构、大学
77	206	Efficient DNA-free genome editing of bread wheat using CRISPR/Cas9 ribonucleoprotein complexes	中国	中国科学院	科研机构
78	204	The CRISPR tool kit for genome editing and beyond	美国	弗吉尼亚大学	大学
78	204	Disruption of histone methylation in developing sperm impairs offspring health transgenerationally	瑞士	弗里德里希米舍尔生物医学研究所	科研机构
80	203	Efficient delivery of genome-editing proteins using bioreducible lipid nanoparticles	美国	塔夫茨大学、哈佛大学	大学
80	203	Agriculture facilitated permanent human occupation of the Tibetan Plateau after 3600 BP	中国	兰州大学	大学
82	202	Biodiversity inhibits parasites: Broad evidence for the dilution effect	美国	佛罗里达州立大学系统	大学
83	201	Structural basis of N-6-adenosine methylation by the METTL3-METTL14 complex	中国	华中农业大学	大学
84	200	Moving in the Anthropocene: Global reductions in terrestrial mammalian movements	德国、美国	森肯伯格生物多样性和气候研究中心、歌德大学、史密森学会	科研机构、大学
84	200	Agricultural insecticides threaten surface waters at the global scale	德国	科布伦茨兰道大学	大学
86	199	An assessment of the global impact of 21st century land use change on soil erosion	瑞士、欧盟	巴塞尔大学、欧盟委员会联合研究中心	大学、科研机构
86	199	Inactivation of porcine endogenous retrovirus in pigs using CRISPR-Cas9	美国	eGenesis 公司	企业
88	198	Expanding the biotechnology potential of lactobacilli through comparative genomics of 213 strains and associated genera	中国	内蒙古农业大学	大学

（续表）

序号	被引频次	论文题目	国家/国际组织	机构	机构类型
89	197	Efficient and transgene-free genome editing in wheat through transient expression of CRISPR/Cas9 DNA or RNA	中国	中国科学院	科研机构
90	196	Climate warming reduces the temporal stability of plant community biomass production	中国、美国	北京大学、中国科学院、佐治亚理工学院	大学、科研机构
91	195	Plant diversity patterns in neotropical dry forests and their conservation implications	英国	爱丁堡皇家植物园	科研机构
91	195	Dense magnetized plasma associated with a fast radio burst	加拿大	不列颠哥伦比亚大学	大学
93	193	Ecological consequences of human niche construction: Examining long-term anthropogenic shaping of global species distributions	英国、德国	牛津大学、马克斯普朗克研究所	大学、科研机构
93	193	Drying of Indian subcontinent by rapid Indian Ocean warming and a weakening land-sea thermal gradient	印度	印度地球科学部	政府
95	192	Electrocatalytic reduction of carbon dioxide to carbon monoxide and methane at an immobilized cobalt protoporphyrin	荷兰	莱顿大学	大学
96	190	Genomic variation in 3010 diverse accessions of Asian cultivated rice	中国、菲律宾、美国	中国农业科学院、国际水稻研究所、上海交通大学、华大基因、亚利桑那大学、中国科学院	科研机构、大学、企业
97	186	Changing climate shifts timing of European floods	奥地利	维也纳技术大学	大学
98	185	Genomic insights into the Ixodes scapularis tick vector of Lyme disease	美国	普渡大学	大学
99	182	Human gut Bacteroidetes can utilize yeast mannan through a selfish mechanism	美国	佐治亚大学系统	大学
100	179	Boundary work for sustainable development: Natural resource management at the Consultative Group on International Agricultural Research (CGIAR)	美国	哈佛大学	大学

（3）领域高产作者分析：中国高产作者数全球第一，南京农业大学是全球高产作者最多的机构

在农业交叉学科 Top100 高产作者（共 178 位）中 139 位来自大学，31 位来自科研机构，6 位来自企业，2 位来自政府。中国有 88 位，其中 60 位来自大学，22 位来自科研机构，6 位来自企业。美国有 30 位，其中 26 位来自大学，2 位来自科研机构，2 位来自政府。中国农业大学有 17 位，是全球拥有高产作者最多的机构。中国农业科学院有 10 位，

与南京农业大学并列排名第二（表2-49）。

表2-49　农业交叉学科 Top100 高产作者情况

序号	h指数	姓名	国家/国际组织	机构	机构类型
1	16	McClements David Julian	美国	马萨诸塞大学系统	大学
2	15	Telles Evelise Oliveira	巴西	圣保罗大学	大学
2	15	Picao Goncalves Vitor Salvador	巴西	巴西利亚大学	大学
2	15	Hildebrand Grisi-Filho Jose Henrique	巴西	圣保罗大学	大学
2	15	Heinemann Marcos Bryan	巴西	圣保罗大学	大学
2	15	Ferreira Fernando	巴西	圣保罗大学	大学
2	15	Ferreira Neto Jose Soares	巴西	圣保罗大学	大学
2	15	Dias Ricardo Augusto	巴西	圣保罗大学	大学
2	15	Amaku Marcos	巴西	圣保罗大学	大学
10	14	Xiao Hang	美国	马萨诸塞大学系统	大学
10	14	Varshney Rajeev K.	国际组织	国际半干旱热带作物研究所	科研机构
10	14	Ciais Philippe	法国	巴黎萨克雷大学	大学
13	13	Xing Baoshan	美国	马萨诸塞大学系统	大学
13	13	White Jason C.	美国	美国康涅狄格州农业实验站	大学
13	13	Ho Chi-Tang	美国	罗格斯大学	大学
16	12	张福锁	中国	中国农业大学	大学
16	12	彭明	中国	中国热带农业科学院	科研机构
16	12	邓兴旺	中国	北京大学	大学
16	12	Smith Pete	英国	阿伯丁大学	大学
16	12	Huang Qingrong	美国	罗格斯大学	大学
21	11	张勇	中国	西北农林科技大学	大学
21	11	印遇龙	中国	中国科学院	科研机构
21	11	徐迅	中国	华大基因	企业
21	11	沈其荣	中国	南京农业大学	大学
21	11	胡伟	中国	中国热带农业科学院	科研机构

（续表）

序号	h 指数	姓名	国家/国际组织	机构	机构类型
21	11	Tscharntke Teja	德国	哥廷根大学	大学
21	11	Tian Hanqin	美国	奥本大学	大学
21	11	Reich Peter B.	美国	明尼苏达大学	大学
21	11	Potts Simon G.	英国	雷丁大学	大学
21	11	Fei Zhangjun	美国	博伊斯·汤普森植物研究所	科研机构
21	11	Desneux Nicolas	法国	法国农业科学院	科研机构
32	10	周光宏	中国	南京农业大学	大学
32	10	张涛	中国	江南大学	大学
32	10	王恬	中国	南京农业大学	大学
32	10	王硕	中国	天津科技大学	大学
32	10	王克林	中国	中国科学院	科研机构
32	10	汪清民	中国	南开大学	大学
32	10	孙宝国	中国	北京工商大学	大学
32	10	沈建忠	中国	中国农业大学	大学
32	10	沐万孟	中国	江南大学	大学
32	10	李家洋	中国	中国科学院	科研机构
32	10	江波	中国	江南大学	大学
32	10	丁泽红	中国	中国热带农业科学院	科研机构
32	10	Schieberle Peter	德国	慕尼黑工业大学	大学
32	10	Olesen Jorgen E.	丹麦	奥胡斯大学	大学
32	10	Kuzyakov Yakov	德国	哥廷根大学	大学
32	10	Hofmann Thomas	德国	慕尼黑工业大学	大学
32	10	Herrero Mario	澳大利亚	澳大利亚联邦科学与工业研究组织	科研机构
32	10	Buckler Edward S.	美国	康奈尔大学	大学
32	10	Bommarco Riccardo	瑞典	瑞典农业科学大学	大学
51	9	朱兴全	中国	中国农业科学院	科研机构
51	9	赵靓	中国	中国农业大学	大学
51	9	张和平	中国	内蒙古农业大学	大学
51	9	姚斌	中国	中国农业科学院	科研机构
51	9	杨焕明	中国	华大基因	企业
51	9	杨光富	中国	华中师范大学	大学

（续表）

序号	h 指数	姓名	国家/国际组织	机构	机构类型
51	9	颜彦	中国	中国热带农业科学院	科研机构
51	9	许文涛	中国	中国农业大学	大学
51	9	徐明岗	中国	中国农业科学院	科研机构
51	9	夏涛	中国	安徽农业大学	大学
51	9	王占辉	中国	中国农业大学	大学
51	9	唐海宝	中国	福建农林大学	大学
51	9	彭少兵	中国	华中农业大学	大学
51	9	潘根兴	中国	南京农业大学	大学
51	9	聂少平	中国	南昌大学	大学
51	9	刘峰	中国	山东农业大学	大学
51	9	李奎	中国	中国农业科学院	科研机构
51	9	江雨	中国	西北农林科技大学	大学
51	9	黄建良	中国	华中农业大学	大学
51	9	郭旺珍	中国	南京农业大学	大学
51	9	高彦祥	中国	中国农业大学	大学
51	9	邓祥征	中国	中国科学院	科研机构
51	9	陈新平	中国	中国农业大学	大学
51	9	陈焕春	中国	华中农业大学	大学
51	9	曾晓雄	中国	南京农业大学	大学
51	9	曾光明	中国	湖南大学	大学
51	9	Zheng Yi	美国	博伊斯·汤普森植物研究所	科研机构
51	9	Zhang Guojie	丹麦	哥本哈根大学	大学
51	9	Yokoyama Wallace	美国	美国农业部	政府
51	9	Wu Jianping	加拿大	阿尔伯塔大学	大学
51	9	Wong Jon W.	美国	美国食品药品管理局	政府
51	9	Tardaguila Javier	西班牙	拉里奥哈大学	大学
51	9	Tabashnik Bruce E.	美国	亚利桑那大学	大学
51	9	Penuelas Josep	西班牙	生态与林业应用研究中心	科研机构
51	9	Palli Subba Reddy	美国	肯塔基大学	大学
51	9	Nureki Osamu	日本	东京大学	大学

（续表）

序号	h 指数	姓名	国家/国际组织	机构	机构类型
51	9	Mueller-Harvey Irene	英国	雷丁大学	大学
51	9	Ma Chuanxin	美国	马萨诸塞大学系统	大学
51	9	Ljung Karin	瑞典	瑞典农业科学大学	大学
51	9	Laudon Hjalmar	瑞典	瑞典农业科学大学	大学
51	9	Gasser Robin B.	澳大利亚	墨尔本大学	大学
51	9	Fischer Markus	瑞士	伯尔尼大学	大学
51	9	Ewert Frank	德国	波恩大学	大学
51	9	Chen Feng	美国	克莱姆森大学	大学
51	9	Butterbach-Bahl Klaus	德国	卡尔斯鲁厄理工学院	大学
51	9	Bongers Frans	荷兰	瓦格宁根大学	大学
51	9	Andersson Leif	瑞典	瑞典农业科学大学	大学
98	8	郑永权	中国	中国农业科学院	科研机构
98	8	张天真	中国	南京农业大学	大学
98	8	杨文钰	中国	四川农业大学	大学
98	8	杨宁	中国	中国农业大学	大学
98	8	徐跑	中国	中国水产科学研究院	科研机构
98	8	谢明勇	中国	南昌大学	大学
98	8	吴孔明	中国	中国农业科学院	科研机构
98	8	吴金水	中国	中国科学院	科研机构
98	8	王峰	中国	南京农业大学	大学
98	8	唐传核	中国	华南理工大学	大学
98	8	石琼	中国	华大基因	企业
98	8	毛湘冰	中国	四川农业大学	大学
98	8	马海乐	中国	江苏大学	大学
98	8	罗会颖	中国	中国农业科学院	科研机构
98	8	李晓林	中国	中国农业大学	大学
98	8	李铁军	中国	中国科学院	科研机构
98	8	李宁	中国	中国农业大学	大学
98	8	李明洲	中国	四川农业大学	大学
98	8	李恋卿	中国	南京农业大学	大学

（续表）

序号	h 指数	姓名	国家/国际组织	机构	机构类型
98	8	李靖	中国	华中农业大学	大学
98	8	李虎	中国	中国农业大学	大学
98	8	巨晓棠	中国	中国农业大学	大学
98	8	籍保平	中国	中国农业大学	大学
98	8	黄昆仑	中国	中国农业大学	大学
98	8	黄丹枫	中国	上海交通大学	大学
98	8	胡冰	中国	南京农业大学	大学
98	8	何勇	中国	浙江大学	大学
98	8	何平	中国	中国农业科学院	科研机构
98	8	韩文轩	中国	中国农业大学	大学
98	8	高强	中国	华大基因	企业
98	8	方晓东	中国	华大基因	企业
98	8	方精云	中国	北京大学	大学
98	8	董扬	中国	云南农业大学	大学
98	8	董丰收	中国	中国农业科学院	科研机构
98	8	崔海信	中国	中国农业科学院	科研机构
98	8	褚海燕	中国	中国科学院	科研机构
98	8	陈洁	中国	上海交通大学	大学
98	8	陈代文	中国	四川农业大学	大学
98	8	曹庸	中国	华南农业大学	大学
98	8	彩万志	中国	中国农业大学	大学
98	8	卞超	中国	华大基因	企业
98	8	Zhu Jian-Kang	美国	普渡大学	大学
98	8	Yang Jia	美国	奥本大学	大学
98	8	Westphal Catrin	德国	哥廷根大学	大学
98	8	Wang Yan	美国	俄勒冈大学系统	大学
98	8	Van de Peer Yves	比利时	根特大学	大学
98	8	Steffan-Dewenter Ingolf	德国	维尔茨堡大学	大学
98	8	Smagghe Guy	比利时	根特大学	大学
98	8	Shinozaki Kazuo	日本	日本理化学研究所 RIKEN	科研机构
98	8	Shao Renfu	澳大利亚	阳光海岸大学	大学

（续表）

序号	h 指数	姓名	国家/国际组织	机构	机构类型
98	8	Schmidtke Leigh M.	澳大利亚	查尔斯·斯图特大学	大学
98	8	Ramsay Aina	英国	雷丁大学	大学
98	8	Poorter Lourens	荷兰	瓦格宁根大学	大学
98	8	Pan Shufen	美国	奥本大学	大学
98	8	Nelson David R.	美国	田纳西大学系统	大学
98	8	Mine Yoshinori	加拿大	圭尔夫大学	大学
98	8	Masuda Tetsuya	日本	京都大学	大学
98	8	Malhi Yadvinder	英国	牛津大学	大学
98	8	Luo Yiqi	美国	俄克拉何马大学	大学
98	8	Lee Won Suk	美国	佛罗里达大学	大学
98	8	Lamont Susan J.	美国	爱荷华州立大学	大学
98	8	Koike Takayoshi	日本	北海道大学	大学
98	8	Klerkx Laurens	荷兰	瓦赫宁根大学	大学
98	8	Kirkegaard John A.	澳大利亚	澳大利亚联邦科学与工业研究组织	科研机构
98	8	Iwata So	日本	日本理化学研究所 RIKEN	科研机构
98	8	Hui Dafeng	美国	田纳西州立大学	大学
98	8	Henry Robert J.	澳大利亚	昆士兰大学	大学
98	8	Henle Thomas	德国	德累斯顿工业大学	大学
98	8	He Lili	美国	马萨诸塞大学系统	大学
98	8	Granvogl Michael	德国	慕尼黑工业大学	大学
98	8	Gilbert M. Thomas P.	丹麦	哥本哈根大学	大学
98	8	Ercolini Danilo	意大利	那不勒斯费德里科二世大学	大学
98	8	Entling Martin H.	德国	科布伦茨兰道大学	大学
98	8	Decker Eric A.	美国	马萨诸塞大学系统	大学
98	8	Curi Nilton	巴西	拉夫拉斯联邦大学	大学
98	8	Christie Peter	中国	中国农业大学	大学
98	8	Chapron Guillaume	瑞典	瑞典农业科学大学	大学
98	8	Carbonell-Barrachina Angel A.	西班牙	米格尔·埃尔南德斯·德埃尔切大学	大学

（续表）

序号	h 指数	姓名	国家/国际组织	机构	机构类型
98	8	Benelli Giovanni	意大利	比萨大学	大学
98	8	Basso Bruno	美国	密歇根州立大学	大学
98	8	Antle John M.	美国	俄勒冈大学系统	大学

（4）领域国际合作分析：美国、英国和中国的第一作者与通讯作者国际合作论文排名前三

2015—2019 年，22 国第一作者和通讯作者国际合作发文量直接加和为 16060 篇。美国第一作者和通讯作者国际合作论文量遥遥领先与第二名英国，美国和英国论文量分别为 3325 和 1775 篇，占比分别为 20.70%和 11.05%。中国排名第三，为 1261 篇，占比 7.85%（图 2-32）。

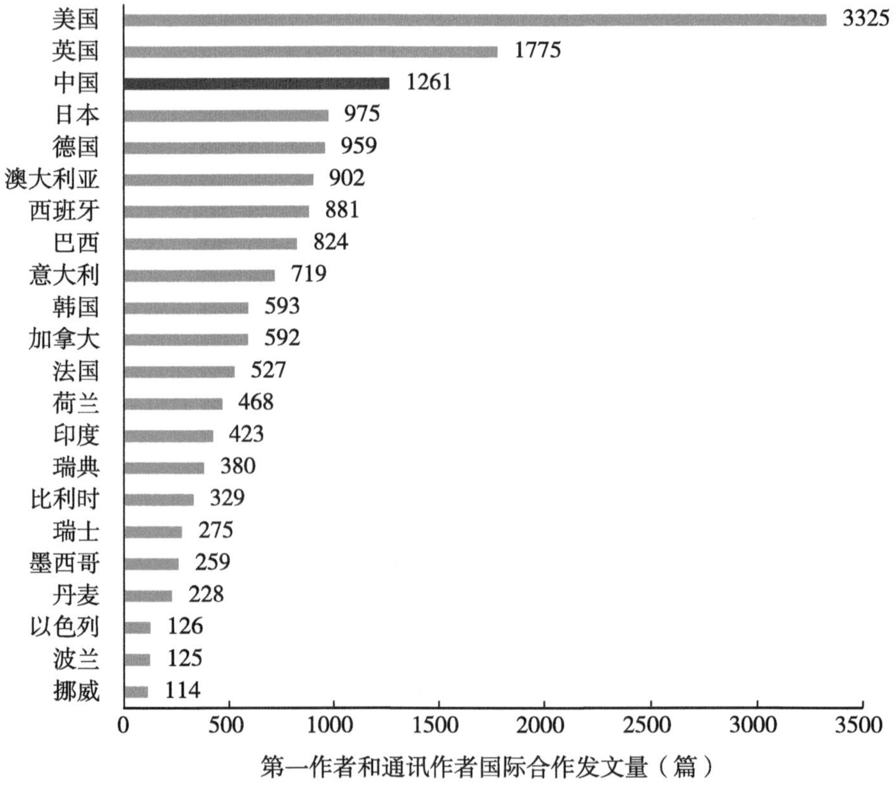

图 2-32　2015—2019 年农业交叉学科第一作者和通讯作者国际合作发文量

2.2.16 农业经济政策学

（1）领域科技论文竞争力指数分析：美国科技论文竞争力全球第一，且得分远高于第二名英国

美国竞争力综合得分遥遥领先，发文量是第二名英国发文量的 3 倍有余，但其 CNCI 排名略靠后。英国和意大利分别排名第二和第三，竞争力得分大于 5。瑞典、荷兰、中国、比利时、瑞士、德国、挪威、丹麦、澳大利亚、加拿大、西班牙 11 个国家竞争力得分在 3~5。中国发文量全球第三，但 CNCI 排名靠后。德国 3 个指标表现比较均衡，总体排名第九。法国、墨西哥、波兰、巴西、印度、日本、以色列、韩国 8 个国家竞争力得分小于 3（表 2-50）。

从发文量指标来看，22 个国家发文量直接加和为 11643 篇。美国和英国分别发表 3868 篇和 1352 篇，排名第一和第二，各占总发文量的 33.22%和 11.61%。中国发表 1133 篇，排名第三，占总发文量的 9.73%。

从 CNCI 指标来看，分数高于全球平均水平的国家有 17 个。比利时、瑞典、瑞士、挪威、荷兰、丹麦 6 国排名前列且分数接近，中国 CNCI 排名第十五位。从高被引论文量指数来看，美国和英国分别为第一名和第二名，意大利第三名，中国和瑞典高被引论文量排名并列第四。墨西哥、波兰、以色列、日本、印度和韩国均没有高被引论文。

表 2-50 2015—2019 年国家农业经济政策学科技论文竞争力指数

国家	国家科技论文竞争力（一级指标）		发文量（二级指标）			CNCI（二级指标）			高被引论文量（二级指标）		
	得分	排名	数量（篇）	得分	排名	数值	得分	排名	数量（篇）	得分	排名
美国	10.00	1	3868	10.00	1	1.26	6.82	11	25	10.00	1
英国	7.68	2	1352	3.50	2	1.69	9.11	8	20	8.00	2
意大利	5.52	3	616	1.59	5	1.71	9.21	7	10	4.00	3
瑞典	4.89	4	250	0.65	11	1.79	9.68	2	7	2.80	4
荷兰	4.59	5	340	0.88	8	1.75	9.42	5	5	2.00	6
中国	4.56	6	1133	2.93	3	1.21	6.51	15	7	2.80	4
比利时	4.21	7	189	0.49	14	1.85	10.00	1	2	0.80	12
瑞士	4.13	8	132	0.34	19	1.77	9.52	3	3	1.20	9
德国	4.10	9	788	2.04	4	1.36	7.35	9	4	1.60	7
挪威	4.01	10	207	0.54	13	1.75	9.42	4	2	0.80	12
丹麦	3.96	11	158	0.41	16	1.74	9.40	6	2	0.80	12
澳大利亚	3.66	12	570	1.47	6	1.25	6.73	13	4	1.60	7

（续表）

国家	国家科技论文竞争力（一级指标）		发文量（二级指标）			CNCI（二级指标）			高被引论文量（二级指标）		
	得分	排名	数量（篇）	得分	排名	数值	得分	排名	数量（篇）	得分	排名
加拿大	3.46	13	459	1.19	7	1.28	6.89	10	3	1.20	9
西班牙	3.29	14	326	0.84	10	1.25	6.77	12	3	1.20	9
法国	2.95	15	334	0.86	9	1.23	6.66	14	1	0.40	15
墨西哥	2.27	16	91	0.24	21	1.08	5.85	16	0	0.00	17
波兰	2.17	17	100	0.26	20	1.03	5.56	17	0	0.00	17
巴西	2.14	18	211	0.55	12	0.89	4.79	21	1	0.40	15
印度	2.09	19	187	0.48	15	0.95	5.13	20	0	0.00	17
日本	2.07	20	148	0.38	18	0.96	5.17	19	0	0.00	17
以色列	1.99	21	32	0.08	22	0.97	5.25	18	0	0.00	17
韩国	1.78	22	152	0.39	17	0.81	4.38	22	0	0.00	17

（2）领域高质量论文分析：美国高质量论文数全球第一，美国加利福尼亚大学系统和世界银行是全球拥有高质量论文数最多的机构

在农业经济政策学 Top100 高质量论文中（共 109 篇），83 篇来自大学，占比 76.15%，23 篇来自科研机构，3 篇来自政府部门。美国有 28 篇文章，排名第一，其中大学发表 26 篇，政府发表 2 篇。英国和国际组织分别有 13 篇和 12 篇，排名第二和第三。中国有 10 篇，排名第四，其中大学发表 9 篇，科研机构发表 1 篇。美国加利福尼亚大学系统和世界银行均拥有 4 篇，是全球拥有 Top100 高质量论文最多的机构。都灵大学、国际食物政策研究所、联合国粮食及农业组织、密歇根州立大学分别发表 3 篇 Top100 高质量论文（表 2-51）。

这些高质量论文涉及农业经济政策学多方面研究，包括但不限于消费者偏好与购买意愿、食物浪费行为分析、气候计量经济学、妇女赋权等研究方向。

表 2-51 农业经济政策学 Top100 高质量论文情况

序号	被引频次	论文题目	国家/国际组织	机构	机构类型
1	268	The number, size, and distribution of farms, smallholder farms, and family farms worldwide	国际组织	联合国粮食及农业组织	科研机构
2	252	Contemporary guidance for stated preference studies	美国	克拉克大学	大学

（续表）

序号	被引频次	论文题目	国家/国际组织	机构	机构类型
3	189	Contribution of fisheries and aquaculture to food security and poverty reduction: Assessing the current evidence	哥伦比亚	国际热带农业中心	科研机构
4	128	The state of family farms in the world	国际组织	联合国粮食及农业组织	科研机构
5	114	Household food waste behaviour in EU - 27 countries: A multilevel analysis	意大利	图西亚大学	大学
6	112	Fish to 2030: The role and opportunity for aquaculture	国际组织	世界银行	科研机构
7	111	Rising food prices, food price volatility, and social unrest	美国	明尼苏达大学	大学
8	106	The impact of climate change on viticulture and wine quality	法国	法国农业科学院	科研机构
9	97	Adaptation to climate change: Evidence from US agriculture	美国	斯坦福大学	大学
10	91	Women's empowerment mitigates the negative effects of low production diversity on maternal and child nutrition in nepal	国际组织	国际食物政策研究所	科研机构
11	88	The role of benefit transfer in ecosystem service valuation	美国	美国地质调查局	政府
12	84	Tradition and innovation in Italian wine family businesses	意大利	都灵大学	大学
13	83	Promising change, delivering continuity: REDD plus as conservation fad	丹麦	哥本哈根大学	大学
13	83	Regional economic impacts of the shale gas and tight oil boom: A synthetic control analysis	美国	俄克拉荷马州立大学	大学
15	82	Sustainability labels on coffee: Consumer preferences, willingness-to-pay and visual attention to attributes	比利时	根特大学	大学
16	78	Climate econometrics	美国	加利福尼亚大学系统	大学
17	77	Ten striking facts about agricultural input use in Sub-Saharan Africa	美国	美国农业部	政府
17	77	Structural gravity and fixed effects	美国	加利福尼亚大学系统	大学
19	76	How can the EU climate targets be met? A combined analysis of technological and demand-side changes in food and agriculture	瑞典	查尔姆斯理工大学	大学
20	73	Reducing food waste: An investigation on the behaviour of Italian youths	意大利	图西亚大学	大学
21	72	Farmer seed networks make a limited contribution to agriculture? Four common misconceptions	加拿大	麦吉尔大学	大学

（续表）

序号	被引频次	论文题目	国家/国际组织	机构	机构类型
21	72	Monitoring economic development from space: Using nighttime light and land cover data to measure economic growth	日本	日本对外贸易组织	政府
23	71	The cost of lice: Quantifying the impacts of parasitic sea lice on farmed salmon	美国	加利福尼亚大学系统	大学
23	71	Decisional factors driving organic food consumption Generation of consumer purchase intentions	中国	辅仁大学	大学
25	68	Sustaining healthy diets: The role of capture fisheries and aquaculture for improving nutrition in the post-2015 era	马来西亚	世界渔业中心	科研机构
26	67	Food self-sufficiency: Making sense of it, and when it makes sense	加拿大	滑铁卢大学	大学
27	66	Only one tree from each seed? environmental effectiveness and poverty alleviation in Mexico's payments for ecosystem services program	美国	威斯康星大学系统	大学
28	56	Consumer perceptions and attitudes of organic food products in Eastern China	中国	南京师范大学	大学
29	55	Should we stop meating like this? Reducing meat consumption through substitution	英国	诺森比亚大学	大学
29	55	Substitutes or complements? Consumer preference for local and organic food attributes	中国	华中农业大学	大学
31	54	Oil palm adoption, household welfare, and nutrition among smallholder farmers in Indonesia	德国	哥廷根大学	大学
31	54	Consumer willingness to pay for traditional food products	英国	纽卡斯尔大学	大学
31	54	Facilitating savings for agriculture: Field experimental evidence from Malawi	英国	密歇根大学	大学
31	54	Consumer confidence in credence attributes: The role of brand trust	加拿大	萨斯喀彻温大学	大学
31	54	Ecosystem services and economic development in Austrian agricultural landscapes-The impact of policy and climate change scenarios on trade-offs and synergies	奥地利	维也纳自然资源与生命科学大学	大学
36	53	CO2 emissions, economic and population growth, and renewable energy: Empirical evidence across regions	中国	中国石油大学	大学
36	53	Factors explaining inter-municipal cooperation in service delivery: A meta-regression analysis	西班牙	巴塞罗那大学	大学
36	53	On the economics of labels: how their introduction affects the functioning of markets and the welfare of all participants	法国	法国农业科学院	科研机构
39	52	Sustainable planning of the energy-water-food nexus using decision making tools	新加坡	新加坡国立大学	大学

（续表）

序号	被引频次	论文题目	国家/国际组织	机构	机构类型
39	52	Impacts of climate change on agriculture: Evidence from China	中国	西南财经大学	大学
39	52	Has a public-private partnership resulted in action on healthier diets in England? An analysis of the Public Health Responsibility Deal food pledges	英国	伦敦医科大学	大学
42	51	On the measurement of food waste	美国	明尼苏达大学系统	大学
42	51	Does cooperative membership improve household welfare? Evidence from apple farmers in China	德国	基尔大学	大学
42	51	Valuing the wind: Renewable energy policies and air pollution avoided	美国	加利福尼亚大学系统	大学
42	51	Ecological impacts of small hydropower in China: Insights from an emergy analysis of a case plant	中国	北京师范大学	大学
46	49	Technological innovations, downside risk, and the modernization of agriculture	美国	塔夫茨大学	大学
46	49	Wine prices and quality ratings: A meta-regression analysis	澳大利亚	查尔斯特大学	大学
48	48	Citizens, consumers and farm animal welfare: A meta-analysis of willingness-to-pay studies	英国	纽卡斯尔大学	大学
48	48	Environmental impact food labels combining carbon, nitrogen, and water footprints	美国	新罕布什尔大学	大学
48	48	A hydro-economic model for the assessment of climate change impacts and adaptation in irrigated agriculture	西班牙	马德里理工大学	大学
48	48	Local economic impacts of an unconventional energy boom: The coal seam gas industry in Australia	澳大利亚	澳大利亚联邦科学与工业研究组织	科研机构
52	47	External knowledge sourcing and new product development Evidence from the Italian food and beverage industry	意大利	都灵大学	大学
52	47	Africa's changing farm size distribution patterns: The rise of medium-scale farms	美国	密歇根州立大学	大学
52	47	Nontariff measures and standards in trade and global value chains	美国	爱荷华州立大学	大学
52	47	Social capital, risk preference and adoption of improved farm land management practices in Ethiopia	德国	霍恩海姆大学	大学
56	46	What is this thing called organic? - How organic farming is codified in regulations	加拿大	不列颠哥伦比亚大学	大学
56	46	Nudging farmers to enrol land into agri-environmental schemes: The role of a collective bonus	英国	圣安德鲁斯大学	大学

（续表）

序号	被引频次	论文题目	国家/国际组织	机构	机构类型
56	46	Reducing the land use of EU pork production: Where there's swill, there's a way	英国	剑桥大学	大学
56	46	Climate smart agriculture? Assessing the adaptation implications in Zambia	国际组织	联合国粮食及农业组织	科研机构
56	46	Coal mining, economic development, and the natural resources curse	美国	俄亥俄州立大学	大学
61	45	Trees for life: The ecosystem service contribution of trees to food production and livelihoods in the tropics	国际组织	国际林业研究中心	科研机构
61	45	Worms at work: Long-run impacts of a child health investment	美国	乔治华盛顿大学	大学
61	45	Cooperative membership and dairy performance among smallholders in Ethiopia	南非	南非大学	大学
61	45	An analysis of purchase intentions toward organic food on health consciousness and food safety with/under structural equation modeling	中国	台湾东华大学	大学
61	45	Opening the black box of energy throughputs in farm systems: A decomposition analysis between the energy returns to external inputs, internal biomass reuses and total inputs consumed (the Valles County, Catalonia, c. 1860 and 1999)	西班牙	巴塞罗那大学	大学
61	45	Assessing foreign aid's long-run contribution to growth and development	丹麦	哥本哈根大学	大学
61	45	Money makes the EU go round: The objective foundations of conflict in the council of ministers	瑞士	苏黎世联邦理工学院	大学
61	45	Gender inequalities in ownership and control of land in Africa: Myth and reality	美国	北卡罗来纳大学	大学
61	45	Visual attention and attribute attendance in multi-attribute choice experiments	英国	肯塔基大学	大学
61	45	Can agricultural cooperatives reduce poverty? Heterogeneous impact of cooperative membership on farmers' welfare in Rwanda	比利时	天主教鲁汶大学	大学
71	44	Contract farming in developed and developing countries	日本	神户大学	大学
71	44	Urbanization without growth in historical perspective	美国	乔治华盛顿大学	大学
71	44	Cities, territories, and inclusive growth: Unraveling urban-rural linkages in Chile, Colombia, and Mexico	智利	拉丁美洲农村发展中心	科研机构
71	44	If they grow it, will they eat and grow? Evidence from Zambia on agricultural diversity and child undernutrition	国际组织	国际食物政策研究所	科研机构

（续表）

序号	被引频次	论文题目	国家/国际组织	机构	机构类型
71	44	Carbon emissions embodied in demand – supply chains in China	中国	南京农业大学	大学
76	43	Business model innovation for sustainability: A food start-up case study	意大利	都灵大学	大学
76	43	A systematic review of urban agriculture and food security impacts in low-income countries	美国	约翰斯·霍普金斯大学	大学
76	43	Three reasons to use annual payments in contingent valuation surveys: Convergent validity, discount rates, and mental accounting	美国	托莱多大学	大学
76	43	Farmers' adaptation to extreme weather events through farm management and its impacts on the mean and risk of rice yield in China	中国	中国科学院	科研机构
76	43	Transdisciplinarity in land use science – A review of concepts, empirical findings and current practices	德国	莱布尼茨农业景观研究中心	科研机构
81	42	The Swedish forestry model: More of everything?	瑞典	吕勒奥理工大学	大学
81	42	What happens to patterns of food consumption when food prices change? Evidence from a systematic review and meta-analysis of food price Elasticities Globally	英国	伦敦大学	大学
81	42	Do commodities add value in multi-asset portfolios? An out-of-sample analysis for different investment strategies	德国	吉森大学	大学
81	42	The effects of experience on preferences: Theory and empirics for environmental public goods	美国	田纳西大学系统	大学
81	42	Productivity and farm size in Australian agriculture: Reinvestigating the returns to scale	澳大利亚	澳大利亚农业和资源经济与科学局	科研机构
86	41	Are African households (not) leaving agriculture? Patterns of households' income sources in rural Sub-Saharan Africa	国际组织	世界银行	科研机构
86	41	The creation and diffusion of innovation in developing countries: A systematic literature review	英国	雷丁大学	大学
86	41	The Value of product attributes, brands and private labels: An analysis of frozen seafood in Germany	美国	佛罗里达大学	大学
86	41	Volatility linkages between energy and agricultural commodity prices	德国	柏林洪堡大学	大学
86	41	Rural livelihoods and environmental resource dependence in Cambodia	德国	莱布尼茨学会	大学
86	41	Front of pack labels enhance attention to nutrition information in novel and commercial brands	美国	密歇根州立大学	大学

（续表）

序号	被引频次	论文题目	国家/国际组织	机构	机构类型
86	41	Effects of an environmental tax on meat and dairy consumption in Sweden	瑞典	瑞典农业科学大学	大学
86	41	Electricity shortages and firm productivity：Evidence from China's industrial firms	美国	达特茅斯学院	大学
86	41	Investigating the association between urban agriculture and food security，dietary diversity，and nutritional status：A systematic literature review	英国	伦敦大学	大学
95	40	Transparency and sustainability in global commodity supply chains	瑞典	斯德哥尔摩国际环境研究院	科研机构
95	40	Healthy，sustainable and plant-based eating：Perceived（mis）match and involvement-based consumer segments as targets for future policy	比利时	根特大学	大学
95	40	The rush for land in an Urbanizing world：From land grabbing toward developing safe，resilient，and sustainable cities and landscapes	荷兰	乌得勒支大学	大学
95	40	Organic farming and small-scale farmers：Main opportunities and challenges	伊朗	RAZI 大学	大学
95	40	Fish farmers and regulators coping with the wickedness of aquaculture	挪威	挪威科技大学	大学
95	40	Gender，assets，and agricultural development：Lessons from eight projects	国际组织	国际食物政策研究所	科研机构
95	40	Impact of agricultural interventions on the nutritional status in South Asia：A review	印度	英迪拉甘地发展研究所	科研机构
95	40	A new politics of development cooperation? Chinese and Brazilian engagements in African agriculture	英国	苏塞克斯大学	大学
95	40	Toward a food secure future：Ensuring food security for sustainable human development in Sub-Saharan Africa	国际组织	联合国开发计划署	科研机构
95	40	Consumers' preferences for fresh broccolis：Interactive effects between country of origin and organic labels	美国	佛罗里达大学	大学
95	40	Agricultural production，dietary diversity and climate variability	美国	密歇根州立大学	大学
95	40	Did the junk food tax make the Hungarians eat healthier?	英国	爱丁堡大学	大学
95	40	Agrarian capitalization without capitalism? Capitalist dynamics from above and below in China	中国	香港理工大学	大学
95	40	Is there a farm size-productivity relationship in African agriculture? Evidence from Rwanda	国际组织	世界银行	科研机构
95	40	From tragedy to renaissance：Improving agricultural data for better policies	国际组织	世界银行	科研机构

（3）领域高产作者分析：美国高产作者数第一，澳大利亚西澳大学是全球拥有高产作者最多的机构

在农业经济政策学 Top100 高产作者（共 102 位）中，89 位来自大学，13 位来自科研机构。美国有 46 位，全部来自大学；澳大利亚、德国和国际组织均有 10 位；中国有 9 位，其中 8 位来自大学，1 位来自科研机构。澳大利亚西澳大学有 8 位，是全球拥有高产作者最多的机构。国际食物政策研究所、加利福尼亚大学系统和密歇根州立大学分别有 5 位高产作者（表 2–52）。

表 2–52　农业经济政策学 Top100 高产作者情况

序号	h 指数	姓名	国家/国际组织	机构	机构类型
1	14	Qaim Matin	德国	哥廷根大学	大学
2	12	Asche Frank	挪威	斯塔凡格大学	大学
3	11	Barrett Christopher B.	美国	康奈尔大学	大学
4	10	Nayga Rodolfo M. Jr.	美国	阿肯色大学	大学
5	9	Swinnen Johan	比利时	天主教鲁汶大学	大学
5	9	Rozelle Scott	美国	斯坦福大学	大学
5	9	Ma Chunbo	澳大利亚	西澳大学	大学
8	8	张林秀	中国	中国科学院	科研机构
8	8	黄季焜	中国	北京大学	大学
8	8	Lusk Jayson L.	美国	俄克拉荷马州立大学、普渡大学	大学
8	8	Grebitus Carola	美国	亚利桑那州立大学	大学
8	8	Abdulai Awudu	德国	基尔大学	大学
13	7	陈有华	中国	华南农业大学	大学
13	7	Zilberman David	美国	加利福尼亚大学系统	大学
13	7	Verbeke Wim	比利时	根特大学	大学
13	7	Salvati Luca	意大利	意大利农业科研和农业经济分析理事会	科研机构
13	7	Ortega David L.	美国	密歇根州立大学	大学
13	7	Messer Kent D.	美国	特拉华大学	大学
13	7	Hu Wuyang	美国	肯塔基大学	大学

（续表）

序号	h 指数	姓名	国家/国际组织	机构	机构类型
13	7	Hanley Nick	英国	圣安德鲁斯大学	大学
13	7	Deininger Klaus	国际组织	世界银行	科研机构
13	7	Colson Gregory	美国	格鲁吉亚大学	大学
13	7	Bellemare Marc F.	美国	明尼苏达大学	大学
24	6	王晓兵	中国	北京大学	大学
24	6	Yue Chengyan	美国	明尼苏达大学	大学
24	6	Yu Xiaohua	德国	哥廷根大学	大学
24	6	Wesseler Justus	荷兰	瓦格宁根大学	大学
24	6	Smith Aaron	美国	加利福尼亚大学系统	大学
24	6	Smale Melinda	美国	密歇根州立大学	大学
24	6	Schilizzi Steven	澳大利亚	西澳大学	大学
24	6	Pandit Ram	澳大利亚	西澳大学	大学
24	6	Maertens Miet	比利时	天主教鲁汶大学	大学
24	6	Landry Craig E.	美国	格鲁吉亚大学	大学
24	6	Kumar Anjani	国际组织	国际食物政策研究所	科研机构
24	6	Klaiber H. Allen	美国	俄亥俄州立大学	大学
24	6	Hennessy David A.	美国	密歇根州立大学、艾奥瓦州立大学	大学
24	6	Gellynck Xavier	比利时	根特大学	大学
24	6	Gao Zhifeng	美国	佛罗里达大学	大学
24	6	Christiaensen Luc	国际组织	世界银行	科研机构
40	5	朱淀	中国	苏州大学	大学
40	5	吴林海	中国	江南大学	大学
40	5	史耀疆	中国	陕西师范大学	大学
40	5	龚斌磊	中国	浙江大学	大学
40	5	白军飞	中国	中国农业大学	大学
40	5	Zuo Alec	澳大利亚	南澳大利亚大学	大学
40	5	Wheeler Sarah Ann	澳大利亚	南澳大利亚大学	大学
40	5	Warner Mildred E.	美国	康奈尔大学	大学
40	5	Wang H. Holly	美国	普渡大学	大学

（续表）

序号	h 指数	姓名	国家/国际组织	机构	机构类型
40	5	Van Loo Ellen J.	比利时	根特大学	大学
40	5	Trung Thanh Nguyen	德国	汉诺威大学	大学
40	5	Swinton Scott M.	美国	密歇根州立大学	大学
40	5	Sumner Daniel A.	美国	加利福尼亚大学系统	大学
40	5	Spiller Achim	德国	哥廷根大学	大学
40	5	Spielman David J.	国际组织	国际食物政策研究所	科研机构
40	5	Smith Martin D.	美国	杜克大学	大学
40	5	Polyakov Maksym	澳大利亚	西澳大学	大学
40	5	Petrolia Daniel R.	美国	密西西比州立大学	大学
40	5	Partridge Mark D.	美国	俄亥俄州立大学	大学
40	5	Pardey Philip G.	美国	明尼苏达大学	大学
40	5	Pannell David J.	澳大利亚	西澳大学	大学
40	5	Nielsen Max	丹麦	哥本哈根大学	大学
40	5	Musshoff Oliver	德国	哥廷根大学	大学
40	5	Mishra Ashok K.	美国	路易斯安那州立大学	大学
40	5	Meuwissen Miranda P. M.	荷兰	瓦格宁根大学	大学
40	5	Mendelsohn Robert	美国	耶鲁大学	大学
40	5	McFadden Brandon R.	美国	佛罗里达大学	大学
40	5	McCluskey Jill J.	美国	华盛顿州立大学	大学
40	5	Lybbert Travis J.	美国	加利福尼亚大学系统	大学
40	5	Lewis Karen E.	美国	田纳西大学	大学
40	5	Kumar Neha	国际组织	国际食物政策研究所	科研机构
40	5	Kragt Marit E.	澳大利亚	西澳大学	大学
40	5	Kilic Talip	国际组织	世界银行	科研机构
40	5	Khanna Madhu	美国	伊利诺伊大学系统	大学
40	5	Just David R.	美国	康奈尔大学	大学
40	5	Jayne Thomas S.	美国	密歇根州立大学	大学

（续表）

序号	h 指数	姓名	国家/国际组织	机构	机构类型
40	5	Hochman Gal	美国	罗格斯大学	大学
40	5	Hobbs Jill E.	加拿大	萨斯喀彻温大学	大学
40	5	Hertel Thomas W.	美国	普渡大学	大学
40	5	Heijman Wim	荷兰	瓦格宁根大学	大学
40	5	Handa Sudhanshu	美国	北卡罗来纳州立大学	大学
40	5	Hailu Atakelty	澳大利亚	西澳大学	大学
40	5	Grote Ulrike	德国	汉诺威大学	大学
40	5	Glauben Thomas	德国	德国莱布尼茨学会	科研机构
40	5	Fisher-Vanden Karen	美国	宾夕法尼亚州立大学	大学
40	5	Finger Robert	瑞士	苏黎世联邦理工学院	大学
40	5	Erenstein Olaf	国际组织	国际玉米小麦改良中心	科研机构
40	5	Delgado Michael S.	美国	普渡大学	大学
40	5	de Brauw Alan	国际组织	国际食物政策研究所	科研机构
40	5	Chavas Jean-Paul	美国	威斯康星大学系统	大学
40	5	Carletto Calogero	国际组织	世界银行	科研机构
40	5	Caputo Vincenzina	美国	密歇根州立大学	大学
40	5	Canavari Maurizio	意大利	博洛尼亚大学	大学
40	5	Burton Michael	澳大利亚	西澳大学	大学
40	5	Bronnmann Julia	德国	基尔大学	大学
40	5	Bravo-Ureta Boris E.	美国	康涅狄格大学	大学
40	5	Birol Ekin	国际组织	国际食物政策研究所	科研机构
40	5	Berger Thomas	德国	霍恩海姆大学	大学
40	5	Baylis Kathy	美国	伊利诺伊大学系统	大学
40	5	Balcombe Kelvin	英国	阅读大学	大学
40	5	Ankamah-Yeboah Isaac	丹麦	哥本哈根大学	大学
40	5	Alwang Jeffrey	美国	弗吉尼亚理工大学	大学
40	5	Alston Julian M.	美国	加利福尼亚大学系统	大学

（4）领域国际合作分析：美国、中国和英国第一作者与通讯作者国际合作论文量排名前三

2015—2019 年，22 国第一作者和通讯作者国际合作发文量直接加和为 3648 篇。美国排名第一，为 927 篇，占比 25.41%。中国排名第二，为 527 篇，占比 14.45%（图 2-33）。

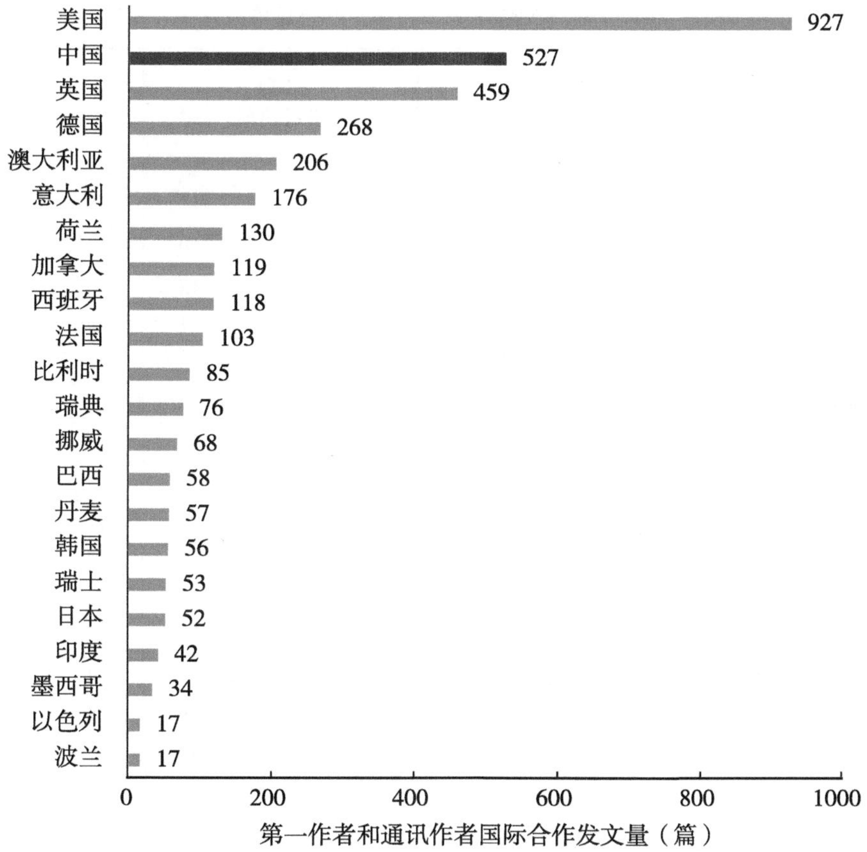

图 2-33　2015—2019 年农业经济政策学第一作者和通讯作者国际合作发文量

2.2.17　农业信息技术

（1）领域科技论文竞争力指数分析：中国科技论文竞争力全球第一，美国紧随其后

中国和美国跻身前二且分数接近，竞争力得分大于 9。中国发文量几乎是第二名的 2 倍，但 CNCI 指标排名靠后。英国、德国、意大利、澳大利亚、西班牙、荷兰、瑞士、法国、加拿大、丹麦、挪威、印度、瑞典、日本、比利时、韩国、墨西哥 17 个国家竞争力得分在 3~6。瑞士 CNCI 指标排名第一。巴西、波兰、以色列 3 个国家竞争力得分小于 3（表 2-53）。

从发文量指标来看，22 个国家发文量直接加和为 11288 篇。其中，中国发表 3553 篇，排名第一，占总发文量的 31.48%；美国发表 1954 篇，排名第二，占总发文量的 17.31%。

从 CNCI 指标来看，全部 22 国均高于全球平均水平。瑞士、荷兰两国领先且分数接近，中国 CNCI 排名仅第二十位。从高被引论文量来看，美国排名第一，中国排名第二。

表 2-53　2015—2019 年国家农业信息技术科技论文竞争力指数

国家	国家科技论文竞争力（一级指标）		发文量（二级指标）			CNCI（二级指标）			高被引论文量（二级指标）		
	得分	排名	数量（篇）	得分	排名	数值	得分	排名	数量（篇）	得分	排名
中国	10.00	1	3553	10.00	1	1.19	5.64	20	46	9.20	2
美国	9.15	2	1954	5.50	2	1.53	7.22	12	50	10.00	1
英国	5.93	3	879	2.47	3	1.54	7.26	11	25	5.00	3
德国	5.76	4	453	1.27	6	1.87	8.82	3	21	4.20	4
意大利	5.35	5	440	1.24	7	1.83	8.64	4	17	3.40	5
澳大利亚	5.19	6	474	1.33	5	1.81	8.56	5	15	3.00	6
西班牙	4.85	7	483	1.36	4	1.71	8.09	7	13	2.60	8
荷兰	4.83	8	209	0.59	13	1.95	9.20	2	11	2.20	9
瑞士	4.72	9	117	0.33	17	2.12	10.00	1	7	1.40	12
法国	4.69	10	380	1.07	9	1.65	7.79	10	14	2.80	7
加拿大	4.51	11	349	0.98	11	1.70	8.02	8	11	2.20	9
丹麦	3.84	12	109	0.31	18	1.79	8.44	6	4	0.80	16
挪威	3.64	13	70	0.20	22	1.66	7.85	9	5	1.00	14
印度	3.55	14	378	1.06	10	1.34	6.35	17	7	1.40	12
瑞典	3.38	15	140	0.39	16	1.52	7.20	13	4	0.80	16
日本	3.38	16	415	1.17	8	1.15	5.42	21	9	1.80	11
比利时	3.33	17	161	0.45	14	1.49	7.02	14	4	0.80	16
韩国	3.26	18	158	0.44	15	1.41	6.65	16	5	1.00	14
墨西哥	3.14	19	85	0.24	20	1.43	6.77	15	4	0.80	16
巴西	2.90	20	304	0.86	12	1.22	5.74	18	3	0.60	20
波兰	2.39	21	102	0.29	19	1.19	5.64	19	0	0.00	22
以色列	2.21	22	75	0.21	21	1.08	5.08	22	1	0.20	21

（2）领域高质量论文分析：美国高质量论文数全球第一，美国俄克拉何马州立大学是全球高质量论文最多的机构

在农业信息技术 Top100 高质量论文中（共 102 篇），73 篇来自大学，占比 71.57%，17 篇来自科研机构，9 篇来自政府部门，4 篇来自企业。美国有 25 篇文章，排名第一，

其中大学发表17篇，政府发表6篇，企业发表2篇。中国有21篇，排名第二，其中大学发表17篇，科研机构发表4篇，企业发表1篇。美国俄克拉何马州立大学有4篇，是全球拥有高质量论文最多的机构。中国农业科学院、科隆大学和美国农业部分别发表3篇（表2-54）。

这些高质量论文涉及农业信息技术多方面研究，包括但不限于大田无人机遥感数据图像处理与分析、卫星图像分析、农业无线传感器网络、物联网5G网络、农业大数据等研究方向。

表2-54 农业信息技术Top100高质量论文情况

序号	被引频次	论文题目	国家/国际组织	机构	机构类型
1	292	Deep learning in agriculture: A survey	西班牙	西班牙国家农业与食品技术研究院	科研机构
2	265	Qualimap 2: Advanced multi-sample quality control for high-throughput sequencing data	德国	马克斯·普朗克科学促进学会	科研机构
3	262	Deep learning classification of land cover and crop types using remote sensing data	乌克兰	乌克兰国家科学院	科研机构
4	241	Combining UAV-based plant height from crop surface models, visible, and near infrared vegetation indices for biomass monitoring in barley	德国	科隆大学	大学
5	239	Overview and current status of remote sensing Applications Based on Unmanned Aerial Vehicles (UAVs)	西班牙	马德里康普顿斯大学	大学
6	236	A survey on 5G networks for the internet of things: Communication technologies and challenges	南非、尼日利亚	比勒陀利亚大学、马库迪农业大学	大学
7	215	Validation of SMAP surface soil moisture products with core validation sites	美国	加利福尼亚理工学院	大学
8	213	Wireless sensor networks for agriculture: The state-of-the-art in practice and future challenges	印度	卡哈拉格普尔理工学院	大学
9	194	Assessment of the SMAP passive soil moisture product	美国	美国宇航局	政府
10	182	Generating 3D hyperspectral information with lightweight UAV snapshot cameras for vegetation monitoring: From camera calibration to quality assurance	德国	科隆大学	大学
11	179	Evaluating multispectral images and vegetation indices for precision farming applications from UAV images	意大利	布鲁诺·凯斯勒基金会	科研机构
11	179	Intercomparison of UAV, aircraft and satellite remote sensing platforms for precision viticulture	意大利	意大利国家研究委员会	科研机构

（续表）

序号	被引频次	论文题目	国家/国际组织	机构	机构类型
13	170	Modelling with stakeholders-Next generation	印度	印度理工学院	大学
14	151	On - manifold preintegration for real - time visual-inertial odometry	瑞士	苏黎世大学	大学
15	149	Fuzziness based sample categorization for classifier performance improvement	中国	深圳大学	大学
16	146	Mapping paddy rice planting area in northeastern Asia with Landsat 8 images, phenology-based algorithm and Google Earth Engine	美国	俄克拉何马州立大学	大学
16	146	Mapping farmland abandonment and recultivation across Europe using MODIS NDVI time series	德国	柏林洪堡大学	大学
18	135	Assessment of RapidEye vegetation indices for estimation of leaf area index and biomass in corn and soybean crops	加拿大	加拿大农业与农业食品部	政府
19	134	Single-carrier SM-MIMO: A promising design for broadband large-scale antenna systems	中国	电子科技大学	大学
20	133	Sensors and systems for fruit detection and localization: A review	美国	华盛顿州立大学	大学
21	131	Far - red sun - induced chlorophyll fluorescence shows ecosystem - specific relationships to gross primary production: An assessment based on observational and modeling approaches	瑞士	苏黎世大学	大学
21	131	A scalable satellite-based crop yield mapper	美国	斯坦福大学	大学
23	130	Sentinel-2 cropland mapping using pixel-based and object-based time-weighted dynamic time warping analysis	荷兰	特文特大学	大学
24	129	Toward mapping crop progress at field scales through fusion of Landsat and MODIS imagery	美国	美国农业部	政府
24	129	The Airborne Snow Observatory: Fusion of scanning lidar, imaging spectrometer, and physically- based modeling for mapping snow water equivalent and snow albedo	美国	美国国家航空航天局	政府
26	126	Hyperspectral image super-resolution via non-negative structured sparse representation	中国、美国	西安电子科技大学、南京大学、华为技术有限公司、弗吉尼亚大学	大学、企业
27	123	A flexible spatiotemporal method for fusing satellite images with different resolutions	美国	科罗拉多州立大学	大学
28	122	The harmonized landsat and sentinel-2 surface reflectance data set	美国	马里兰大学系统	大学
28	122	Assessing the robustness of Random Forests to map land cover with high resolution satellite image time series over large areas	法国	新基公司	企业

（续表）

序号	被引频次	论文题目	国家/国际组织	机构	机构类型
30	119	Green supplier selection using fuzzy group decision making methods：A case study from the agri-food industry	澳大利亚	悉尼大学	大学
31	116	Crop modelling for integrated assessment of risk to food production from climate change	德国	波恩大学	大学
31	116	Tracking the dynamics of paddy rice planting area in 1986-2010 through time series Landsat images and phenology-based algorithms	美国	俄克拉何马州立大学	大学
33	113	The soil moisture active passive validation experiment 2012（SMAPVEX12）：Prelaunch calibration and validation of the SMAP soil moisture algorithms	加拿大	加拿大农业与农业食品部	政府
33	113	Discrete anisotropic radiative transfer（DART 5）for modeling airborne and satellite spectroradiometer and LIDAR acquisitions of natural and urban landscapes	法国	图卢兹大学	大学
35	112	A secure light weight scheme for user authentication and key agreement in multi-gateway based wireless sensor networks	印度	印度理工学院	大学
36	109	Subcarrier-index modulation aided OFDM will it work?	英国	南安普敦大学	大学
37	108	IoT-based real-time production logistics synchronization system under smart cloud manufacturing	中国	广东工业大学	大学
38	107	Assessment of an operational system for crop type map production using high temporal and spatial resolution satellite optical imagery	法国	生物圈空间研究中心	科研机构
38	107	An automatic object-based method for optimal thresholding in UAV images：Application for vegetation detection in herbaceous crops	西班牙	西班牙高等科学研究理事会	科研机构
40	105	Smart factory of industry 4.0：Key technologies，application case，and challenges	中国	华南理工大学	大学
40	105	Combining deep learning and level set for the automated segmentation of the left ventricle of the heart from cardiac cine magnetic resonance	澳大利亚	阿德莱德大学	大学
40	105	An improved mono-window algorithm for land surface temperature retrieval from landsat 8 thermal infrared sensor Data	中国	中国农业科学院	科研机构
43	102	A novel hybrid artificial intelligence approach for flood susceptibility assessment	伊朗	库尔德斯坦大学	大学
44	98	On the use of unmanned Aerial systems for environmental monitoring	意大利	巴西利卡塔大学	大学

（续表）

序号	被引频次	论文题目	国家/国际组织	机构	机构类型
45	97	Quantitative and localization diagnosis of a defective ball bearing based on vertical-horizontal synchronization signal analysis	中国	北京理工大学	大学
45	97	Understanding the temporal behavior of crops using Sentinel-1 and Sentinel-2-like data for agricultural applications	法国	图卢兹大学	大学
45	97	Mapping tree canopy cover and aboveground biomass in sudano-sahelian woodlands using landsat 8 and random forest	瑞典	林雪平大学	大学
48	96	A review on the practice of big data analysis in agriculture	西班牙	加泰罗尼亚理工大学	大学
49	95	Mapping crop phenology using NDVI time-series derived from HJ-1 A/B data	中国	浙江大学	大学
50	94	Quantitative remote sensing at ultra-high resolution with UAV spectroscopy：A review of sensor technology，measurement procedures，and data correction workflows	瑞士	苏黎世联邦理工学院	大学
50	94	Training set size，scale，and features in geographic object-based image analysis of very high resolution unmanned aerial vehicle imagery	中国	南京大学	大学
52	93	Estimates of plant density of wheat crops at emergence from very low altitude UAV imagery	法国	法国农业科学院	科研机构
52	93	Beyond 3-D：The new spectrum of lidar applications for earth and ecological sciences	美国	爱达荷州立大学	大学
54	92	Development and assessment of the SMAP enhanced passive soil moisture product	美国	美国国家航空航天局	政府
54	92	Global sensitivity analysis of the SCOPE model：What drives simulated canopy-leaving sun-induced fluorescence?	西班牙	巴伦西亚大学	大学
56	91	Global rain-fed，irrigated，and paddy croplands：A new high resolution map derived from remote sensing，crop inventories and climate data	美国	威斯康星大学系统	大学
57	90	RAxML-NG：a fast，scalable and user-friendly tool for maximum likelihood phylogenetic inference	德国	海德堡理论研究所	科研机构
57	90	SENTINEL-2A red-edge spectral indices suitability for discriminating burn severity	西班牙	巴利亚多利德大学	大学
59	89	Monitoring daily evapotranspiration over two California vineyards using Landsat 8 in a multi-sensor data fusion approach	美国	美国农业部	政府
60	88	Using sentinel-2 data for retrieving LAI and leaf and canopy chlorophyll content of a potato crop	荷兰	瓦格宁根大学	大学

（续表）

序号	被引频次	论文题目	国家/国际组织	机构	机构类型
61	87	tcsBU：a tool to extend TCS network layout and visualization	葡萄牙	波尔图大学	大学
62	86	Mapping paddy rice planting areas through time series analysis of MODIS land surface temperature and vegetation index data	美国	俄克拉何马州立大学	大学
63	85	ggfortify：Unified interface to visualize statistical results of popular R packages	美国	Uptake 公司	企业
63	85	The Evaporative Stress Index as an indicator of agricultural drought in Brazil：An assessment based on crop yield impacts	美国	美国农业部	政府
63	85	Estimation of crop LAI using hyperspectral vegetation indices and a hybrid inversion method	中国	江苏师范大学	大学
66	84	Satellite soil moisture for agricultural drought monitoring：Assessment of the SMOS derived soil water deficit index	西班牙	萨拉曼卡大学	大学
67	81	Consistency between sun－induced chlorophyll fluorescence and gross primary production of vegetation in North America	美国	俄克拉何马州立大学	大学
68	80	Predicting grain yield in rice using multi－temporal vegetation indices from UAV－based multispectral and digital imagery	中国	南京农业大学	大学
68	80	Farm management information systems：Current situation and future perspectives	希腊	雅典农业大学	大学
68	80	Comparing the accuracies of remote sensing global burned area products using stratified random sampling and estimation	西班牙	阿尔卡拉大学	大学
68	80	Value－centric design of the internet－of－things solution for food supply chain：Value creation，sensor portfolio and information fusion	瑞典	瑞典皇家理工学院	大学
72	79	Image segmentation for fruit detection and yield estimation in apple orchards	澳大利亚	悉尼大学	大学
72	79	An overview of current and potential applications of thermal remote sensing in precision agriculture	美国	俄亥俄州立大学	大学
72	79	The fourth phase of the radiative transfer model intercomparison（RAMI）exercise：Actual canopy scenarios and conformity testing	意大利	欧洲共同体委员会	政府
72	79	Accuracy，robustness and behavior of the STICS soil－crop model for plant，water and nitrogen outputs：Evaluation over a wide range of agro－environmental conditions in France	法国	法国农业科学院	科研机构
76	78	Service－oriented feature－based data exchange for cloud－based design and manufacturing	中国	武汉大学	大学

(续表)

序号	被引频次	论文题目	国家/国际组织	机构	机构类型
77	76	A two - stage consensus method for large - scale multi - attribute group decision making with an application to earthquake shelter selection	中国	华南农业大学	大学
77	76	Survey of fog computing: Fundamental, network applications, and research challenges	中国	南京农业大学	大学
77	76	Sensor planning for a symbiotic UAV and UGV system for precision agriculture	美国	弗吉尼亚理工大学	大学
77	76	Fusion of plant height and vegetation indices for the estimation of barley biomass	德国	科隆大学	大学
77	76	Generation of spectral-temporal response surfaces by combining multispectral satellite and hyperspectral UAV imagery for precision agriculture applications	荷兰	特文特大学	大学
77	76	A novel multi criteria decision making model for optimizing time-cost-quality trade-off problems in construction projects	土耳其	东地中海大学	大学
83	75	Model - based analysis of the relationship between sun - induced chlorophyll fluorescence and gross primary production for remote sensing applications	中国	南京大学	大学
83	75	GIS based land suitability assessment for tobacco production using AHP and fuzzy set in Shandong province of China	中国	中国农业科学院	科研机构
85	74	Lane - changes prediction based on adaptive fuzzy neural network	中国	同济大学	大学
85	74	A multi-sensor system for high throughput field phenotyping in soybean and wheat breeding	美国	内布拉斯加大学	大学
85	74	ARGs-OAP: online analysis pipeline for antibiotic resistance genes detection from metagenomic data using an integrated structured ARG-database	中国、美国	香港大学、密歇根州立大学	大学
85	74	Leaf segmentation in plant phenotyping: A collation study	意大利、英国	IMT 卢卡高等教育学院、爱丁堡大学	大学
89	73	iTerm - PseKNC: A sequence - based tool for predicting bacterial transcriptional terminators	中国	中国电子科技大学、华北科技大学、西南医科大学	大学
89	73	Counting apples and oranges with deep learning: A data-driven approach	美国	宾夕法尼亚大学	大学
89	73	Monitoring rice agriculture across myanmar using time series Sentinel-1 Assisted by Landsat-8 and PALSAR-2	美国	Applied Geosolutions	企业

（续表）

序号	被引频次	论文题目	国家/国际组织	机构	机构类型
89	73	Estimation of canopy attributes in beech forests using true colour digital images from a small fixed-wing UAV	意大利	意大利农业科研和农业经济分析理事会	科研机构
93	72	An Overview of Internet of Things（IoT）and Data Analytics in Agriculture：Benefits and Challenges	马来西亚	泰诺大学	大学
93	72	Estimation of winter wheat above-ground biomass using unmanned aerial vehicle-based snapshot hyperspectral sensor and crop height improved models	中国	北京农林科学院、北京市工程技术研究中心	科研机构
93	72	Collect Earth：Land use and land cover assessment through augmented visual interpretation	国际组织	联合国粮食及农业组织	科研机构
96	71	Multi-scale evaluation of global gross primary productivity and evapotranspiration products derived from Breathing Earth System Simulator（BESS）	韩国	首尔大学	大学
96	71	Sensitivity of GNSS-R spaceborne observations to soil moisture and vegetation	西班牙	加泰罗尼亚理工大学	大学
96	71	Agricultural production systems modelling and software：Current status and future prospects	德国	柏林洪堡大学	大学
96	71	Crop classification of upland fields using Random forest of time-series Landsat 7 ETM+ data	日本	东京农工大学	大学
96	71	Mapping land cover in complex Mediterranean landscapes using Landsat：Improved classification accuracies from integrating multi-seasonal and synthetic imagery	德国	柏林洪堡大学	大学
101	70	A framework for the retrieval of all-weather land surface temperature at a high spatial resolution from polar-orbiting thermal infrared and passive microwave data	中国	中国农业科学院	科研机构
101	70	PolyMarker：A fast polyploid primer design pipeline	英国	英国基因组分析中心	科研机构

（3）领域高产作者分析：中国高产作者数第一，中国农业大学是全球高产作者最多的机构

在农业信息技术 Top100 高产作者（共 144 位）中，97 位来自大学，32 位来自科研机构，15 位来自政府。中国拥有 55 位，其中 36 位来自大学，19 位来自科研机构。美国有 31 位，其中 22 位来自大学，9 位来自政府。中国农业大学有 9 位，是全球拥有高产作者最多的机构。美国农业部有 8 位，中国科学院有 7 位，中国农业科学院、加拿大农业与农业食品部和南京农业大学分别有 6 位（表 2-55）。

表 2-55　农业信息技术 Top100 高产作者情况

序号	h 指数	姓名	国家/国际组织	机构	机构类型
1	18	肖向明	中国	复旦大学	大学
2	17	Dong Jinwei	美国	俄克拉何马大学	大学
3	14	杨贵军	中国	北京农林科学院	科研机构
3	14	李召良	中国	中国农业科学院	科研机构
5	13	Qin Yuanwei	美国	俄克拉何马州立大学	大学
6	12	徐义田	中国	中国农业大学	大学
7	11	黄敬峰	中国	浙江大学	大学
7	11	冯海宽	中国	北京农林科学院	科研机构
7	11	段四波	中国	中国农业科学院	科研机构
7	11	Shang Jiali	加拿大	加拿大农业与农业食品部	政府
7	11	McNairn Heather	加拿大	加拿大农业与农业食品部	政府
7	11	Lu Dengsheng	美国	密歇根州立大学	大学
7	11	Defourny Pierre	比利时	天主教鲁汶大学	大学
14	10	朱艳	中国	南京农业大学	大学
14	10	李振海	中国	北京农林科学院	科研机构
14	10	黄文江	中国	中国科学院	科研机构
14	10	Zhang Geli	美国	俄克拉荷马大学	大学
14	10	Wang Jie	美国	俄克拉何马州立大学	大学
14	10	Shu Lei	英国	林肯大学	大学
14	10	Gobakken Terje	挪威	挪威生命科学大学	大学
21	9	田永超	中国	南京农业大学	大学
21	9	梁天刚	中国	兰州大学	大学
21	9	程涛	中国	南京农业大学	大学
21	9	Sugiura Shinya	日本	东京农工大学	大学
21	9	McRoberts Ronald E.	美国	美国森林管理局	政府
21	9	Liu Jiangui	加拿大	加拿大农业与农业食品部	政府
21	9	Gao Feng	美国	美国农业部	政府
21	9	Chirici Gherardo	意大利	佛罗伦萨大学	大学
29	8	赵春江	中国	北京农林科学院	科研机构
29	8	姚霞	中国	南京农业大学	大学

（续表）

序号	h 指数	姓名	国家/国际组织	机构	机构类型
29	8	吴炳方	中国	中国科学院	科研机构
29	8	苗宇新	中国	中国农业大学	大学
29	8	冷佩	中国	中国农业科学院	科研机构
29	8	冯琦胜	中国	兰州大学	大学
29	8	邓乃扬	中国	中国农业大学	大学
29	8	Zribi Mehrez	法国	图卢兹第三大学	大学
29	8	Zhao Kaiguang	美国	俄亥俄州立大学	大学
29	8	Rascher Uwe	德国	朱利希研究中心	科研机构
29	8	Petropoulos George P.	英国	亚伯大学	大学
29	8	Naesset Erik	挪威	挪威生命科学大学	大学
29	8	Mansaray Lamin R.	中国	浙江大学	大学
29	8	Kuenzer Claudia	德国	德国航空航天中心	科研机构
29	8	Inglada Jordi	法国	图卢兹第三大学	大学
29	8	Hostert Patrick	德国	柏林洪堡大学	大学
29	8	Hajnsek Irena	瑞士	苏黎世联邦理工学院	大学
29	8	Congalton Russell G.	美国	新罕布什尔大学	大学
29	8	Busetto Lorenzo	意大利	意大利国家研究委员会	科研机构
29	8	Boschetti Mirco	意大利	意大利国家研究委员会	科研机构
29	8	Begue Agnes	法国	法国国际农业研究中心	科研机构
29	8	Bareth Georg	德国	科隆大学	大学
29	8	Baghdadi Nicolas	法国	法国国家环境与农业科技研究院	科研机构
29	8	Anderson Martha C.	美国	美国农业部	政府
53	7	朱德海	中国	中国农业大学	大学
53	7	杨浩	中国	北京农林科学院	科研机构
53	7	吴骅	中国	中国科学院	科研机构
53	7	潘贤丽	中国	中国农业大学	大学
53	7	寇卫利	中国	中国西南林业大学	大学
53	7	黄晓东	中国	兰州大学	大学
53	7	黄琼	中国	华南农业大学	大学

（续表）

序号	h 指数	姓名	国家/国际组织	机构	机构类型
53	7	黄健熙	中国	中国农业大学	大学
53	7	何勇	中国	浙江大学	大学
53	7	曹卫星	中国	南京农业大学	大学
53	7	Zhou Yuting	美国	俄克拉何马州立大学	大学
53	7	Zhang Qin	美国	华盛顿州立大学	大学
53	7	Yang Chenghai	美国	美国农业部	政府
53	7	Xie Hongjie	美国	得克萨斯大学系统	大学
53	7	Wang Jinfei	加拿大	西部大学	大学
53	7	Waldner Francois	比利时	天主教鲁汶大学	大学
53	7	Tang Bo-Hui	中国	中国科学院	科研机构
53	7	Sanchez Nilda	西班牙	萨拉曼卡大学	大学
53	7	Pignatti Stefano	意大利	意大利国家研究委员会	科研机构
53	7	Olsson Hakan	瑞典	瑞典农业科学大学	大学
53	7	Meroni Michele	欧洲	欧盟委员会	科研机构
53	7	Martinez-Fernandez Jose	西班牙	萨拉曼卡大学	大学
53	7	Lopez-Sanchez Juan M.	西班牙	阿拉贡大学	大学
53	7	Li Changying	美国	佐治亚大学系统	大学
53	7	Kustas William P.	美国	美国农业部	政府
53	7	Judge Jasmeet	美国	佛罗里达大学	大学
53	7	Jackson Thomas J.	美国	美国农业部	政府
53	7	Hagolle Olivier	法国	图卢兹第三大学	大学
53	7	Guo Qinghua	美国	加利福尼亚大学系统	大学
53	7	Gonzalez-Zamora Angel	西班牙	萨拉曼卡大学	大学
53	7	Dong Taifeng	加拿大	加拿大农业与农业食品部	政府
53	7	Dedieu Gerard	法国	法国国家科学研究中心	科研机构
53	7	Cosh Michael H.	美国	美国农业部	政府
53	7	Chen QI	美国	夏威夷大学	大学
53	7	Casa Raffaele	意大利	图西亚大学	大学
53	7	Biradar Chandrashekhar	国际组织	国际干旱地区农业研究中心	科研机构

（续表）

序号	h 指数	姓名	国家/国际组织	机构	机构类型
89	6	张淼	中国	中国科学院	科研机构
89	6	杨智基	中国	中国农业大学	大学
89	6	吴文斌	中国	中国农业科学院	科研机构
89	6	魏传文	中国	浙江大学	大学
89	6	王震	中国	内蒙古大学	大学
89	6	王昌栋	中国	中山大学	大学
89	6	万加富	中国	华南理工大学	大学
89	6	唐荣林	中国	中国科学院	科研机构
89	6	束锋	中国	福建农林大学	大学
89	6	史云	中国	中国农业科学院	科研机构
89	6	邵元海	中国	浙江工业大学	大学
89	6	牛铮	中国	中国科学院	科研机构
89	6	林相泽	中国	南京农业大学	大学
89	6	李香萍	中国	复旦大学	大学
89	6	李民赞	中国	中国农业大学	大学
89	6	李康顺	中国	华南农业大学	大学
89	6	李军	中国	南京理工大学	大学
89	6	李道亮	中国	中国农业大学	大学
89	6	黄栋	中国	华南农业大学	大学
89	6	陈仲新	中国	中国农业科学院	科研机构
89	6	陈日清	中国	福建农林大学	大学
89	6	陈帮乾	中国	中国热带农业科学院	科研机构
89	6	Yadav Kamini	美国	新罕布什尔大学	大学
89	6	Wynne Randolph H.	美国	弗吉尼亚理工大学	大学
89	6	Wang Xiufeng	日本	北海道大学	大学
89	6	Wallach Daniel	法国	法国国家农学研究所	科研机构
89	6	Vicente-Guijalba Fernando	西班牙	阿拉贡大学	大学
89	6	Valero Silvia	法国	图卢兹第三大学	大学
89	6	Tani Hiroshi	日本	北海道大学	大学
89	6	Sukkarieh Salah	澳大利亚	悉尼大学	大学

（续表）

序号	h 指数	姓名	国家/国际组织	机构	机构类型
89	6	Su Yanjun	美国	加利福尼亚大学系统	大学
89	6	Stahl Goran	瑞典	瑞典农业科学大学	大学
89	6	Ryu Youngryel	韩国	首尔大学	大学
89	6	Reese Heather	瑞典	瑞典农业科学大学	大学
89	6	Pascucci Simone	意大利	意大利国家研究委员会	科研机构
89	6	Magagi Ramata	加拿大	舍布鲁克大学	大学
89	6	Liu Pang-Wei	美国	佛罗里达大学	大学
89	6	Li Yan	澳大利亚	南昆士兰大学	大学
89	6	Li Chun-Na	中国	浙江大学	大学
89	6	Johnson David M.	美国	美国农业部	政府
89	6	Jin Cui	美国	俄克拉何马州立大学	大学
89	6	Huffman Ted	加拿大	加拿大农业与农业食品部	政府
89	6	Guanter Luis	德国	波茨坦地球科学研究中心	大学
89	6	Goita Kalifa	加拿大	舍布鲁克大学	大学
89	6	El Hajj Mohammad	法国	法国国家农业食品与环境研究院	科研机构
89	6	Deng Mingcong	日本	东京农工大学	大学
89	6	Daughtry Craig S. T.	美国	美国农业部	政府
89	6	Damm Alexander	瑞士	苏黎世大学	大学
89	6	Colliander Andreas	美国	加州理工学院	大学
89	6	Cogliati Sergio	意大利	米兰比科卡大学	大学
89	6	Champagne Catherine	加拿大	加拿大农业与农业食品部	政府
89	6	Camps Adriano	西班牙	加泰罗尼亚理工大学	大学
89	6	Becker-Reshef Inbal	美国	马里兰大学	大学
89	6	Ampatzidis Yiannis	美国	佛罗里达大学	大学
89	6	Alonso Luis	西班牙	瓦伦西亚大学	大学
89	6	Aasen Helge	德国	科隆大学	大学

（4）领域国际合作分析：中国和美国的第一作者与通讯作者国际合作论文量排名第一

2015—2019 年，22 国第一作者和通讯作者国际合作发文量直接加和为 3435 篇。中国排名第一，为 1187 篇，占比 34.56%，远高于第二名美国（图 2-34）。

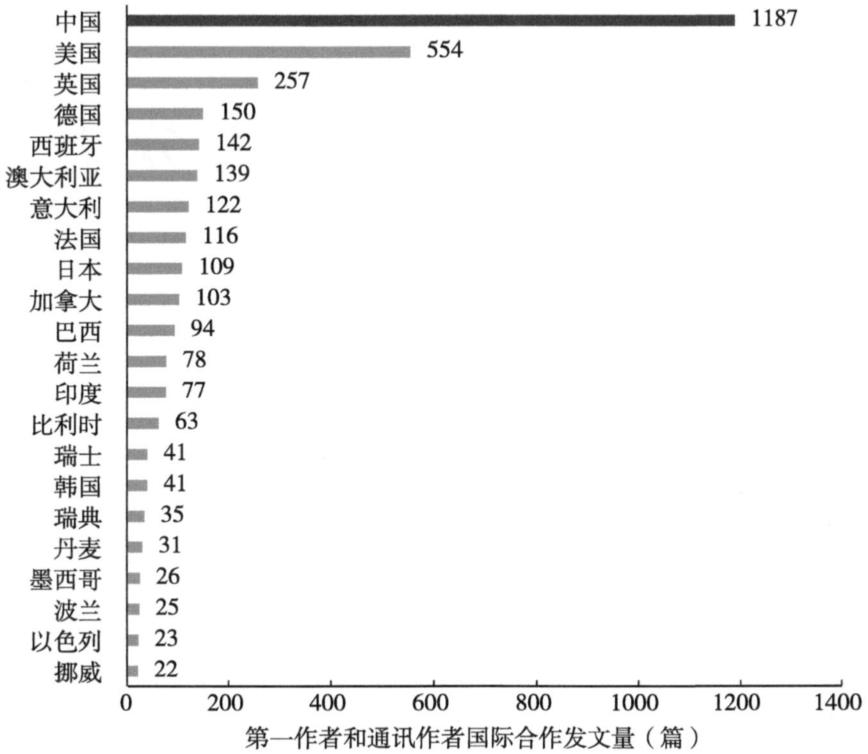

图 2-34 2015—2019 年农业信息技术第一作者和通讯作者国际合作发文量

3

全球农业专利竞争力分析

3.1 总体专利竞争力指数

3.1.1 国家农业总体专利竞争力指数

中国农业专利竞争力指数全球第三，发明专利申请量居22国之首，专利授权率排名第八位。

2015—2019年，22国农业专利竞争力指数排名：美国第一，丹麦第二，中国第三（表3-1）。

中国农业领域发明专利申请量612709件，在22国中位居第一，是第二名美国的近4倍多。中国专利授权率在22国中排名第八。虽然平均被引频次排名第二，仅以微弱劣势落后美国，但在专利家族规模和PCT（Patent Cooperation Treaty，专利合作协定）专利申请占比方面，中国排名均垫底，说明中国机构亟待加强专利布局和专利保护意识，这与中国农业专利技术突出的产出能力形成鲜明对比，我国虽然专利基数大，但专利技术保护能力仍有待提升。

美国农业领域发明专利申请量位居第二，专利授权率位居第五，平均被引频次在22国中领先，体现了美国在全球农业技术方面的重要引领地位。

丹麦和以色列尽管在专利申请量和专利授权率方面并不具备突出优势，但重视专利布局保护，专利家族规模和PCT专利申请占比两方面均排名靠前。

表 3-1　2015—2019 年国家农业专利竞争力指数

国家	国家专利竞争力指数（一级指标）		专利申请量（二级指标）			专利授权率（二级指标）			平均被引频次（二级指标）			专利家族规模（二级指标）			PCT 专利占比（二级指标）		
	得分	排名	数值（件）	得分	排名	数值（%）	得分	排名	数值	得分	排名	数值	得分	排名	数值（%）	得分	排名
美国	10.00	1	131324	2.14	2	13.10	2.56	5	0.69	10.00	1	2.30	6.59	14	11.36	6.40	15
丹麦	9.01	2	3651	0.06	13	5.53	1.08	18	0.37	5.36	5	3.17	9.08	2	16.63	9.37	3
中国	8.84	3	612709	10.00	1	10.99	2.15	8	0.63	9.13	2	1.03	2.95	22	0.46	0.26	22
英国	8.75	4	12003	0.20	8	8.21	1.61	11	0.46	6.67	3	2.93	8.40	4	13.09	7.38	10
瑞士	8.71	5	15917	0.26	6	7.43	1.45	14	0.36	5.22	7	3.49	10.00	1	12.75	7.19	11
以色列	8.68	6	3461	0.06	15	4.57	0.89	19	0.37	5.36	5	2.70	7.74	9	17.74	10.00	1
德国	8.28	7	45175	0.74	5	11.62	2.27	7	0.35	5.07	9	3.13	8.97	3	10.46	5.90	18
瑞典	8.19	8	3523	0.06	14	7.98	1.56	12	0.30	4.35	11	2.67	7.65	10	16.09	9.07	6
法国	8.05	9	15031	0.25	7	14.37	2.81	4	0.30	4.35	11	2.83	8.11	6	12.06	6.80	13
挪威	7.94	10	1326	0.02	20	4.22	0.83	20	0.23	3.33	15	2.80	8.02	7	17.35	9.78	2
韩国	7.84	11	57146	0.93	3	51.10	10.00	1	0.38	5.51	4	1.25	3.58	20	3.01	1.70	20
意大利	7.84	12	3930	0.06	11	11.93	2.33	6	0.24	3.48	14	2.28	6.53	15	16.49	9.30	4
澳大利亚	7.77	13	3417	0.06	16	3.45	0.68	21	0.23	3.33	15	2.91	8.34	5	16.18	9.12	5
荷兰	7.72	14	8832	0.14	9	10.27	2.01	9	0.33	4.78	10	2.38	6.82	11	13.52	7.62	9
比利时	7.53	15	2750	0.04	18	6.51	1.27	16	0.23	3.33	15	2.79	7.99	8	14.58	8.22	8
加拿大	7.35	16	7164	0.12	10	6.83	1.34	15	0.36	5.22	7	2.31	6.62	13	12.52	7.06	12
西班牙	7.20	17	2509	0.04	19	8.77	1.72	10	0.18	2.61	19	2.33	6.68	12	15.78	8.90	7
日本	7.04	18	48237	0.79	4	17.15	3.36	3	0.26	3.77	13	1.97	5.64	16	10.55	5.95	17
波兰	6.10	19	654	0.01	22	22.78	4.46	2	0.11	1.59	20	1.47	4.21	18	11.77	6.63	14
印度	5.79	20	3330	0.05	17	6.34	1.24	17	0.20	2.90	18	1.93	5.53	17	11.20	6.31	16
墨西哥	3.50	21	1100	0.02	21	7.73	1.51	13	0.08	1.16	21	1.32	3.78	19	5.73	3.23	19
巴西	2.34	22	3696	0.06	12	2.71	0.53	22	0.05	0.72	22	1.22	3.50	21	2.95	1.66	21

3.1.2 机构农业总体专利竞争力指数

美国上榜机构数量遥遥领先，专利技术布局保护具备较强实力。

从22国机构的总体专利竞争力来看（表3-2），美国有41家机构进入全球Top100机构，其中7家机构排名进入前十。中国有9家机构入榜，入榜机构数量在22国中位列第四，以较大差距落后于美国，其中，中国化工集团、中国科学院和中国农业科学院进入Top50分别排名第三十、第三十五和第四十一。德国巴斯夫公司和美国麻省理工学院分别位居第一和第二，以较强实力引领农业技术的发展。

从专利申请量来看，德国巴斯夫公司和拜耳两家公司，排名第一和第二；中国科学院、中国农业科学院和江南大学分别位居第三、第四和第七；瑞士罗氏控股公司和雀巢公司分别位居第六和第九；美国3家机构进入Top10，分别是迪尔公司、Corteva Agriscience公司和加利福尼亚大学。

专利授权率方面，美国有2家机构进入Top10，其中Merschman种子公司专利授权率高达98.86%，位居榜首。中国4家机构进入发明专利授权率排名Top10，分别为国家海洋局第二海洋研究所（第三）、江南大学（第六）、江苏大学（第八）和中国农业科学院（第十）。

从平均被引频次来看，美国有6家机构进入Top10，其中前两名均为美国公司。国家海洋局第二海洋研究所、江苏大学和江南大学虽然专利授权率和平均被引频次均进入Top10，但专利家族规模指数和PCT专利申请占比指数排名均在九十名开外。

专利家族规模方面，美国有4家机构进入Top10，瑞士和法国也各有2家进入Top10。

PCT专利申请量占比方面，美国更是有7家机构进入Top10，以色列、印度和瑞典各有1家机构进入Top10。

3.1.3 发明专利申请量分析

中国是全球最大的农业专利产出贡献国，并以平均每年7.58%的增长率逐年增长。

2015—2019年，全球22个重要农业国家农业领域发明专利申请平均公开量44858件，22国中高于平均专利申请量的国家有5个，分别为中国、美国、韩国、日本和德国。中国以612709件高居榜首，占22国总申请量（986885件）的62.09%，是第二名美国（131324件，占总申请量的13.31%）的4倍多，是第三名韩国（57146件）的10倍多。日本、德国、瑞士、法国和英国分别位列第四至第八位，申请量均超过10000件。亚洲5国专利申请量（724883件）占22国申请总量的73.45%，主要贡献国家是中国、韩国和

表 3-2　2015—2019 年全球机构农业专利竞争力指数

机构名称	所属国家	机构专利竞争力指数（一级指标）		专利申请量（二级指标）			专利授权率（二级指标）			平均被引频次（二级指标）			专利家族规模（二级指标）			PCT 专利占比（二级指标）		
		得分	排名	数量（件）	得分	排名	数值（%）	得分	排名	数值	得分	排名	数值	得分	排名	数值（%）	得分	排名
巴斯夫公司	德国	10.00	1	14849	10.00	1	6.90	0.70	53	0.20	1.32	70	4.08	5.53	13	12.22	4.91	74
麻省理工学院	美国	9.30	2	1077	0.73	31	5.57	0.56	72	1.51	10.00	1	2.37	3.21	71	15.88	6.38	32
哈佛大学	美国	9.17	3	1508	1.02	16	2.65	0.27	96	1.21	8.01	2	2.83	3.83	51	18.57	7.46	7
拜耳公司	德国	8.21	4	10873	7.32	2	17.64	1.78	17	0.32	2.12	48	3.10	4.20	41	7.55	3.03	92
Illumina 公司	美国	8.06	5	1129	0.76	29	7.71	0.78	45	0.34	2.25	45	7.38	10.00	1	10.72	4.31	85
南加州大学	美国	7.80	6	243	0.16	85	6.58	0.67	58	0.81	5.36	7	2.51	3.40	66	19.75	7.93	3
亚利桑那州立大学	美国	7.51	7	229	0.15	89	8.73	0.88	35	0.54	3.58	19	1.67	2.26	91	24.89	10.00	1
新泽西州立罗格斯大学	美国	7.51	7	228	0.15	90	6.58	0.67	58	0.82	5.43	6	2.24	3.04	75	18.86	7.58	5
科罗拉多大学	美国	7.28	9	220	0.15	94	7.73	0.78	44	0.91	6.03	4	2.08	2.82	84	16.36	6.57	27
罗氏控股公司	瑞士	7.15	10	4386	2.95	6	7.23	0.73	51	0.43	2.85	30	3.70	5.01	18	11.24	4.52	79
美国卫生与公共服务部	美国	6.97	11	1374	0.93	21	6.62	0.67	57	0.53	3.51	21	2.28	3.09	73	18.56	7.46	8
CSM 集团	荷兰	6.96	12	221	0.15	91	5.43	0.55	76	0.30	1.99	52	5.39	7.30	3	14.03	5.64	56
诺和诺德基金会	丹麦	6.92	13	1500	1.01	17	4.00	0.40	91	0.43	2.85	30	3.41	4.62	27	16.60	6.67	20
宾夕法尼亚大学	美国	6.87	14	1285	0.87	23	2.41	0.24	97	0.62	4.11	13	3.49	4.73	24	13.62	5.47	61
加利福尼亚大学	美国	6.79	15	2690	1.81	10	5.06	0.51	79	0.51	3.38	23	2.02	2.74	86	16.95	6.81	16
马萨诸塞大学	美国	6.75	16	441	0.30	55	5.67	0.57	71	0.57	3.77	17	2.66	3.60	57	17.23	6.92	13
伦敦大学	英国	6.74	17	638	0.43	40	8.46	0.86	37	0.40	2.65	36	3.80	5.15	15	15.05	6.05	41

（续表）

机构名称	所属国家	机构专利竞争力指数（一级指标）		专利申请量（二级指标）			专利授权率（二级指标）			平均被引频次（二级指标）			专利家族规模（二级指标）			PCT 专利占比（二级指标）		
		得分	排名	数量（件）	得分	排名	数值（%）	得分	排名	数值	得分	排名	数值	得分	排名	数值（%）	得分	排名
芝加哥大学	美国	6.73	18	203	0.14	100	5.91	0.60	65	0.66	4.37	11	1.83	2.48	88	18.72	7.52	6
耶路撒冷希伯来大学	以色列	6.71	19	221	0.15	91	1.81	0.18	100	0.37	2.45	41	3.16	4.28	36	19.91	8.00	2
莱利公司	荷兰	6.69	20	277	0.19	72	36.10	3.65	2	0.10	0.66	96	2.95	4.00	47	16.25	6.53	29
硕腾公司	美国	6.64	21	356	0.24	60	14.61	1.48	20	0.13	0.86	88	6.03	8.17	2	10.39	4.17	87
胡斯华纳集团	瑞典	6.56	22	1130	0.76	28	14.34	1.45	22	0.17	1.13	80	3.14	4.25	38	17.79	7.15	9
雀巢公司	瑞士	6.51	23	2904	1.96	9	3.75	0.38	92	0.19	1.26	74	4.17	5.65	8	13.36	5.37	63
Merschman 种子公司	美国	6.43	24	263	0.18	76	98.86	10.00	1	0.44	2.91	28	1.00	1.36	100	0.00	0.00	99
斯坦福大学	美国	6.40	25	924	0.62	32	7.36	0.74	48	0.58	3.84	16	2.70	3.66	54	13.74	5.52	60
诺华公司	瑞士	6.40	25	1230	0.83	26	4.96	0.50	81	0.78	5.17	9	2.61	3.54	59	10.81	4.34	84
法国国家健康与医学研究院	法国	6.36	27	1839	1.24	14	5.87	0.59	67	0.19	1.26	74	3.17	4.30	35	17.18	6.90	14
法国国家科学研究中心	法国	6.35	28	1984	1.34	13	8.01	0.81	42	0.16	1.06	83	3.33	4.51	30	16.28	6.54	28
Corteva Agriscience 公司	美国	6.34	29	3307	2.23	8	32.42	3.28	4	0.37	2.45	41	2.10	2.85	81	8.50	3.42	89
中国化工集团	中国	6.27	30	2120	1.43	12	14.53	1.47	21	0.42	2.78	32	2.52	3.41	63	12.45	5.00	71
法国国家农业研究院	法国	6.27	30	442	0.30	54	9.28	0.94	34	0.26	1.72	59	3.51	4.76	21	15.84	6.36	33
赛默飞世尔科技公司	美国	6.25	32	618	0.42	41	8.41	0.85	38	0.42	2.78	32	2.71	3.67	53	15.70	6.31	34
住友化学株式会社	日本	6.23	33	1385	0.93	19	10.76	1.09	27	0.30	1.99	52	2.98	4.04	44	14.80	5.95	43
鲁汶大学	比利时	6.21	34	350	0.24	61	5.71	0.58	69	0.19	1.26	74	3.76	5.09	17	16.86	6.77	17

（续表）

机构名称	所属国家	机构专利竞争力指数（一级指标）		专利申请量（二级指标）			专利授权率（二级指标）			平均被引频次（二级指标）			专利家族规模（二级指标）			PCT 专利占比（二级指标）		
		得分	排名	数量（件）	得分	排名	数值（%）	得分	排名	数值	得分	排名	数值	得分	排名	数值（%）	得分	排名
中国科学院	中国	6.17	35	8762	5.90	3	19.28	1.95	15	0.61	4.04	14	1.07	1.45	97	1.29	0.52	95
龙沙集团	瑞士	6.11	36	417	0.28	57	5.52	0.56	73	0.22	1.46	65	3.45	4.67	26	16.79	6.75	18
日产化学株式会社	日本	6.10	37	268	0.18	75	6.34	0.64	61	0.41	2.72	34	3.19	4.32	34	14.55	5.85	47
嘉吉公司	美国	6.06	38	583	0.39	43	3.09	0.31	93	0.18	1.19	77	4.13	5.60	9	15.27	6.13	40
法兰德斯大学校际生物科技研究所	比利时	6.03	39	256	0.17	78	2.34	0.24	98	0.20	1.32	70	3.51	4.76	21	17.58	7.06	11
根特大学	比利时	6.02	40	290	0.20	71	5.52	0.56	73	0.21	1.39	68	3.49	4.73	24	16.55	6.65	21
中国农业科学院	中国	6.01	41	7364	4.96	4	25.99	2.63	10	0.66	4.37	11	1.02	1.38	98	0.37	0.15	98
杜邦公司	美国	5.98	42	1635	1.10	15	4.10	0.41	89	0.54	3.58	19	2.47	3.35	69	12.42	4.99	72
台湾“中央研究院”	中国	5.97	43	240	0.16	88	21.67	2.19	13	0.39	2.58	38	2.67	3.62	56	12.08	4.85	76
爱科集团	美国	5.97	43	1126	0.76	30	16.25	1.64	18	0.30	1.99	52	2.52	3.41	63	13.94	5.60	57
Codexis 公司	美国	5.94	45	207	0.14	99	7.25	0.73	50	0.29	1.92	57	4.93	6.68	5	9.66	3.88	88
礼来公司	美国	5.93	46	605	0.41	42	10.91	1.10	26	0.69	4.57	10	2.84	3.85	50	8.43	3.39	90
蒙彼利埃大学	法国	5.93	46	250	0.17	80	5.20	0.53	77	0.12	0.79	91	4.10	5.56	12	15.60	6.27	36
本田汽车有限公司	日本	5.89	48	490	0.33	48	30.61	3.10	7	0.39	2.58	38	2.12	2.87	79	10.82	4.35	83
联合利华公司	荷兰	5.86	49	1233	0.83	25	14.92	1.51	19	0.20	1.32	70	3.14	4.25	38	13.06	5.25	65
苏黎世大学	瑞士	5.85	50	259	0.17	77	2.70	0.27	95	0.22	1.46	65	4.98	6.75	4	11.20	4.50	80
马里兰大学	美国	5.85	50	250	0.17	80	10.00	1.01	30	0.34	2.25	45	2.31	3.13	72	16.40	6.59	25

（续表）

机构名称	所属国家	机构专利竞争力指数（一级指标）		专利申请量（二级指标）			专利授权率（二级指标）			平均被引频次（二级指标）			专利家族规模（二级指标）			PCT 专利占比（二级指标）		
		得分	排名	数量（件）	得分	排名	数值（%）	得分	排名	数值	得分	排名	数值	得分	排名	数值（%）	得分	排名
默克公司	德国	5.83	52	684	0.46	37	8.04	0.81	41	0.17	1.13	80	4.30	5.83	7	12.13	4.87	75
皇家帝斯曼集团	荷兰	5.81	53	1303	0.88	22	5.68	0.57	70	0.25	1.66	62	3.06	4.15	42	14.43	5.80	48
明尼苏达大学	美国	5.81	53	445	0.30	52	6.07	0.61	63	0.46	3.05	26	2.50	3.39	67	14.16	5.69	53
佛罗里达大学	美国	5.79	55	530	0.36	45	9.62	0.97	31	0.35	2.32	44	1.76	2.38	89	17.36	6.97	12
梅里埃研究所	法国	5.79	55	378	0.25	58	7.67	0.78	46	0.18	1.19	77	4.11	5.57	10	12.96	5.21	66
科汉森公司	丹麦	5.76	57	333	0.22	65	3.00	0.30	94	0.14	0.93	86	4.11	5.57	10	14.71	5.91	45
罗盖特公司	法国	5.73	58	326	0.22	68	7.98	0.81	43	0.10	0.66	96	4.53	6.14	6	12.58	5.05	69
约翰霍普金斯大学	美国	5.71	59	720	0.48	34	4.58	0.46	84	0.38	2.52	40	1.96	2.66	87	16.67	6.70	19
印第安纳大学	美国	5.70	60	242	0.16	87	4.96	0.50	81	0.52	3.44	22	2.26	3.06	74	14.05	5.64	55
马克斯·普朗克学会	德国	5.68	61	246	0.17	84	7.32	0.74	49	0.26	1.72	59	2.89	3.92	49	15.45	6.21	38
纽约州立大学	美国	5.67	62	221	0.15	91	5.88	0.59	66	0.31	2.05	50	2.10	2.85	81	17.65	7.09	10
罗切斯特大学	美国	5.67	62	247	0.17	83	6.88	0.70	54	0.30	1.99	52	2.49	3.37	68	16.19	6.50	30
江南大学	中国	5.66	64	3370	2.27	7	30.77	3.11	6	0.81	5.36	7	1.11	1.50	95	1.16	0.47	96
Beekenkamp Verpakkingen 公司	荷兰	5.66	64	291	0.20	70	31.62	3.20	5	0.40	2.65	36	1.66	2.25	92	11.00	4.42	81
麒麟控股株式会社	日本	5.64	66	277	0.19	72	6.86	0.69	55	0.22	1.46	65	2.59	3.51	60	16.97	6.82	15
希杰集团	韩国	5.63	67	1403	0.94	18	22.31	2.26	11	0.10	0.66	96	3.35	4.54	29	10.55	4.24	86
得克萨斯大学	美国	5.62	68	1249	0.84	24	6.08	0.62	62	0.46	3.05	26	2.16	2.93	78	12.89	5.18	67

（续表）

机构名称	所属国家	机构专利竞争力指数（一级指标）		专利申请量（二级指标）			专利授权率（二级指标）			平均被引频次（二级指标）			专利家族规模（二级指标）			PCT 专利占比（二级指标）		
		得分	排名	数量（件）	得分	排名	数值（%）	得分	排名	数值	得分	排名	数值	得分	排名	数值（%）	得分	排名
洋马株式会社	日本	5.60	69	2557	1.72	11	26.59	2.69	9	0.11	0.73	92	2.24	3.04	75	10.95	4.40	82
基伊埃集团	德国	5.59	70	270	0.18	74	10.37	1.05	28	0.08	0.53	100	3.80	5.15	15	14.07	5.65	54
FMC 公司	美国	5.57	71	419	0.28	56	5.49	0.56	75	0.26	1.72	59	3.38	4.58	28	13.37	5.37	62
杜克大学	美国	5.57	71	443	0.30	53	5.19	0.52	78	0.33	2.19	47	2.12	2.87	79	16.48	6.62	22
索邦大学	法国	5.57	71	338	0.23	64	7.40	0.75	47	0.17	1.13	80	3.02	4.09	43	15.68	6.30	35
加拿大多伦多教学医院	加拿大	5.56	74	349	0.24	62	4.58	0.46	84	0.51	3.38	23	2.64	3.58	58	12.03	4.83	77
玛氏公司	美国	5.55	75	546	0.37	44	4.03	0.41	90	0.13	0.86	88	3.87	5.24	14	13.92	5.59	58
华盛顿大学	美国	5.54	76	451	0.30	51	5.99	0.61	64	0.32	2.12	48	2.09	2.83	83	16.41	6.59	24
日立公司	日本	5.50	78	644	0.43	38	18.48	1.87	16	0.36	2.38	43	1.76	2.38	89	13.20	5.30	64
俄亥俄州立大学	美国	5.51	77	342	0.23	63	4.97	0.50	80	0.30	1.99	52	2.53	3.43	62	15.50	6.23	37
三菱化学控股株式会社	日本	5.49	79	719	0.48	35	9.60	0.97	32	0.20	1.32	70	2.68	3.63	55	14.74	5.92	44
江苏大学	中国	5.49	79	1378	0.93	20	28.52	2.88	8	0.88	5.83	5	1.10	1.49	96	2.98	1.20	94
印度科学与工业研究委员会	印度	5.48	82	211	0.14	95	13.27	1.34	23	0.15	0.99	85	1.64	2.22	93	18.96	7.62	4
国家海洋局第二海洋研究所	中国	5.49	79	209	0.14	97	33.49	3.39	3	1.12	7.42	3	1.01	1.37	99	0.00	0.00	99
牛津大学	英国	5.48	82	329	0.22	66	4.26	0.43	88	0.25	1.66	62	2.96	4.01	45	14.89	5.98	42
澳大利亚联邦科学与工业研究组织	澳大利亚	5.48	82	301	0.20	69	1.99	0.20	99	0.16	1.06	83	3.27	4.43	33	15.95	6.41	31

（续表）

机构名称	所属国家	机构专利竞争力指数（一级指标）		专利申请量（二级指标）			专利授权率（二级指标）			平均被引频次（二级指标）			专利家族规模（二级指标）			PCT专利占比（二级指标）		
		得分	排名	数量（件）	得分	排名	数值（%）	得分	排名	数值	得分	排名	数值	得分	排名	数值（%）	得分	排名
香港中文大学	中国	5.48	82	249	0.17	82	11.24	1.14	24	0.56	3.71	18	3.11	4.21	40	7.63	3.07	91
里昂第一大学	法国	5.47	86	253	0.17	79	8.30	0.84	40	0.11	0.73	92	3.56	4.82	20	14.23	5.72	51
达能集团	法国	5.47	86	359	0.24	59	6.41	0.65	60	0.11	0.73	92	3.32	4.50	31	15.32	6.16	39
百事公司	美国	5.45	88	516	0.35	46	11.05	1.12	25	0.18	1.19	77	3.51	4.76	21	12.02	4.83	78
哥伦比亚大学	美国	5.45	88	486	0.33	49	4.53	0.46	86	0.44	2.91	28	2.08	2.82	84	14.20	5.71	52
耶鲁大学	美国	5.42	90	327	0.22	67	5.81	0.59	68	0.31	2.05	50	2.52	3.41	63	14.68	5.90	46
北卡罗来纳大学	美国	5.42	90	484	0.33	50	4.34	0.44	87	0.41	2.72	34	2.18	2.95	77	14.26	5.73	50
弗劳恩霍夫应用研究促进协会	德国	5.40	92	644	0.43	38	8.39	0.85	39	0.11	0.73	92	3.70	5.01	18	12.73	5.11	68
巴黎第七大学	法国	5.38	94	243	0.16	85	7.00	0.71	52	0.09	0.60	99	2.96	4.01	45	16.46	6.61	23
通用磨坊	美国	5.39	93	209	0.14	97	10.05	1.02	29	0.13	0.86	88	3.32	4.50	31	13.88	5.58	59
三得利株式会社	日本	5.37	95	903	0.61	33	20.16	2.04	14	0.14	0.93	86	2.55	3.46	61	12.51	5.03	70
味之素株式会社	日本	5.37	95	494	0.33	47	4.66	0.47	83	0.21	1.39	68	2.41	3.27	70	16.40	6.59	25
三井化学株式会社	日本	5.36	97	210	0.14	96	6.67	0.67	56	0.27	1.79	58	2.73	3.70	52	14.29	5.74	49
深圳华大基因	中国	5.34	98	718	0.48	36	8.50	0.86	36	0.60	3.97	15	1.29	1.75	94	12.26	4.93	73
迪尔公司	美国	5.33	99	5148	3.47	5	22.22	2.25	12	0.25	1.66	62	3.16	4.28	36	0.78	0.31	97
葛兰素史克公司	英国	5.33	99	1154	0.78	27	9.36	0.95	33	0.50	3.31	25	2.92	3.96	48	7.37	2.96	93

日本；欧洲 12 国总申请量（115301 件）占比为 11.68%，主要贡献国是德国、瑞士、法国和英国；北美洲美国、加拿大和墨西哥 3 国总申请量（139588 件）占比 14.14%，主要贡献国为美国。具体数据如图 3-1 所示。

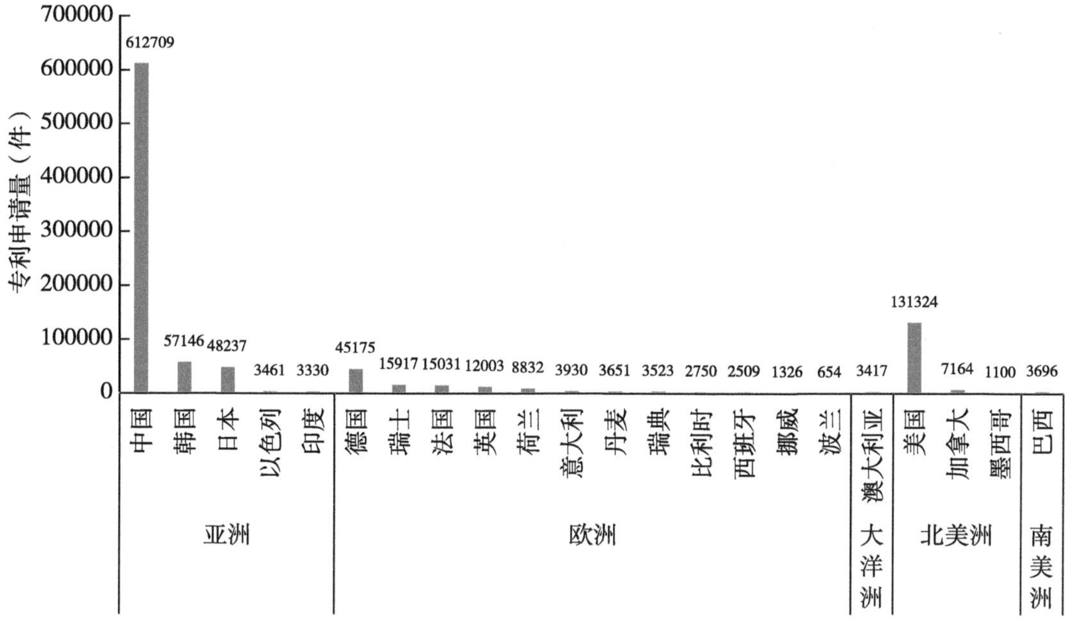

图 3-1　2015—2019 年 22 国发明专利申请量

从申请趋势上看，2015—2019 年，22 国专利平均年增长率-5.18%，全球农业发明专利申请量呈收缩趋势。其中，中国以平均每年 7.58%的高增长率居全球第一，2015—2019 年中国专利申请量各年均超过美国；印度和巴西分别以 3.08%和 0.76%的增长率位居 22 国年平均增长率第二位和第三位；其余 19 国 5 年平均增长率均呈负增长趋势。具体见图 3-2。

3.1.4　发明专利授权率分析

中国专利授权率位居第八，低于全球平均水平。

2015—2019 年，中国发明专利授权量（67319 件）位居全球第一，韩国（29202 件）、美国（17204 件）、日本（8272 件）和德国（5248 件）分列第二位至第五位，具体见图 3-3。

从发明专利授权率看，2015—2019 年，22 国平均专利授权率为 13.70%。韩国的发明专利授权率以 51.10%居第一位，波兰和日本分列第二、第三位。美国发明专利授权率为

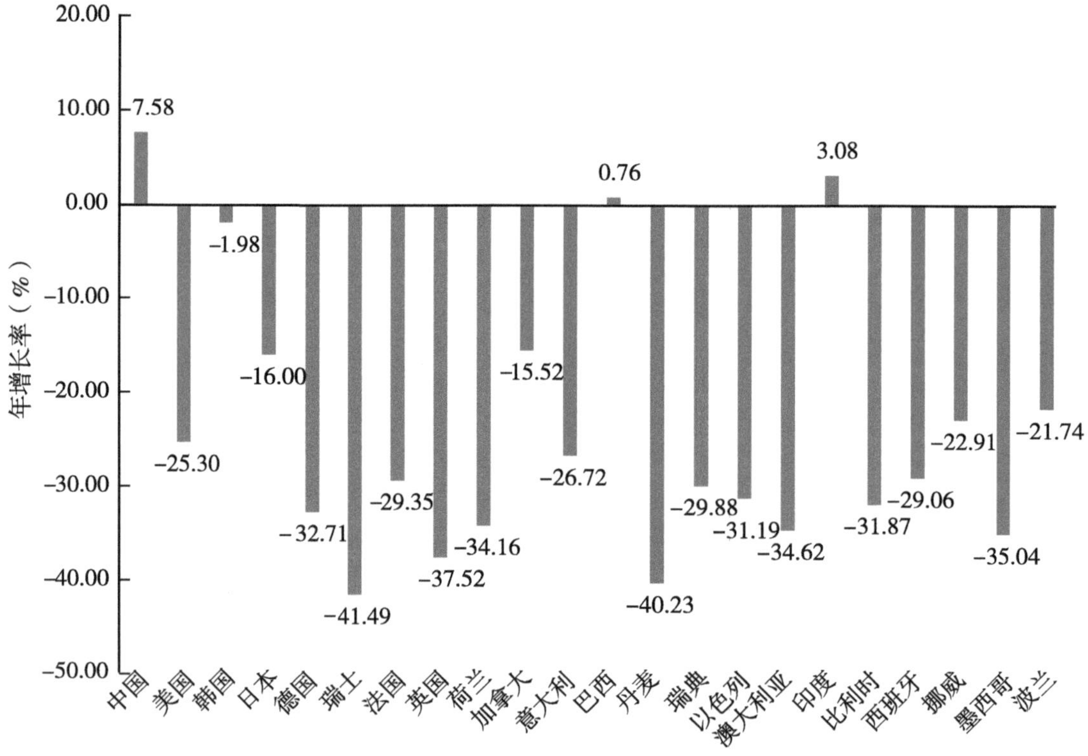

图 3-2　22 国农业领域发明专利申请趋势（2015—2019 年平均增长率）

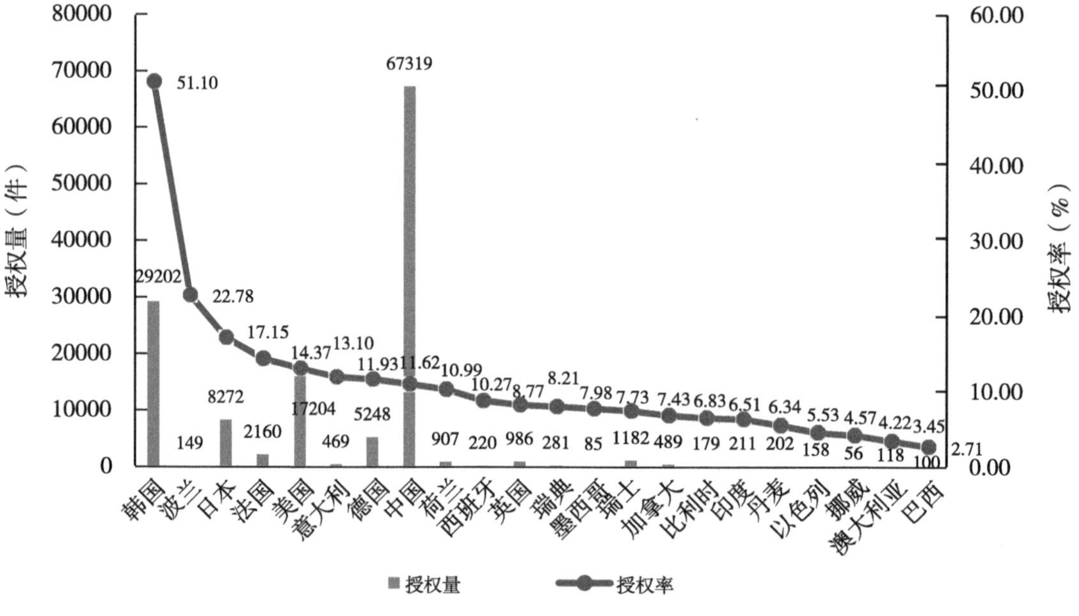

图 3-3　2015—2019 年 22 国发明专利授权量及授权率

13. 10%，位居第五位；中国发明专利授权率 10. 99%，在 22 国中排名第八位。

3.1.5 专利平均被引频次分析

从专利总被引频次统计来看（图 3-4），2015—2019 年中国和美国以绝对优势领先于其余 20 国，总被引频次均超过 90000 次。其余 20 国中相对突出的国家为韩国、德国和日本。其他 17 国的专利总被引频次均小于 10000 次。

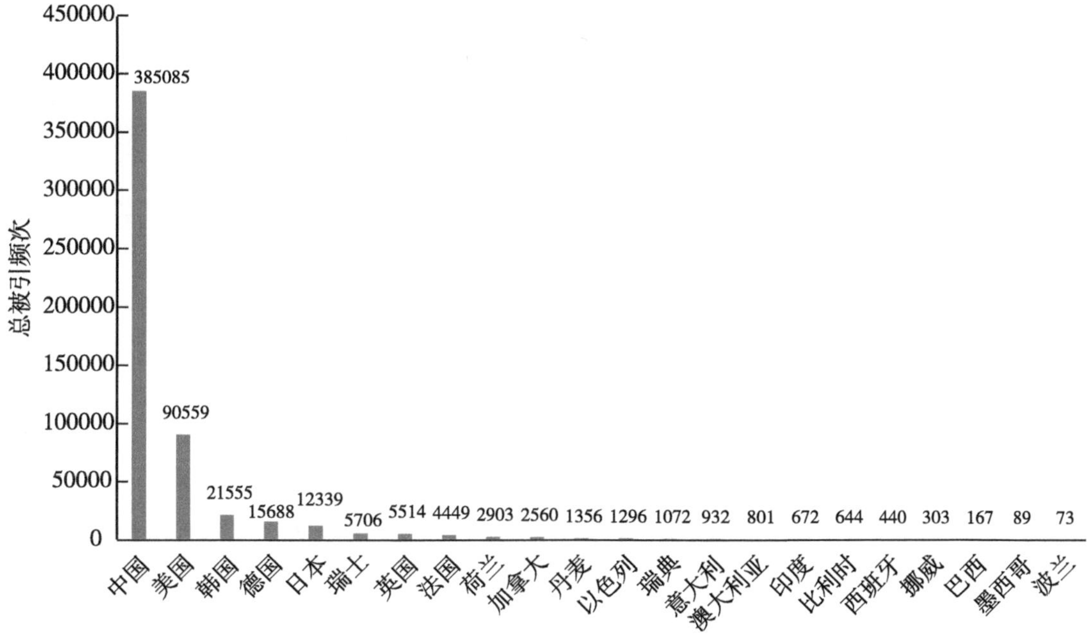

图 3-4　2015—2019 年 22 国专利总被引频次统计

从被引率①上看，2015—2019 年被引率相对较高的国家是中国、韩国、美国、以色列和加拿大，均有 13%以上的发明专利有被引记录。中国的被引率为 24.22%，在 22 国中位居第一。

对有被引用记录的专利进行统计，美国、英国和法国的平均被引频次分别为 4.17 次、3.89 次和 3.38 次，位居前三名。中国的平均被引频次为 2.59 次，位列第十一。

对全部专利记录进行平均被引频次计算，22 国发明专利平均被引频次为 0.56 次，只有美国和中国 2 个国家达到平均被引频次。美国以 0.69 次位居第一，中国以 0.63 次紧随其后。详细数据见图 3-5。

---

① 被引率（%）= 有被引用记录的发明专利量/发明专利总量×100。

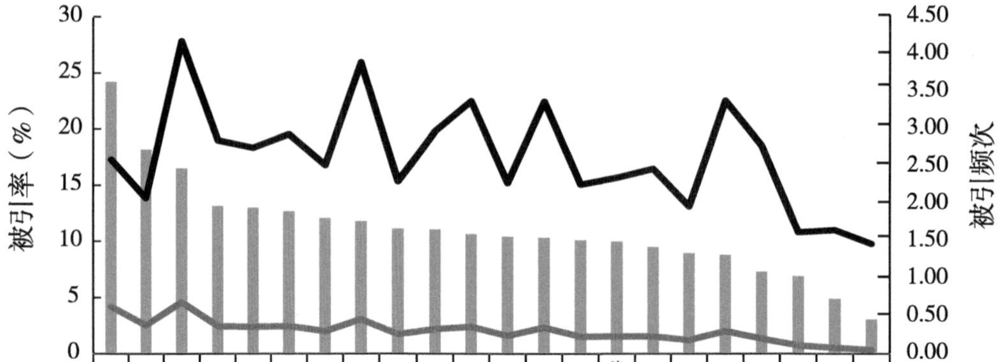

	中国	韩国	美国	以色列	加拿大	丹麦	瑞典	英国	日本	荷兰	瑞士	意大利	德国	挪威	澳大利亚	比利时	西班牙	法国	印度	波兰	墨西哥	巴西
被引率（%）	24.22	18.17	16.52	13.15	13.00	12.68	12.09	11.81	11.12	11.06	10.64	10.41	10.32	10.11	9.98	9.49	8.93	8.77	7.27	6.88	4.91	3.08
平均被引频次（有引用）	2.59	2.08	4.17	2.85	2.75	2.93	2.52	3.89	2.30	2.97	3.37	2.28	3.37	2.26	2.35	2.47	1.96	3.38	2.78	1.62	1.65	1.46
平均被引频次（所有）	0.63	0.38	0.69	0.37	0.36	0.37	0.3	0.46	0.26	0.33	0.36	0.24	0.35	0.23	0.23	0.23	0.18	0.3	0.2	0.11	0.08	0.05

■被引率　▬ 平均被引频次（有引用）　▬ 平均被引频次（所有）

图 3-5　2015—2019 年 22 国专利平均被引频次统计

3.1.6　专利布局保护情况分析

（1）域外申请情况分析

中国域外申请专利占比和专利家族规模均低于其他 21 个国家，专利布局和知识产权保护意识与能力亟待提升。

专利布局国家数量可以说明技术输出的广度，体现对其他国家市场的重视程度，决定了能否在产业竞争格局中占据有利地位。22 国都非常重视技术域外布局。2015—2019 年，22 国平均专利布局国家数量为 27 个，有 10 个国家超过这一平均值，分别为美国、德国、法国、中国、日本、瑞士、荷兰、英国、印度和西班牙，它们作为技术来源国，技术输出范围在 22 国中排名相对靠前，输出国家分布更为广泛。

域外申请专利占比，22 国平均域外申请占比 28.27%。除中国（2.96%）、韩国（19.81%）、巴西（22.24%）和墨西哥（34.55%）以外，其他国家域外申请专利占比均达到 60%以上；中国向 31 个国家递交过农业领域技术专利申请，与日本、瑞士和荷兰并列第四位，但域外申请专利占比仅为 2.96%，在 22 国中排名末位。具体统计数据见图 3-6。

对各国分别在其他 21 个国家和欧洲专利局的专利布局情况进行统计，美国在 22 国均有申请，同时在欧洲专利局也有大量专利布局（12653 件），在 22 国中位列第一。中国主

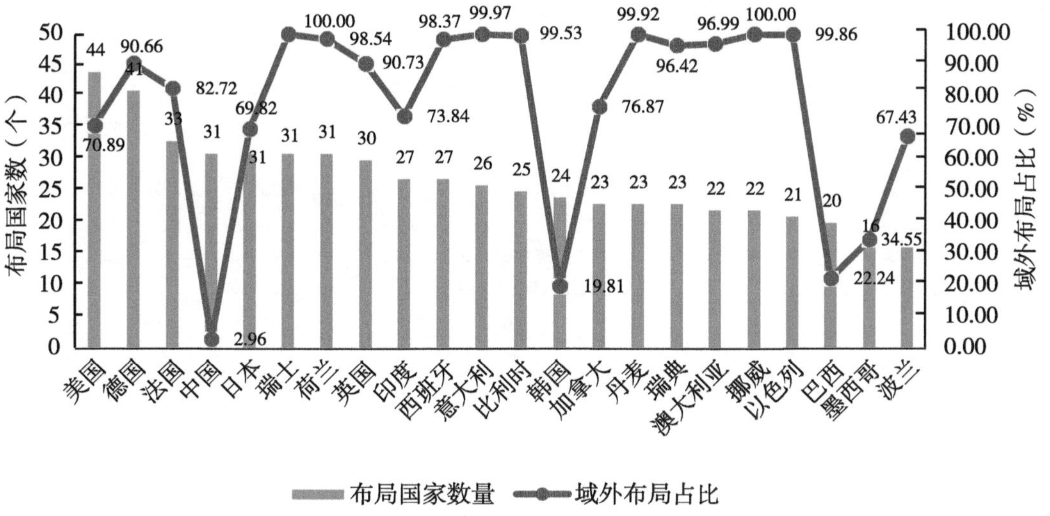

图 3-6　2015—2019 年 22 国专利布局国家数量及域外申请专利占比

要在本国进行申请，占比达到 97.04%①，在 21 国中相对较为关注美国、韩国、加拿大及欧洲市场。美国在本国布局占比 29.11%，在中国、加拿大、巴西、韩国、澳大利亚、日本及欧洲布局相对较多。具体数据见表 3-3。

瑞士、挪威、意大利、丹麦和比利时作为欧盟成员国都首选通过欧洲专利局进行专利申请，少有在本国单独布局，因此本土专利布局量占比均在 1%以下。

（2）专利家族规模分析

中国专利家族规模排名垫底，农业技术缺乏战略性保护布局。

2015—2019 年，22 国平均专利家族规模 2.33。达到平均专利家族规模的国家有 12 个，依次是瑞士、丹麦、德国、英国、澳大利亚、法国、挪威、比利时、以色列、瑞典、荷兰和西班牙，而中国专利家族规模仅为 1.03，排名末位。具体数据见图 3-7。

（3）PCT 专利申请分析

中国 PCT 专利申请占比极低，知识产权域外保护意识尚待提升。

美国 PCT 专利申请数量（14913 件）位居全球第一，日本（5091 件）、德国（4724 件）、中国（2799 件）和瑞士（2030 件）分列第二至第五位，具体数据见图 3-8。

① 该比例=中国在中国本土的专利量/中国在 22 国布局的专利总量×100，其他国家同理。

表 3-3　2015—2019 年 22 国专利布局情况

国家	在各国家/国际机构专利布局数量（件）																					
	中国	美国	韩国	日本	德国	瑞士	法国	英国	荷兰	加拿大	意大利	巴西	丹麦	瑞典	以色列	澳大利亚	印度	比利时	西班牙	挪威	墨西哥	波兰	欧洲专利局
中国	594547	4750	732	188	132	8	49	125	3	698	0	364	1	1	0	112	132	8	1	1	140	0	1738
美国	20152	38232	3984	2638	720	1	29	327	15	9161	4	4356	7	5	27	3015	1600	171	14	13	1922	7	12653
韩国	1914	2139	45825	159	7	0	1	20	0	302	0	191	0	0	0	70	73	0	0	0	61	0	1126
日本	7508	5111	2138	14559	148	0	18	70	0	808	0	502	0	5	1	314	350	0	11	3	178	1	3814
德国	4898	6390	1757	1717	4219	4	70	43	2	2067	1	1626	6	0	29	969	1159	30	112	1	824	3	6969
瑞士	2611	2207	563	720	82	0	25	22	1	1067	0	747	2	9	5	546	293	0	1	0	391	0	2230
法国	1715	1652	418	493	53	1	2597	13	2	828	0	530	2	0	4	360	266	4	5	0	159	2	2354
英国	1743	1545	468	364	9	0	10	1113	12	764	0	358	2	1	5	343	231	27	1	2	183	0	1510
荷兰	1829	1199	220	178	28	0	5	18	129	519	0	401	4	0	0	164	174	0	1	0	151	3	1397
加拿大	776	1682	179	56	1	0	10	16	0	1657	0	160	0	0	0	83	71	0	0	0	56	0	619
意大利	372	598	129	20	8	1	20	4	0	238	1	116	0	0	1	18	22	0	0	0	45	1	1084
巴西	41	146	4	3	2	0	3	3	0	38	0	2874	0	0	0	3	3	0	0	0	18	0	78
丹麦	480	504	87	49	2	0	0	8	0	260	0	168	3	0	0	55	125	0	1	0	97	0	638
瑞典	702	434	129	23	31	0	1	16	0	210	0	85	0	126	0	48	11	0	0	0	49	0	562
以色列	445	651	113	37	4	0	0	7	0	255	0	119	0	0	5	51	37	0	0	0	59	0	491
澳大利亚	404	523	126	68	2	0	1	23	0	321	0	108	0	0	0	103	41	0	0	0	45	0	415
印度	212	415	85	45	1	0	2	17	0	135	0	117	0	2	0	83	871	5	2	0	40	0	237
比利时	398	336	87	74	12	0	53	5	2	220	0	122	0	0	0	64	42	13	0	0	41	1	483
西班牙	152	292	74	16	6	0	40	8	0	140	0	85	0	0	0	15	12	0	41	0	60	0	617
挪威	95	176	40	3	0	0	0	27	0	158	0	52	0	0	0	3	9	0	0	0	22	0	248
墨西哥	14	85	3	0	0	0	1	1	0	23	0	20	0	0	0	0	2	0	0	0	720	0	31
波兰	20	52	11	0	6	0	1	5	0	24	0	14	0	0	0	0	0	0	0	0	6	213	134

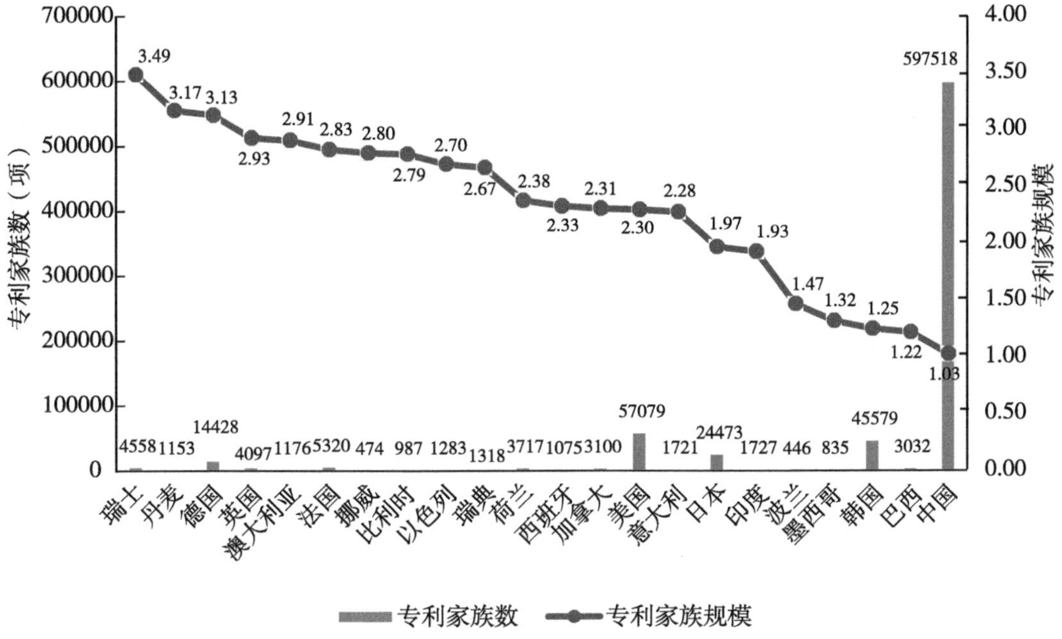

图 3-7　2015—2019 年 22 国专利家族数量及规模

从 PCT 专利申请占比看，2015—2019 年，22 国平均 PCT 专利申请占比为 4. 19%。以色列以 17. 74%在 22 国位居第一，挪威和丹麦分列第二、第三位。美国为 11. 36%，位居第十五位；中国 PCT 专利申请占比仅为 0. 46%，在 22 国中排名垫底。

3. 2　技术领域专利竞争力分析

3. 2. 1　八大技术领域专利竞争力分析

（1）22 国八大技术领域专利竞争力分析

2015—2019 年，中国农业专利竞争力综合指数在 22 国中排名第三，并在 6 个技术领域专利竞争力指数排名前三，其中有 3 个技术领域排名第一，分别是作物有害生物防控、动物营养与饲料、植物营养与肥料，农业生物技术领域排名第二，作物种质资源与育种、动物养殖与管理排名第三。动物疫病防控技术领域，中国专利竞争力综合指数排名第六，与上一个统计周期（2014—2018 年，余同）相比，排名上升了 3 位，但仍是我国主要农业技术领域中需要加强的短板。

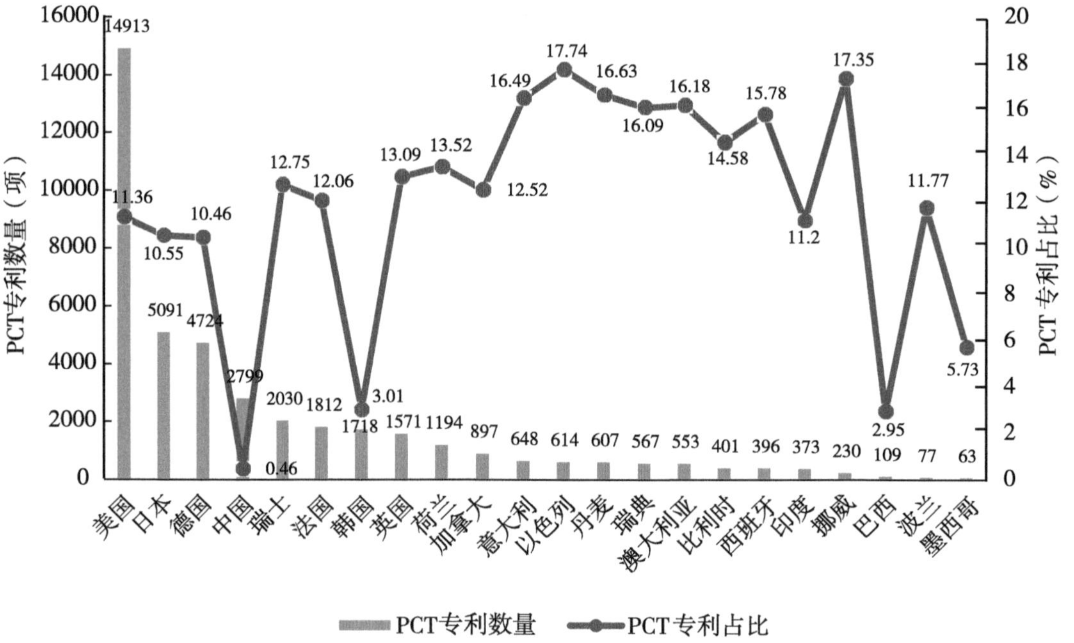

图 3-8　2015—2019 年 22 国 PCT 专利数量及占比

美国农业专利竞争力综合指数在 22 国中排名第一，在 5 个技术领域专利竞争力指数排名前三，其中有 3 个技术领域排名第一，分别是动物疫病防控、农业生物技术、作物种质资源与育种，动物养殖与管理排名第二，农业机械装备排名第三。美国作物有害生物防控技术领域专利竞争力指数排名第六，植物营养与肥料（第九）和动物营养与饲料（第十二）相对于其他 6 个技术领域优势并不突出。

以色列农业专利竞争力综合指数在 22 国中排名第六，在动物养殖与管理、农业机械装备 2 个技术领域专利竞争力综合指数排名第一。

丹麦农业专利竞争力综合指数在 22 国中排名第二，在 5 个技术领域专利竞争力指数排名前五，其中在植物营养与肥料（第二）、动物营养与饲料（第三）和农业生物技术（第三）3 个技术领域具备较强的技术竞争优势，动物疫病防控技术领域排名第四，动物养殖与管理技术领域排名第五。其他 3 个技术领域排名也均进入前十，整体发展比较均衡。具体数据见表 3-4。

（2）八大技术领域全球优势机构专利竞争力分析

对全球农业整体优势机构在八大技术领域中的表现情况进行分析，这些机构在各技术领域的表现以专利竞争力指数得分和排名形式进行了展现。具体数据见表 3-5。

表 3-4 2015—2019 年 22 国农业各技术领域专利竞争力指数

国家	农业整体		动物疫病防控		农业生物技术		作物种质资源与育种		动物养殖与管理		作物有害生物防控		农业机械装备		动物营养与饲料		植物营养与肥料	
	得分	排名	得分	排名	得分	排名	得分	排名	得分	排名	得分	排名	得分	排名	得分	排名	得分	排名
美国	10.00	1	10.00	1	10.00	1	10.00	1	9.98	2	8.66	6	8.82	3	7.04	12	6.47	9
丹麦	9.01	2	6.95	4	8.00	3	6.96	9	9.49	5	8.26	7	7.70	7	9.02	3	8.40	2
中国	8.84	3	6.90	6	8.54	2	8.45	3	9.82	3	10.00	1	8.42	4	10.00	1	10.00	1
英国	8.75	4	8.51	2	7.86	4	7.53	5	7.42	18	9.17	4	6.60	16	7.75	5	5.33	15
瑞士	8.71	5	7.31	3	7.75	5	6.89	10	9.33	7	8.99	5	6.96	14	6.19	16	5.79	14
以色列	8.68	6	6.57	11	7.04	12	7.27	6	10.00	1	7.34	11	10.00	1	7.57	7	5.25	17
德国	8.28	7	6.90	7	7.40	8	8.59	2	7.71	17	9.95	2	6.98	13	6.36	15	6.27	11
瑞典	8.19	8	6.52	12	7.24	10	8.35	4	6.80	19	7.38	10	8.96	2	7.43	8	4.65	20
法国	8.05	9	6.67	9	7.57	6	6.99	8	8.08	14	6.84	14	7.03	12	6.61	13	6.19	13
挪威	7.94	10	6.45	13	7.53	7	5.53	19	9.14	8	9.20	3	7.38	11	9.10	2	8.24	3
韩国	7.84	11	6.95	5	7.35	9	7.17	7	9.41	6	7.55	9	7.46	9	8.40	4	7.56	5
意大利	7.84	12	5.89	17	6.64	15	6.69	12	8.46	11	7.58	8	7.45	10	7.73	6	7.84	4
澳大利亚	7.77	13	6.02	15	6.96	14	6.37	14	9.62	4	6.92	13	7.99	5	5.37	19	5.30	16
荷兰	7.72	14	5.82	19	7.16	11	6.26	15	8.98	9	6.05	18	7.81	6	7.11	10	6.82	8
比利时	7.53	15	6.58	10	6.58	16	6.77	11	8.79	10	6.72	15	7.48	8	6.50	14	6.88	7
加拿大	7.35	16	6.69	8	7.00	13	6.50	13	7.87	15	5.61	19	6.26	18	7.25	9	4.80	19
西班牙	7.20	17	6.00	16	6.14	18	5.93	18	7.78	16	6.32	17	6.70	15	7.05	11	6.44	10
日本	7.04	18	5.86	18	6.14	17	6.06	17	8.43	12	7.22	12	6.48	17	6.18	17	7.13	6
波兰	6.10	19	4.83	20	4.84	20	6.17	16	8.31	13	6.65	16	5.37	19	5.60	18	4.90	18
印度	5.79	20	6.07	14	5.21	19	4.85	20	6.72	20	5.43	20	3.72	21	4.02	20	6.19	12
墨西哥	3.50	21	3.15	21	2.49	21	2.89	21	3.90	21	2.78	21	4.10	20	3.63	21	0.90	22
巴西	2.34	22	2.19	22	2.16	22	2.00	22	2.86	22	1.75	22	2.70	22	2.71	22	2.75	21

表 3-5 2015—2019 年农业各技术领域全球优势机构专利竞争力指数

机构	所属国家	农业整体		动物疫病防控		农业生物技术		作物种质资源与育种		动物养殖与管理		作物有害生物防控		农业机械装备		动物营养与饲料		植物营养与肥料	
		得分	排名	得分	排名	得分	排名	得分	排名	得分	排名	得分	排名	得分	排名	得分	排名	得分	排名
巴斯夫公司	德国	10.00	1	6.17	78	—	—	—	—	6.73	32	9.04	3	9.98	2	7.25	11	7.02	7
麻省理工学院	美国	9.30	2	7.54	21	9.81	2	6.91	16	—	—	5.35	40	—	—	—	—	—	—
哈佛大学	美国	9.17	3	7.99	14	10.00	1	7.57	6	6.99	30	6.80	17	—	—	—	—	—	—
拜耳公司	德国	8.21	4	10.00	1	8.43	8	10.00	1	6.15	45	9.86	2	7.20	22	3.63	57	5.67	10
Illumina 公司	美国	8.06	5	—	—	7.69	24	7.87	5	—	—	—	—	—	—	—	—	—	—
南加州大学	美国	7.80	6	7.55	20	7.01	47	6.14	34	—	—	—	—	—	—	—	—	—	—
亚利桑那州立大学	美国	7.51	7	6.69	46	—	—	6.56	23	—	—	—	—	—	—	—	—	—	—
新泽西州立罗格斯大学	美国	7.51	7	7.30	26	8.17	12	5.15	80	—	—	—	—	—	—	—	—	—	—
科罗拉多大学	美国	7.28	9	7.01	33	7.73	22	7.38	10	—	—	—	—	—	—	—	—	—	—
罗氏控股公司	瑞士	7.15	10	9.76	2	—	—	7.45	9	5.02	77	—	—	—	—	—	—	1.92	80
美国卫生与公共服务部	美国	6.97	11	7.97	15	7.58	26	6.29	30	—	—	—	—	—	—	—	—	—	—
CSM 集团	荷兰	6.96	12	—	—	7.83	19	—	—	—	—	—	—	—	—	—	—	—	—
诺和诺德基金会	丹麦	6.92	13	—	—	8.12	13	5.76	52	—	—	6.85	15	6.86	24	8.74	4	—	—
宾夕法尼亚大学	美国	6.87	14	8.73	5	8.30	11	5.08	87	—	—	—	—	—	—	—	—	—	—
加利福尼亚大学	美国	6.79	15	8.39	9	8.12	13	7.08	14	5.91	49	5.52	35	—	—	—	—	1.70	88
马萨诸塞大学	美国	6.75	16	8.24	11	7.34	34	—	—	7.11	26	—	—	—	—	—	—	—	—
伦敦大学	英国	6.74	17	6.77	41	6.70	59	5.97	41	—	—	—	—	—	—	—	—	—	—

（续表）

机构	所属国家	农业整体		动物疫病防控		农业生物技术		作物种质资源与育种		动物养殖与管理		作物有害生物防控		农业机械装备		动物营养与饲料		植物营养与肥料	
		得分	排名	得分	排名	得分	排名	得分	排名	得分	排名	得分	排名	得分	排名	得分	排名	得分	排名
芝加哥大学	美国	6.73	18	8.94	4	7.81	20	7.27	12	—	—	—	—	—	—	—	—	—	—
耶路撒冷希伯来大学	以色列	6.71	19	6.65	50	7.22	39	5.59	58	—	—	—	—	—	—	—	—	—	—
莱利公司	荷兰	6.69	20	—	—	—	—	—	—	9.71	2	—	—	—	—	—	—	—	—
硕腾公司	美国	6.64	21	—	—	6.31	92	—	—	8.57	6	—	—	—	—	—	—	—	—
胡斯华纳集团	瑞典	6.56	22	—	—	—	—	—	—	—	—	—	—	8.52	11	—	—	—	—
雀巢公司	瑞士	6.51	23	7.09	31	—	—	—	—	6.58	39	—	—	—	—	9.80	2	2.54	62
Merschman 种子公司	美国	6.43	24	—	—	7.48	30	6.46	25	—	—	—	—	—	—	—	—	—	—
斯坦福大学	美国	6.40	25	6.89	35	6.75	56	5.88	48	—	—	—	—	—	—	—	—	—	—
诺华公司	瑞士	6.40	25	8.40	7	8.42	9	—	—	4.15	98	—	—	—	—	3.57	63	—	—
法国国家健康与医学研究院	法国	6.36	27	7.97	15	7.37	33	5.27	75	7.54	18	—	—	—	—	—	—	—	—
法国国家科学研究中心	法国	6.35	28	7.30	26	7.15	43	5.45	66	6.65	35	5.29	43	—	—	—	—	—	—
Corteva Agriscience 公司	美国	6.34	29	—	—	8.04	15	8.46	3	4.93	79	7.49	7	6.18	39	2.85	96	7.99	4
中国化工集团	中国	6.27	30	6.17	78	—	—	5.05	90	—	—	8.52	4	—	—	3.85	53	3.59	40
法国国家农业研究院	法国	6.27	30	6.12	87	—	—	5.74	53	—	—	4.80	60	—	—	—	—	—	—
赛默飞世尔科技公司	美国	6.25	32	—	—	6.84	53	6.15	33	—	—	—	—	—	—	—	—	—	—
住友化学株式会社	日本	6.23	33	6.66	47	—	—	6.51	24	7.14	24	7.17	12	7.55	17	—	—	—	—

（续表）

机构	所属国家	农业整体		动物疫病防控		农业生物技术		作物种质资源与育种		动物养殖与管理		作物有害生物防控		农业机械装备		动物营养与饲料		植物营养与肥料	
		得分	排名	得分	排名	得分	排名	得分	排名	得分	排名	得分	排名	得分	排名	得分	排名	得分	排名
鲁汶大学	比利时	6.21	34	6.66	47	6.56	70	5.99	39	—	—	—	—	—	—	—	—	—	—
中国科学院	中国	6.17	35	6.48	60	9.31	4	6.65	20	7.50	19	4.69	64	4.79	73	6.66	15	6.62	8
龙沙集团	瑞士	6.11	36	6.77	41	—	—	5.34	68	—	—	5.57	32	—	—	—	—	—	—
日产化学株式会社	日本	6.10	37	7.43	24	—	—	—	—	—	—	7.80	5	—	—	—	—	—	—
嘉吉公司	美国	6.06	38	—	—	6.68	62	—	—	—	—	—	—	—	—	7.92	8	—	—
法兰德斯大学校际生物科技研究所	比利时	6.03	39	—	—	—	—	6.17	32	—	—	—	—	—	—	—	—	—	—
根特大学	比利时	6.02	40	—	—	—	—	—	—	—	—	—	—	—	—	—	—	—	—
中国农业科学院	中国	6.01	41	—	—	8.31	10	7.47	8	7.12	25	5.23	45	4.48	89	8.40	5	7.30	6
杜邦公司	美国	5.98	42	—	—	7.10	45	5.58	60	—	—	6.82	16	6.10	43	6.10	20	3.82	38
台湾“中央研究院”	中国	5.97	43	6.11	88	6.24	94	—	—	—	—	—	—	—	—	—	—	—	—
爱科集团	美国	5.97	43	—	—	—	—	—	—	8.89	5	—	—	8.01	15	—	—	—	—
Codexis 公司	美国	5.94	45	—	—	—	—	—	—	—	—	—	—	—	—	—	—	—	—
礼来公司	美国	5.93	46	8.32	10	7.73	22	7.22	13	—	—	—	—	—	—	5.36	29	—	—
蒙彼利埃大学	法国	5.93	46	6.15	82	—	—	5.01	93	—	—	—	—	—	—	—	—	—	—
本田汽车有限公司	日本	5.89	48	—	—	—	—	—	—	—	—	—	—	7.38	18	—	—	—	—
联合利华公司	荷兰	5.86	49	—	—	—	—	—	—	—	—	5.86	25	—	—	—	—	—	—
苏黎世大学	瑞士	5.85	50	—	—	—	—	5.62	56	—	—	—	—	—	—	—	—	—	—
马里兰大学	美国	5.85	50	6.28	71	—	—	5.10	84	—	—	—	—	—	—	—	—	—	—

（续表）

机构	所属国家	农业整体		动物疫病防控		农业生物技术		作物种质资源与育种		动物养殖与管理		作物有害生物防控		农业机械装备		动物营养与饲料		植物营养与肥料	
		得分	排名	得分	排名	得分	排名	得分	排名	得分	排名	得分	排名	得分	排名	得分	排名	得分	排名
默克公司	德国	5.83	52	—	—	6.68	62	6.59	22	—	—	—	—	—	—	—	—	—	—
皇家帝斯曼集团	荷兰	5.81	53	—	—	6.40	80	5.32	72	—	—	—	—	8.79	9	10.00	1	—	—
明尼苏达大学	美国	5.81	53	6.14	84	—	—	5.32	72	7.49	20	5.25	44	—	—	—	—	—	—
佛罗里达大学	美国	5.79	55	6.52	58	6.48	74	—	—	—	—	6.10	20	—	—	—	—	—	—
梅里埃研究所	法国	5.79	55	6.45	61	6.22	100	5.66	55	—	—	—	—	—	—	—	—	—	—
科汉森公司	丹麦	5.76	57	—	—	—	—	—	—	—	—	—	—	—	—	—	—	—	—
罗盖特公司	法国	5.73	58	—	—	7.29	36	—	—	—	—	—	—	—	—	—	—	—	—
约翰霍普金斯大学	美国	5.71	59	6.35	65	6.55	71	5.86	49	4.60	90	—	—	—	—	—	—	—	—
印第安纳大学	美国	5.70	60	5.97	98	—	—	4.91	100	—	—	10.00	1	—	—	—	—	—	—
马克斯·普朗克学会	德国	5.68	61	—	—	—	—	5.80	51	—	—	—	—	—	—	—	—	—	—
纽约州立大学	美国	5.67	62	6.54	56	6.63	65	4.94	96	—	—	—	—	—	—	—	—	—	—
罗切斯特大学	美国	5.67	62	6.02	97	6.49	73	—	—	—	—	—	—	—	—	—	—	—	—
江南大学	中国	5.66	64	—	—	7.89	17	—	—	—	—	5.66	30	—	—	5.65	26	—	—
Beekenkamp Verpakkingen 公司	荷兰	5.66	64	—	—	—	—	—	—	—	—	—	—	—	—	—	—	—	—
麒麟控股株式会社	日本	5.64	66	—	—	—	—	—	—	—	—	—	—	—	—	—	—	—	—
希杰集团	韩国	5.63	67	6.11	88	7.60	25	—	—	—	—	—	—	—	—	—	—	—	—
得克萨斯大学	美国	5.62	68	7.48	22	6.74	58	5.49	64	5.95	48	5.79	27	—	—	—	—	—	—
洋马株式会社	日本	5.60	69	—	—	—	—	—	—	7.57	17	—	—	9.29	7	—	—	—	—

（续表）

机构	所属国家	农业整体		动物疫病防控		农业生物技术		作物种质资源与育种		动物养殖与管理		作物有害生物防控		农业机械装备		动物营养与饲料		植物营养与肥料	
		得分	排名	得分	排名	得分	排名	得分	排名	得分	排名	得分	排名	得分	排名	得分	排名	得分	排名
基伊埃集团	德国	5.59	70	—	—	—	—	—	—	—	—	—	—	9.75	5	—	—	—	—
FMC公司	美国	5.57	71	—	—	—	—	—	—	—	—	6.65	18	—	—	—	—	—	—
杜克大学	美国	5.57	71	6.77	41	6.52	72	5.20	77	—	—	—	—	—	—	—	—	—	—
索邦大学	法国	5.57	71	—	—	—	—	—	—	—	—	—	—	—	—	—	—	—	—
加拿大多伦多教学医院	加拿大	5.56	74	7.28	28	—	—	—	—	—	—	—	—	—	—	—	—	—	—
玛氏公司	美国	5.55	75	—	—	—	—	—	—	6.67	34	—	—	—	—	8.78	3	—	—
华盛顿大学	美国	5.54	76	6.17	78	—	—	—	—	—	—	—	—	—	—	—	—	—	—
日立公司	日本	5.50	78	—	—	—	—	5.86	49	—	—	—	—	4.92	69	—	—	—	—
俄亥俄州立大学	美国	5.51	77	—	—	6.36	88	—	—	—	—	—	—	—	—	—	—	—	—
三菱化学控股株式会社	日本	5.49	79	—	—	—	—	—	—	—	—	—	—	7.27	20	—	—	—	—
江苏大学	中国	5.49	79	—	—	—	—	—	—	8.15	8	3.96	100	6.29	36	—	—	—	—
印度科学与工业研究委员会	印度	5.48	82	—	—	—	—	—	—	—	—	—	—	—	—	—	—	—	—
国家海洋局第二海洋研究所	中国	5.49	79	—	—	—	—	—	—	—	—	—	—	—	—	—	—	—	—
牛津大学	英国	5.48	82	—	—	—	—	—	—	—	—	—	—	—	—	—	—	—	—
澳大利亚联邦科学与工业研究组织	澳大利亚	5.48	82	—	—	—	—	4.96	95	8.01	10	—	—	—	—	—	—	—	—

（续表）

机构	所属国家	农业整体		动物疫病防控		农业生物技术		作物种质资源与育种		动物养殖与管理		作物有害生物防控		农业机械装备		动物营养与饲料		植物营养与肥料	
		得分	排名	得分	排名	得分	排名	得分	排名	得分	排名	得分	排名	得分	排名	得分	排名	得分	排名
香港中文大学	中国	5.48	82	—	—	—	—	6.02	38	—	—	—	—	—	—	—	—	—	—
里昂第一大学	法国	5.47	86	—	—	—	—	—	—	—	—	—	—	—	—	—	—	—	—
达能集团	法国	5.47	86	—	—	—	—	—	—	—	—	—	—	—	—	—	—	—	—
百事公司	美国	5.45	88	—	—	—	—	—	—	—	—	—	—	—	—	—	—	—	—
哥伦比亚大学	美国	5.45	88	—	—	—	—	5.98	40	—	—	—	—	—	—	—	—	—	—
耶鲁大学	美国	5.42	90	—	—	—	—	—	—	—	—	—	—	—	—	—	—	—	—
北卡罗来纳大学	美国	5.42	90	—	—	—	—	—	—	5.60	55	—	—	—	—	—	—	—	—
弗劳恩霍夫应用研究促进协会	德国	5.40	92	6.03	96	—	—	—	—	—	—	6.06	22	—	—	—	—	—	—
巴黎第七大学	法国	5.38	94	—	—	—	—	—	—	—	—	—	—	—	—	—	—	—	—
通用磨坊	美国	5.39	93	—	—	—	—	—	—	—	—	—	—	—	—	—	—	—	—
三得利株式会社	日本	5.37	95	—	—	—	—	5.33	71	—	—	—	—	—	—	—	—	—	—
味之素株式会社	日本	5.37	95	—	—	—	—	—	—	—	—	—	—	—	—	—	—	—	—
三井化学株式会社	日本	5.36	97	—	—	—	—	—	—	—	—	5.04	52	—	—	—	—	—	—
深圳华大基因	中国	5.34	98	—	—	—	—	5.13	82	—	—	—	—	—	—	—	—	—	—
迪尔公司	美国	5.33	99	—	—	—	—	—	—	5.52	57	—	—	9.76	4	—	—	—	—
葛兰素史克公司	英国	5.33	99	7.95	17	6.86	52	5.55	61	—	—	—	—	—	—	—	—	—	—

中国有9家机构进入全球农业整体优势机构排名。中国化工集团农业专利竞争力综合指数在全球排名第三十，在作物有害生物防控技术领域排名全球第四；中国科学院农业专利竞争力综合指数在全球排名第三十五，在农业生物技术（第四）和植物营养与肥料（第八）2个技术领域进入全球前十排名；中国农业科学院农业专利竞争力综合指数在全球排名第四十一，在4个技术领域排名进入前十，包括动物营养与饲料（第五）、植物营养与肥料（第六）、作物种质资源与育种（第八）和农业生物技术（第十）；江苏大学农业专利竞争力综合指数在全球排名第七十九，在动物养殖与管理技术领域全球排名第八。

美国有41家机构进入全球农业整体优势机构排名，上榜机构数量在22国中位居第一，整体具备较强的竞争力。其中7家机构进入前十排名，除了麻省理工学院在农业生物技术领域排名第二，哈佛大学在农业生物技术领域排名第一、作物种质资源与育种技术领域排名第六，Illumina公司在作物种质资源与育种技术领域排名第五之外，其他机构在各个子技术领域均未进入全球前十排名。

德国有6家机构进入全球农业整体优势机构排名，其中巴斯夫公司农业专利竞争力综合指数在全球排名第一，同时在3个技术领域进入全球排名前十，包括作物有害生物防控（第三）、农业机械装备（第二）和植物营养与肥料（第七）；拜耳公司农业专利竞争力综合指数在全球排名第四，同时在5个技术领域进入全球排名前十，包括动物疫病防控（第一）、作物种质资源与育种（第一）、作物有害生物防控（第二）、农业生物技术（第八）和植物营养与肥料（第十）。

瑞士罗氏控股公司农业专利竞争力综合指数在全球排名第十，在动物疫病防控技术领域排名第二，在作物种质资源与育种技术领域排名第九。

3.2.2 动物疫病防控技术领域专利竞争力指数分析

美国总体表现最佳，中国排名第六，专利保护和布局“软肋问题”凸显。

2015—2019年，动物疫病防控技术领域，美国专利竞争力指数排名第一，领先优势明显。英国和瑞士分列第二位和第三位，中国排名第六（表3-6）。

在专利申请量方面，中国、美国和韩国排名前三，分别占该领域专利总申请量（142384件）的35.09%、27.80%和9.29%。专利授权率方面，韩国、中国和波兰分列前三，分别为41.74%、13.22%和11.85%；美国专利授权率为6.92%，位列第十。

中国专利平均被引频次排名第三，表现高于22国平均水平（0.47）。

中国专利家族规模仅为1.09，在22国中排名垫底。PCT专利申请占比仅为1.92%，远低于22国平均水平（10.33%），在22国中排名末位。

表 3-6 2015—2019 年国家动物疫病防控技术领域专利竞争力指数

国家	国家专利竞争力指数（一级指标）		专利申请量（二级指标）			专利授权率（二级指标）			平均被引频次（二级指标）			专利家族规模（二级指标）			PCT 专利占比（二级指标）		
	得分	排名	数量（件）	得分	排名	数值（%）	得分	排名	数值	得分	排名	数值	得分	排名	数值（%）	得分	排名
美国	10.00	1	39585	7.92	2	6.92	1.66	10	0.66	9.71	2	2.80	7.41	11	16.86	8.12	10
英国	8.51	2	4261	0.85	7	7.30	1.75	9	0.68	10.00	1	3.70	9.79	2	15.04	7.24	16
瑞士	7.31	3	4601	0.92	6	5.59	1.34	14	0.39	5.74	5	3.78	10.00	1	15.47	7.45	13
丹麦	6.95	4	748	0.15	16	3.74	0.90	19	0.36	5.29	7	3.46	9.15	5	18.05	8.69	7
韩国	6.95	5	13226	2.65	3	41.74	10.00	1	0.31	4.56	9	1.53	4.05	19	6.08	2.93	20
中国	6.90	6	49965	10.00	1	13.22	3.17	2	0.48	7.06	3	1.09	2.88	22	1.92	0.92	22
德国	6.90	7	6933	1.39	5	7.66	1.84	7	0.33	4.85	8	3.48	9.21	4	13.96	6.72	18
加拿大	6.69	8	2001	0.40	9	3.75	0.90	18	0.44	6.47	4	2.62	6.93	14	17.84	8.59	8
法国	6.67	9	4081	0.82	8	8.11	1.94	5	0.29	4.26	10	3.09	8.17	8	16.66	8.02	12
比利时	6.58	10	756	0.15	15	6.35	1.52	13	0.29	4.26	10	3.11	8.23	7	18.12	8.72	6
以色列	6.57	11	1360	0.27	11	4.12	0.99	16	0.29	4.26	10	2.98	7.88	10	19.63	9.45	3
瑞典	6.52	12	638	0.13	18	3.76	0.90	17	0.26	3.82	13	3.29	8.70	6	18.97	9.13	4
挪威	6.45	13	260	0.05	20	3.46	0.83	20	0.25	3.68	14	2.99	7.91	9	20.77	10.00	1
印度	6.07	14	940	0.19	13	7.66	1.84	7	0.39	5.74	5	2.24	5.93	16	15.43	7.43	14
澳大利亚	6.02	15	1198	0.24	12	2.50	0.60	21	0.17	2.50	18	3.50	9.26	3	17.36	8.36	9
西班牙	6.00	16	704	0.14	17	6.53	1.56	12	0.21	3.09	17	2.77	7.33	13	18.18	8.75	5
意大利	5.89	17	787	0.16	14	6.73	1.61	11	0.16	2.35	19	2.47	6.53	15	20.46	9.85	2
日本	5.86	18	7992	1.60	4	8.65	2.07	4	0.23	3.38	15	2.24	5.93	16	15.40	7.41	15
荷兰	5.82	19	1538	0.31	10	4.81	1.15	15	0.23	3.38	15	2.78	7.35	12	16.78	8.08	11
波兰	4.83	20	135	0.03	22	11.85	2.84	3	0.16	2.35	19	1.69	4.47	18	14.81	7.13	17
墨西哥	3.15	21	204	0.04	21	7.84	1.88	6	0.05	0.74	22	1.45	3.84	20	9.31	4.48	19
巴西	2.19	22	471	0.09	19	1.91	0.46	22	0.07	1.03	21	1.28	3.39	21	5.52	2.66	21

3.2.3 农业生物技术技术领域专利竞争力指数分析

美国总体表现最佳，中国发明专利申请量领先，授权率排名第三，但技术保护亟待加强。

2015—2019年，农业生物技术技术领域，美国专利竞争力指数排名第一，领先优势明显。中国和丹麦紧随其后，分列第二位、第三位（表3-7）。

专利申请量方面，中国、美国和韩国排名前三，分别占该领域专利总申请量（189155件）的46.77%、23.59%和5.64%。专利授权率方面，韩国、波兰和中国分列前三，分别为46.17%、30.24%和22.21%；美国专利授权率为8.85%，排名第五。

平均被引频次方面，美国、中国和英国分列前三。中国专利平均被引频次（0.67）排名第二，落后于美国（0.79），表现高于22国平均水平（0.61）。

专利家族规模和PCT专利申请占比方面，中国在22国中均排名垫底。

3.2.4 作物种质资源与育种技术领域专利竞争力指数分析

美国总体领跑，中国排名第三，技术保护“软肋问题”凸显。

2015—2019年，作物种质资源与育种技术领域，美国专利竞争力指数排名第一，领先优势明显。德国和中国紧随其后，分列第二位、第三位（表3-8）。

专利申请量方面，中国、美国和韩国排名前三，分别占该领域专利申请总量（91079件）的51.67%、22.20%和5.58%，该领域中国专利申请量优势显著。专利授权率方面，韩国、德国和波兰分列前三，分别为55.61%、38.02%和28.13%；中国专利授权率为22.25%，排名第四；美国专利授权率为20.36%，排名第五。

中国专利平均被引频次（0.62）排名第三，落后于美国（0.79）和德国（0.67），表现高于22国平均水平（0.59）。

专利家族规模和PCT专利申请占比方面，中国在22国中均排名末位。

3.2.5 动物养殖与管理技术领域专利竞争力指数分析

以色列总体领跑，中美胶着紧跟。

2015—2019年，动物养殖与管理技术领域，以色列专利竞争力指数排名第一，美国和中国胶着紧跟（表3-9）。

表 3-7 2015—2019 年国家农业生物技术技术领域专利竞争力指数

国家	国家专利竞争力指数（一级指标）		专利申请量（二级指标）			专利授权率（二级指标）			平均被引频次（二级指标）			专利家族规模（二级指标）			PCT 专利占比（二级指标）		
	得分	排名	数量（件）	得分	排名	数值（%）	得分	排名	数值	得分	排名	数值	得分	排名	数值（%）	得分	排名
美国	10.00	1	44613	5.04	2	8.85	1.92	5	0.79	10.00	1	2.52	6.87	14	16.22	7.56	14
中国	8.54	2	88460	10.00	1	22.21	4.81	3	0.67	8.48	2	1.06	2.89	22	1.36	0.63	22
丹麦	8.00	3	1842	0.21	10	3.75	0.81	14	0.45	5.70	6	3.44	9.37	4	19.33	9.01	4
英国	7.86	4	4241	0.48	8	5.61	1.22	13	0.49	6.20	3	3.37	9.18	6	16.29	7.59	13
瑞士	7.75	5	5239	0.59	6	6.80	1.47	9	0.47	5.95	5	3.67	10.00	1	13.57	6.33	16
法国	7.57	6	4761	0.54	7	6.03	1.31	10	0.41	5.19	8	3.44	9.37	4	15.75	7.34	15
挪威	7.53	7	238	0.03	21	2.10	0.45	21	0.34	4.30	10	3.61	9.84	2	19.33	9.01	4
德国	7.40	8	8189	0.93	5	13.74	2.98	4	0.49	6.20	3	2.67	7.28	11	12.53	5.84	17
韩国	7.35	9	10672	1.21	3	46.17	10.00	1	0.33	4.18	11	1.63	4.44	18	6.98	3.25	20
瑞典	7.24	10	690	0.08	16	3.62	0.78	16	0.27	3.42	14	3.32	9.05	7	20.14	9.39	3
荷兰	7.16	11	1754	0.20	11	5.64	1.22	12	0.45	5.70	6	2.78	7.57	9	16.70	7.79	10
以色列	7.04	12	1240	0.14	12	3.47	0.75	18	0.31	3.92	12	2.67	7.28	11	21.45	10.00	1
加拿大	7.00	13	2011	0.23	9	3.68	0.80	15	0.41	5.19	8	2.70	7.36	10	18.05	8.41	6
澳大利亚	6.96	14	1151	0.13	13	3.56	0.77	17	0.28	3.54	13	3.46	9.43	3	17.12	7.98	9
意大利	6.64	15	598	0.07	18	6.02	1.30	11	0.23	2.91	17	2.42	6.59	15	21.40	9.98	2
比利时	6.58	16	783	0.09	14	3.32	0.72	19	0.27	3.42	14	2.97	8.09	8	17.88	8.34	7
日本	6.14	17	10295	1.16	4	7.41	1.60	8	0.24	3.04	16	2.11	5.75	16	16.56	7.72	11
西班牙	6.14	18	714	0.08	15	7.42	1.61	7	0.21	2.66	18	2.53	6.89	13	17.23	8.03	8
印度	5.21	19	619	0.07	17	7.43	1.61	6	0.15	1.90	19	1.90	5.18	17	16.32	7.61	12
波兰	4.84	20	205	0.02	22	30.24	6.55	2	0.05	0.63	21	1.26	3.43	20	9.76	4.55	18
墨西哥	2.49	21	242	0.03	20	3.31	0.72	20	0.03	0.38	22	1.25	3.41	21	7.02	3.27	19
巴西	2.16	22	598	0.07	18	1.51	0.33	22	0.07	0.89	20	1.27	3.46	19	4.35	2.03	21

表 3-8　2015—2019 年国家作物种质资源与育种技术领域专利竞争力指数

国家	国家专利竞争力指数（一级指标）		专利申请量（二级指标）			专利授权率（二级指标）			平均被引频次（二级指标）			专利家族规模（二级指标）			PCT 专利占比（二级指标）		
	得分	排名	数量（件）	得分	排名	数值（%）	得分	排名	数值	得分	排名	数值	得分	排名	数值（%）	得分	排名
美国	10.00	1	20215	4.30	2	20.36	3.66	5	0.79	10.00	1	1.79	7.40	13	15.65	6.05	14
德国	8.59	2	4392	0.93	5	38.02	6.84	2	0.67	8.48	2	1.63	6.74	16	10.31	3.98	18
中国	8.45	3	47061	10.00	1	22.25	4.00	4	0.62	7.85	3	1.04	4.30	22	0.98	0.38	22
瑞典	8.35	4	228	0.05	15	4.39	0.79	17	0.47	5.95	4	2.28	9.42	4	25.88	10.00	1
英国	7.53	5	1623	0.34	8	5.79	1.04	14	0.39	4.94	5	2.42	10.00	1	18.98	7.33	8
以色列	7.27	6	509	0.11	11	4.13	0.74	18	0.31	3.92	9	2.09	8.64	5	24.36	9.41	2
韩国	7.17	7	5085	1.08	3	55.61	10.00	1	0.33	4.18	8	1.31	5.41	19	4.80	1.85	20
法国	6.99	8	1683	0.36	7	11.94	2.15	8	0.36	4.56	6	2.03	8.39	6	16.82	6.50	12
丹麦	6.96	9	192	0.04	17	9.38	1.69	11	0.27	3.42	11	1.85	7.64	11	23.44	9.06	4
瑞士	6.89	10	1963	0.42	6	16.30	2.93	7	0.26	3.29	13	2.30	9.50	3	14.21	5.49	15
比利时	6.77	11	287	0.06	14	5.57	1.00	15	0.28	3.54	10	2.01	8.31	7	21.60	8.35	6
意大利	6.69	12	195	0.04	16	6.67	1.20	13	0.24	3.04	14	1.84	7.60	12	23.59	9.12	3
加拿大	6.50	13	868	0.18	10	2.88	0.52	20	0.27	3.42	11	1.99	8.22	8	20.85	8.06	7
澳大利亚	6.37	14	459	0.10	12	3.05	0.55	19	0.20	2.53	16	2.38	9.83	2	18.08	6.99	9
荷兰	6.26	15	955	0.20	9	16.75	3.01	6	0.36	4.56	6	1.66	6.86	15	12.98	5.02	17
波兰	6.17	16	64	0.01	22	28.13	5.06	3	0.17	2.15	18	1.33	5.50	18	17.19	6.64	11
日本	6.06	17	4463	0.95	4	9.70	1.74	9	0.22	2.78	15	1.75	7.23	14	16.38	6.33	13
西班牙	5.93	18	340	0.07	13	7.65	1.38	12	0.18	2.28	17	1.98	8.18	9	17.35	6.70	10
挪威	5.53	19	69	0.01	21	1.45	0.26	21	0.06	0.76	20	1.92	7.93	10	21.74	8.40	5
印度	4.85	20	186	0.04	18	9.68	1.74	10	0.13	1.65	19	1.55	6.40	17	13.98	5.40	16
墨西哥	2.89	21	88	0.02	20	4.55	0.82	16	0.06	0.76	20	1.17	4.83	21	6.82	2.64	19
巴西	2.00	22	154	0.03	19	0.65	0.12	22	0.03	0.38	22	1.21	5.00	20	1.95	0.75	21

表 3-9 2015—2019 年国家动物养殖与管理技术领域专利竞争力指数

国家	国家专利竞争力指数（一级指标）		专利申请量（二级指标）			专利授权率（二级指标）			平均被引频次（二级指标）			专利家族规模（二级指标）			PCT 专利占比（二级指标）		
	得分	排名	数量（件）	得分	排名	数值（%）	得分	排名	数值	得分	排名	数值	得分	排名	数值（%）	得分	排名
以色列	10.00	1	246	0.04	15	4.47	0.82	20	0.33	5.00	6	2.18	10.00	1	20.33	9.69	3
美国	9.98	2	9601	1.61	2	23.09	4.22	4	0.66	10.00	1	1.39	6.38	17	6.92	3.30	18
中国	9.82	3	59811	10.00	1	10.90	1.99	13	0.55	8.33	2	1.01	4.63	22	0.24	0.11	22
澳大利亚	9.62	4	345	0.06	13	4.93	0.90	18	0.30	4.55	9	1.99	9.13	3	20.87	9.94	2
丹麦	9.49	5	181	0.03	17	9.39	1.72	14	0.24	3.64	14	1.93	8.85	4	20.99	10.00	1
韩国	9.41	6	7082	1.18	3	54.66	10.00	1	0.47	7.12	3	1.12	5.14	20	1.23	0.59	21
瑞士	9.33	7	470	0.08	10	8.72	1.60	16	0.37	5.61	4	1.93	8.85	4	16.17	7.70	7
挪威	9.14	8	375	0.06	12	3.47	0.63	21	0.28	4.24	11	1.91	8.76	6	20.27	9.66	4
荷兰	8.98	9	608	0.10	9	17.76	3.25	5	0.33	5.00	6	1.68	7.71	10	14.47	6.89	10
比利时	8.79	10	128	0.02	19	14.06	2.57	8	0.23	3.48	15	2.03	9.31	2	14.84	7.07	8
意大利	8.46	11	255	0.04	14	14.12	2.58	7	0.17	2.58	19	1.58	7.25	14	19.22	9.16	5
日本	8.43	12	4207	0.70	4	23.60	4.32	3	0.30	4.55	9	1.76	8.07	8	8.18	3.90	17
波兰	8.31	13	47	0.01	22	17.02	3.11	6	0.17	2.58	19	1.62	7.43	11	17.02	8.11	6
法国	8.08	14	1040	0.17	6	27.69	5.07	2	0.23	3.48	15	1.71	7.84	9	8.56	4.08	16
加拿大	7.87	15	661	0.11	8	12.10	2.21	12	0.36	5.45	5	1.57	7.20	15	10.74	5.12	12
西班牙	7.78	16	191	0.03	16	12.57	2.30	11	0.21	3.18	17	1.61	7.39	12	14.66	6.98	9
德国	7.71	17	1950	0.33	5	13.54	2.48	9	0.27	4.09	12	1.85	8.49	7	9.08	4.33	15
英国	7.42	18	785	0.13	7	13.25	2.42	10	0.27	4.09	12	1.57	7.20	15	10.70	5.10	13
瑞典	6.80	19	151	0.03	18	7.28	1.33	17	0.20	3.03	18	1.59	7.29	13	11.92	5.68	11
印度	6.72	20	76	0.01	20	9.21	1.68	15	0.33	5.00	6	1.19	5.46	18	10.53	5.02	14
墨西哥	3.90	21	62	0.01	21	4.84	0.89	19	0.11	1.67	21	1.11	5.09	21	4.84	2.31	19
巴西	2.86	22	399	0.07	11	1.75	0.32	22	0.01	0.15	22	1.19	5.46	18	2.76	1.31	20

专利申请量方面，中国、美国和韩国排名前三，分别占该领域专利总申请量（88671件）的67.45%、10.83%和7.99%。专利授权率方面，韩国、法国和日本分列前三，分别为54.66%、27.69%和23.60%；中国专利授权率为10.90%，排名第十三；美国专利授权率为23.09%，排名第四。

平均被引频次方面，美国、中国和韩国位列前三。中国专利平均被引频次（0.55）排名第二，落后于美国（0.66），表现高于22国平均水平（0.52）。

中国专利家族规模和PCT专利申请占比在22国中排名末位。

3.2.6 作物有害生物防控技术领域专利竞争力指数分析

中国总体领跑，德国胶着紧跟。

2015—2019年，作物有害生物防控技术领域，中国专利竞争力指数排名第一，德国胶着紧跟，挪威位列第三，美国位列第六（表3-10）。

专利申请量方面，中国、美国和德国排名前三，分别占该领域专利总申请量（68970件）的61.41%、12.55%和8.66%。专利授权率方面，韩国、法国和中国分列前三，分别为58.01%、17.04%和14.03%；美国专利授权率为10.43%，排名第五。

平均被引频次方面，中国、德国和英国分列前三。中国以0.71的平均被引频次位列22国之首，表现高于22国平均水平（0.60）。

中国在专利家族规模和PCT专利申请占比两个指标上均排名垫底。

3.2.7 农业机械装备技术领域专利竞争力指数分析

以色列综合指数第一，重视技术布局保护，中国专利授权率排名靠后。

2015—2019年，农业机械装备技术领域，以色列专利竞争力指数排名第一，瑞典和美国分列第二位和第三位，中国位列第四（表3-11）。

专利申请量方面，中国、美国和日本排名前三，分别占该领域总专利申请量（112246件）的62.55%、13.80%和9.25%。专利授权率方面，韩国、波兰和法国分列前三，分别为55.46%、37.21%和32.12%；中国专利授权率为12.18%，排名第十四；美国专利授权率为23.69%，排名第五。

中国专利平均被引频次（0.66）排名第三，落后于以色列（0.74）和美国（0.72），高于22国平均水平（0.58）。

中国专利家族规模和PCT专利申请占比两个指标均排名垫底。

表 3-10　2015—2019 年国家作物有害生物防控技术领域专利竞争力指数

国家	国家专利竞争力指数（一级指标）		专利申请量（二级指标）			专利授权率（二级指标）			平均被引频次（二级指标）			专利家族规模（二级指标）			PCT 专利占比（二级指标）		
	得分	排名	数量（件）	得分	排名	数值（%）	得分	排名	数值	得分	排名	数值	得分	排名	数值（%）	得分	排名
中国	10.00	1	42355	10.00	1	14.03	2.42	3	0.71	10.00	1	1.04	2.33	22	0.95	0.42	22
德国	9.95	2	5972	1.41	3	4.76	0.82	16	0.58	8.17	2	4.46	10.00	1	10.43	4.64	18
挪威	9.20	3	93	0.02	20	4.30	0.74	17	0.43	6.06	6	3.44	7.71	3	19.35	8.62	5
英国	9.17	4	756	0.18	8	9.79	1.69	6	0.50	7.04	3	2.86	6.41	5	17.46	7.77	8
瑞士	8.99	5	1541	0.36	6	6.04	1.04	12	0.48	6.76	4	3.08	6.91	4	17.00	7.57	9
美国	8.66	6	8656	2.04	2	10.43	1.80	5	0.46	6.48	5	2.20	4.93	12	14.70	6.54	14
丹麦	8.26	7	201	0.05	18	1.00	0.17	22	0.37	5.21	7	3.59	8.05	2	16.42	7.31	10
意大利	7.58	8	285	0.07	15	8.42	1.45	10	0.19	2.68	14	2.18	4.89	13	22.46	10.00	1
韩国	7.55	9	1936	0.46	5	58.01	10.00	1	0.34	4.79	9	1.14	2.56	21	2.69	1.20	20
瑞典	7.38	10	81	0.02	21	8.64	1.49	9	0.33	4.65	10	1.62	3.63	18	19.75	8.79	4
以色列	7.34	11	303	0.07	14	4.29	0.74	18	0.22	3.10	13	2.24	5.02	11	21.45	9.55	2
日本	7.22	12	2949	0.70	4	11.80	2.03	4	0.35	4.93	8	2.05	4.60	14	13.29	5.92	15
澳大利亚	6.92	13	281	0.07	16	3.56	0.61	20	0.17	2.39	16	2.65	5.94	6	18.86	8.40	7
法国	6.84	14	810	0.19	7	17.04	2.94	2	0.16	2.25	17	2.31	5.18	9	14.94	6.65	12
比利时	6.72	15	355	0.08	12	7.04	1.21	11	0.18	2.54	15	2.59	5.81	7	16.34	7.28	11
波兰	6.65	16	63	0.01	22	9.52	1.64	7	0.06	0.85	21	2.25	5.04	10	20.63	9.19	3
西班牙	6.32	17	214	0.05	17	8.88	1.53	8	0.11	1.55	19	1.89	4.24	16	19.16	8.53	6
荷兰	6.05	18	570	0.13	10	4.91	0.85	15	0.23	3.24	12	1.98	4.44	15	14.74	6.56	13
加拿大	5.61	19	388	0.09	11	5.93	1.02	14	0.25	3.52	11	1.78	3.99	17	12.37	5.51	17
印度	5.43	20	631	0.15	9	6.02	1.04	13	0.12	1.69	18	2.33	5.22	8	12.52	5.57	16
墨西哥	2.78	21	187	0.04	19	3.74	0.64	19	0.09	1.27	20	1.19	2.67	19	5.35	2.38	19
巴西	1.75	22	343	0.08	13	2.04	0.35	21	0.04	0.56	22	1.17	2.62	20	1.75	0.78	21

表 3-11　2015—2019 年国家农业机械装备技术领域专利竞争力指数

国家	国家专利竞争力指数（一级指标）		专利申请量（二级指标）			专利授权率（二级指标）			平均被引频次（二级指标）			专利家族规模（二级指标）			PCT 专利占比（二级指标）		
	得分	排名	数量（件）	得分	排名	数值（%）	得分	排名	数值	得分	排名	数值	得分	排名	数值（%）	得分	排名
以色列	10.00	1	150	0.02	17	8.67	1.56	17	0.74	10.00	1	2.11	8.51	6	21.33	10.00	1
瑞典	8.96	2	787	0.11	8	10.04	1.81	16	0.39	5.27	7	2.48	10.00	1	20.84	9.77	2
美国	8.82	3	15493	2.21	2	23.69	4.27	5	0.72	9.73	2	1.96	7.90	7	5.19	2.43	19
中国	8.42	4	70209	10.00	1	12.18	2.20	14	0.66	8.92	3	1.01	4.07	22	0.34	0.16	22
澳大利亚	7.99	5	229	0.03	15	8.30	1.50	19	0.42	5.68	5	1.94	7.82	8	19.21	9.01	3
荷兰	7.81	6	517	0.07	10	22.63	4.08	6	0.42	5.68	5	1.68	6.77	14	14.70	6.89	8
丹麦	7.70	7	273	0.04	14	12.82	2.31	13	0.28	3.78	13	2.22	8.95	5	17.22	8.07	6
比利时	7.48	8	126	0.02	19	7.94	1.43	20	0.23	3.11	16	2.33	9.40	3	18.25	8.56	5
韩国	7.46	9	3617	0.52	5	55.46	10.00	1	0.47	6.35	4	1.15	4.64	20	1.99	0.93	21
意大利	7.45	10	513	0.07	11	20.86	3.76	7	0.30	4.05	12	1.68	6.77	14	16.57	7.77	7
挪威	7.38	11	109	0.02	20	10.09	1.82	15	0.15	2.03	19	2.42	9.76	2	18.35	8.60	4
法国	7.03	12	1127	0.16	6	32.12	5.79	3	0.22	2.97	18	1.87	7.54	9	10.03	4.70	12
德国	6.98	13	5691	0.81	4	13.69	2.47	11	0.32	4.32	10	2.29	9.23	4	8.87	4.16	14
瑞士	6.96	14	497	0.07	12	15.69	2.83	9	0.34	4.59	8	1.72	6.94	13	13.88	6.51	10
西班牙	6.70	15	139	0.02	18	17.27	3.11	8	0.26	3.51	14	1.76	7.10	11	13.67	6.41	11
英国	6.60	16	404	0.06	13	14.36	2.59	10	0.31	4.19	11	1.59	6.41	16	14.11	6.62	9
日本	6.48	17	10387	1.48	3	25.16	4.54	4	0.26	3.51	14	1.73	6.98	12	6.37	2.99	17
加拿大	6.26	18	1083	0.15	7	12.83	2.31	12	0.33	4.46	9	1.84	7.42	10	9.60	4.50	13
波兰	5.37	19	43	0.01	22	37.21	6.71	2	0.09	1.22	21	1.23	4.96	17	6.98	3.27	16
墨西哥	4.10	20	48	0.01	21	6.25	1.13	21	0.23	3.11	16	1.04	4.19	21	8.33	3.91	15
印度	3.72	21	174	0.02	16	8.62	1.55	18	0.14	1.89	20	1.18	4.76	19	6.32	2.96	18
巴西	2.70	22	630	0.09	9	5.87	1.06	22	0.07	0.95	22	1.20	4.84	18	2.54	1.19	20

3.2.8 动物营养与饲料技术领域专利竞争力指数分析

中国发明专利申请量压倒式领先，但专利授权率和技术保护水平落后。

2015—2019年，动物营养与饲料技术领域，中国专利竞争力指数排名第一，领先优势明显，挪威和丹麦分列第二、第三位（表3-12）。

在专利申请量方面，中国、美国和韩国排名前三，专利申请量分别占该领域总专利申请量（50241件）的84.88%、4.50%和3.68%。专利授权率方面，韩国、西班牙和波兰分列前三，分别为51.54%、27.59%和15.38%；中国专利授权率为4.80%，排名第十六；美国专利授权率为8.46%，排名第八。

平均被引频次方面，中国、瑞典和美国分列前三。中国专利平均被引频次0.71，位列22国之首。

中国专利家族规模和PCT专利申请占比两个指标均排名垫底。

3.2.9 植物营养与肥料技术领域专利竞争力指数分析

中国专利申请量优势巨大，但对外技术保护水平不足。

2015—2019年，植物营养与肥料技术领域，中国专利竞争力指数排名第一，领先优势明显（表3-13）。

专利申请量方面，中国、美国和德国排名前三，专利申请量分别占该领域专利总申请量（50683件）的92.56%、3.03%和0.93%。专利授权率方面，韩国、日本和印度分列前三；中国专利授权率为4.53%，排名第十三；美国专利授权率为9.77%，排名第五。

中国专利平均被引频次为0.96，微弱劣势落后于丹麦（1.00），位居全球第二。

中国专利家族规模和PCT专利申请量占比均位居第二十一。

表 3-12　2015—2019 年国家动物营养与饲料技术领域专利竞争力指数

国家	国家专利竞争力指数（一级指标）		专利申请量（二级指标）			专利授权率（二级指标）			平均被引频次（二级指标）			专利家族规模（二级指标）			PCT 专利占比（二级指标）		
	得分	排名	数量（件）	得分	排名	数值（%）	得分	排名	数值	得分	排名	数值	得分	排名	数值（%）	得分	排名
中国	10.00	1	42647	10.00	1	4.80	0.93	16	0.71	10.00	1	1.00	2.90	22	0.11	0.04	22
挪威	9.10	2	76	0.02	14	7.89	1.53	9	0.26	3.66	8	3.45	10.00	1	17.11	6.50	7
丹麦	9.02	3	224	0.05	9	4.91	0.95	15	0.31	4.37	6	2.36	6.84	3	24.55	9.33	2
韩国	8.40	4	1847	0.43	3	51.54	10.00	1	0.33	4.65	5	1.25	3.62	20	3.57	1.36	21
英国	7.75	5	146	0.03	10	7.53	1.46	10	0.36	5.07	4	1.78	5.16	9	17.81	6.77	6
意大利	7.73	6	38	0.01	19	10.53	2.04	5	0.13	1.83	15	1.58	4.58	12	26.32	10.00	1
以色列	7.57	7	35	0.01	20	5.71	1.11	12	0.26	3.66	8	1.59	4.61	11	22.86	8.69	3
瑞典	7.43	8	56	0.01	16	7.14	1.39	11	0.52	7.32	2	1.47	4.26	14	12.50	4.75	15
加拿大	7.25	9	112	0.03	11	5.36	1.04	14	0.26	3.66	8	2.00	5.80	8	17.86	6.79	5
荷兰	7.11	10	531	0.12	5	3.20	0.62	20	0.29	4.08	7	2.24	6.49	5	14.88	5.65	10
西班牙	7.05	11	29	0.01	21	27.59	5.35	2	0.17	2.39	13	1.32	3.83	18	13.79	5.24	12
美国	7.04	12	2259	0.53	2	8.46	1.64	8	0.43	6.06	3	1.57	4.55	13	10.62	4.03	18
法国	6.61	13	315	0.07	8	10.16	1.97	6	0.11	1.55	17	2.54	7.36	2	12.70	4.83	14
比利时	6.50	14	89	0.02	13	5.62	1.09	13	0.12	1.69	16	1.44	4.17	15	22.47	8.54	4
德国	6.36	15	408	0.10	7	4.17	0.81	18	0.19	2.68	12	2.14	6.20	7	14.22	5.40	11
瑞士	6.19	16	479	0.11	6	3.76	0.73	19	0.16	2.25	14	2.36	6.84	3	12.73	4.84	13
日本	6.18	17	667	0.16	4	12.44	2.41	4	0.21	2.96	11	1.63	4.72	10	11.84	4.50	16
波兰	5.60	18	26	0.01	22	15.38	2.98	3	0.04	0.56	19	1.37	3.97	16	15.38	5.84	9
澳大利亚	5.37	19	71	0.02	15	0.00	0.00	22	0.01	0.14	21	2.15	6.23	6	16.90	6.42	8
印度	4.02	20	43	0.01	17	4.65	0.90	17	0.05	0.70	18	1.23	3.57	21	11.63	4.42	17
墨西哥	3.63	21	40	0.01	18	10.00	1.94	7	0.00	0.00	22	1.33	3.86	17	7.50	2.85	19
巴西	2.71	22	103	0.02	12	0.97	0.19	21	0.02	0.28	20	1.30	3.77	19	5.83	2.22	20

表 3-13 2015—2019 年国家植物营养与肥料技术领域专利竞争力指数

国家	国家专利竞争力指数（一级指标）		专利申请量（二级指标）			专利授权率（二级指标）			平均被引频次（二级指标）			专利家族规模（二级指标）			PCT 专利占比（二级指标）		
	得分	排名	数量（件）	得分	排名	数值（%）	得分	排名	数值	得分	排名	数值	得分	排名	数值（%）	得分	排名
中国	10.00	1	46912	10.00	1	4.53	0.75	13	0.96	9.60	2	1.00	2.02	21	0.07	0.02	21
丹麦	8.40	2	8	0.00	21	12.50	2.06	4	1.00	10.00	1	1.33	2.69	14	12.50	4.06	9
挪威	8.24	3	94	0.02	11	3.19	0.53	17	0.34	3.40	16	4.95	10.00	1	13.83	4.49	7
意大利	7.84	4	13	0.00	20	0.00	0.00	21	0.38	3.80	14	1.86	3.76	9	30.77	10.00	1
韩国	7.56	5	426	0.09	4	60.56	10.00	1	0.40	4.00	13	1.10	2.22	20	1.88	0.61	20
日本	7.13	6	196	0.04	5	18.88	3.12	2	0.64	6.40	6	1.28	2.59	15	11.73	3.81	10
比利时	6.88	7	94	0.02	11	6.38	1.05	10	0.47	4.70	10	2.54	5.13	3	13.83	4.49	7
荷兰	6.82	8	146	0.03	6	8.22	1.36	8	0.36	3.60	15	2.12	4.28	7	18.49	6.01	3
美国	6.47	9	1536	0.33	2	9.77	1.61	5	0.77	7.70	5	1.39	2.81	13	6.25	2.03	17
西班牙	6.44	10	45	0.01	15	8.89	1.47	7	0.11	1.10	17	3.00	6.06	2	17.78	5.78	4
德国	6.27	11	472	0.10	3	6.14	1.01	11	0.50	5.00	8	2.35	4.75	4	9.75	3.17	11
印度	6.19	12	41	0.01	16	14.63	2.42	3	0.05	0.50	20	2.28	4.61	6	19.51	6.34	2
法国	6.19	13	114	0.02	8	5.26	0.87	12	0.82	8.20	4	1.23	2.48	18	7.02	2.28	15
瑞士	5.79	14	114	0.02	8	2.63	0.43	19	0.85	8.50	3	1.28	2.59	15	4.39	1.43	19
英国	5.33	15	133	0.03	7	3.76	0.62	15	0.59	5.90	7	1.22	2.46	19	9.02	2.93	13
澳大利亚	5.30	16	35	0.01	17	2.86	0.47	18	0.11	1.10	17	2.33	4.71	5	17.14	5.57	5
以色列	5.25	17	52	0.01	14	1.92	0.32	20	0.50	5.00	8	1.63	3.29	11	9.62	3.13	12
波兰	4.90	18	21	0.00	19	9.52	1.57	6	0.05	0.50	20	2.10	4.24	8	14.29	4.64	6
加拿大	4.80	19	106	0.02	10	3.77	0.62	14	0.42	4.20	12	1.71	3.45	10	7.55	2.45	14
瑞典	4.65	20	29	0.01	18	3.45	0.57	16	0.45	4.50	11	1.53	3.09	12	6.90	2.24	16
巴西	2.75	21	91	0.02	13	7.69	1.27	9	0.09	0.90	19	1.26	2.55	17	4.40	1.43	18
墨西哥	0.90	22	7	0.00	22	0.00	0.00	21	0.00	0.00	22	1.00	2.02	21	0.00	0.00	22

4

主要结论与启示

4.1 科技论文竞争力分析结论

本书对全球和中国的农业总体科研创新发展现状进行了分析，得出以下结论。

第一，22 国农业总体科技论文竞争力方面，中国位居全球第一，美国、英国位列第二和第三。科研生产力方面，中国论文产量排名第一；学术质量方面，中国的 CNCI 和高被引论文量分别位列第十六和第一，尽管 CNCI 指标得分与过去 3 个滚动 5 年相比有所增长，但与排名第一和第二的瑞士、荷兰两国相比差距依然显著，虽然高被引论文量大，但与论文产出总量的相对值较低。同时，中国在 Q1 期刊发文量、CNS 期刊发文量和国际合作发文量这些体现论文产出量的指标中均表现不凡，分列第一、第三和第二。总体来看，中国论文产出的量大与质低形成了明显反差，应在继续保持大量的优质学术论文和国际合作研究的基础上，着重提升学术平均质量。

第二，全球机构科技论文总体竞争力方面，进入论文竞争力 Top100 的机构中，美国有 36 家，数量最多，其中 3 家机构进入 Top20；中国有 17 家，尽管 Top100 入榜数量与美国存在差距，但入围 Top20 的优势机构数量（8 家）超过美国。其中，中国科学院、中国农业科学院、中国农业大学、南京农业大学 4 家机构进入 Top10 机构行列。统计数据说明我国的优秀论文和高产作者主要集中在少数的优势机构中，中国科技论文产出的机构分布态势有待进一步优化。

第三，从全球 16 个农业学科领域的国家科技论文总体竞争力指数分析来看，中国有 12 个学科领域均位居全球第一，学科领域数量与上一个统计周期相比有所增加。中国在农业乳品与动物科学、渔业学、林业学和农业经济政策学4个学科领域分别位居第二、第二、第二和第六。在众多学科领域中，中国的论文生产力表现在科技论文竞争力指数得分中贡献了较大的份额，明显优于质量表现，更进一步说明，中国农业领域论文产出的量大质低现象已渗透至多数学科，各学科领域的论文质量均有待提升，个别学科中论文的量与质需同步强化。

第四，从全球16个农业学科高质量论文数排名来看，中国在农艺学、园艺学、农业工程、分析化学与应用化学4个学科领域排名第一。在环境科学、兽医学、渔业学、林业学、基因与遗传学、生物学、生物技术与应用微生物学、食品科学与技术、农业交叉学科、农业信息技术10个学科领域仅次于美国，排名第二。在农业乳品与动物科学、农业经济政策学2个学科领域分别位列第三和第四。这说明中国在众多学科领域的学术质量方面已具备一定的实力优势，但与中国的学术产出能力相比，依然存在较大的学术质量提升空间。

第五，从全球16个农业学科高产作者数排名来看，中国在农艺学、环境科学、园艺学、兽医学、渔业学、生物学、生物技术与应用微生物学、食品科学与技术、农业工程、分析化学与应用化学、农业交叉学科、农业信息技术12个学科领域占据优势，排名第一。在农业乳品与动物科学、基因与遗传学2个学科领域仅次于美国，排名第二。在林业学、农业经济政策学2个学科领域分别排名第三和第五。可以看出，中国在众多学科中高产作者数量优势明显，但高产作者多集中于少数优势机构中，需要挖掘潜力发挥出各级机构学科研究优势，并进一步加强农业领域各科研院校间的合作研究，提升科研人员的整体学术水平。

第六，在全球16个农业学科国际合作研究方面，中国在12个学科领域中，第一作者和通讯作者国际合作发文量均排名第一。在农业乳品与动物科学、渔业学、农业经济政策学3个学科领域中仅次于美国，排名第二。在农业交叉学科中仅次于美国和英国，排名第三。虽然中国国际合作产出在数量上占有明显优势，但国际合作论文产出占比仅为32.52%，22个国家中排名倒数第二，应针对前沿热点等研究领域有重点有计划地强化国际合作研究，提升国际影响力。

第七，从全球16个农业学科机构科技论文总体竞争力指数分析来看，中国在农业工程（45家）、分析化学与应用化学（44家）、农业信息技术（39家）、基因与遗传学（38家）、生物技术与应用微生物学（34家）5个学科领域上榜（Top50）机构数量最多。从机构类型看，这些上榜机构以综合性大学和科研机构为主。其中，中国科学院和中国农业大学在12个学科中挤进全球机构竞争力Top10行列；中国农业科学院在11个学科中挤进全球机构竞争力Top10行列；南京农业大学在8个学科中挤进全球机构竞争力Top10行列，均是综合实力较突出的机构。

4.2 专利竞争力分析结论

本书对全球22个重要农业国家的农业领域2015—2019年专利公开数据进行了分析，得出以下主要结论。

第一，22国农业整体专利竞争力方面，美国、丹麦和中国位居前三位。美国整体实力最强，在全球农业领域具备强大的专利技术研发实力，在全球农业技术研发中处于重要引领地位。中国发明专利申请量以绝对优势在22国中排名第一，但发明专利授权率排名第八，专利家族规模和PCT专利申请占比方面均排名垫底，这与中国农业专利技术突出的产出能力形成鲜明对比，我国虽然专利基数大，但专利技术价值仍有待提高。

第二，全球机构农业整体专利竞争力方面，进入专利竞争力Top100的机构中，美国有41家，其中7家机构排名进入前十；中国有9家机构入榜，入榜机构数量在22国中位居第四，以较大差距落后于美国。中国科学院、中国农业科学院和江南大学虽然发明专利申请量进入前十排名，但专利家族规模和PCT专利申请占比过低，两项指标排名均非常靠后。从机构类型来看，中国入选的9家机构中有7家为高校和科研机构，仅有2家企业，占比22.22%，美国入选的41家机构中有15家为企业，占比达到36.59%，我国农业企业仍缺乏全球竞争力。

第三，从中国农业领域发明专利申请量来看，中国农业领域发明专利申请量612709件，在22国中位居第一，是第二名美国的4.67倍，并以平均每年7.58%的高增长率位居22国之首。中国域外专利申请占比、专利家族规模和PCT专利申请占比在22国中均排名垫底，专利布局意识和专利保护能力亟待提升。

第四，从全球主要8个农业技术领域的国家竞争力指数分析来看，中国在作物有害生物防控、动物营养与饲料、植物营养与肥料3个技术领域竞争力指数在22国中排名第一，在农业生物技术领域排名第二。中国在主要8个农业技术领域的发明专利申请量均遥遥领先于其他国家，尤其在动物营养与饲料、植物营养与肥料两个领域，发明专利申请量均占到22国在该领域申请总量的80%以上。但中国在这8个技术领域的专利家族规模和PCT专利占比排名均相对靠后，如何提升专利技术保护仍是需要重视的问题。

第五，从全球主要8个农业技术领域的机构竞争力指数分析来看，中国在动物养殖与管理（45家）、作物有害生物防控（49家）、农业机械装备（42家）、动物营养与饲料（75家）和植物营养与肥料（85家）5个技术领域上榜机构数量最多。从机构类型看，植物营养与肥料领域中国上榜企业数量占中国上榜机构总量的56.00%，动物营养与饲料占比34.12%，其他技术领域该占比均在30%以下，高校和科研院所依旧是中国农业领域专利技术研发主力。

4.3 问题与启示

第四次工业革命方兴未艾，创新型国家建设提上日程，使得科技评价在测度科研产出"量"的基础上更加突出了对"质"的评估。经过多年发展，中国农业科技研究取得长足进步，"量"和"高质"均得到显著提高，已经成为农业科技论文大国，但仍然存在不足，需进一步加强农业科技研究。

（1）中国农业科技论文数量大，但质量有待提高

以科技论文为代表的中国基础研究已经连续4个统计周期在产出数量上成为全球第一。体现学术质量优质情况的高被引论文量（中国1857篇，占高质量论文量的17.57%）也于2015—2019年超越美国成为全球第一。中国Q1期刊发文量（71989篇，占Q1期刊发文量的23.76%）全球排名第一，CNS期刊发文量（194篇，占CNS期刊发文量的9.60%）全球第三，同时中国国际合作发文量（44236篇，占国际合作发文量的15.25%）全球第二。

但是，中国科技论文CNCI值排名（第十六名）依然靠后，零被引和低被引论文仍大量存在。中国优质科技论文量相对于国家发文总量的比重均较低。中国高被引论文量占中国发文量的1.36%，全球排名第十七位；中国Q1期刊发文量占中国发文量的52.92%，全球排名第十六位；中国CNS期刊发文量占中国发文量的0.14%，全球排名第二十位。

进一步聚焦"四个面向"，加强高水平科研产出，提高创新效率，提升高质量论文占比，以提升科学研究质量为核心要务。

（2）中国已成为全球最大农业专利产出贡献国，但技术保护能力依旧较差

中国农业发明专利申请量全球第一，占22个主要农业国家农业发明专利申请总量的62%以上，但中国农业领域97.04%的专利申请布局限于本国范围，未主动"走出去"布局保护并参与国际竞争。与此同时，农业发达国家已经开展了布局中国市场的战略规划，如美国在中国专利布局量达到美国全球布局量的52.7%，日本这一比值也达到了51.57%。

中国农业专利技术申请多为单件专利，专利家族规模仅为1.03，在22国中排名末位。专利家族的规模在一定程度上可以显示出某一项发明的重要程度，同时专利家族的

区域分布情况也直接反映出专利权人的市场发展计划和市场竞争战略。单件专利在知识产权保护上效应有限，我国农业技术创新成果及其应用产品在本土之外无法构建充分且有效的专利保护屏障。

“十四五”期间，我国农业应强化需求导向、问题导向和目标导向的基础研究和技术研发。进一步加强国立研究机构和高校的科研成果供给，促进科企融合，引导并培育企业成为技术创新主体，优化科技创新统筹部署，发挥市场配置资源的决定性作用，持续提升科技创新的供给能力和效率。

附录 1　学科领域映射对照表

16 个学科	映射到《中华人民共和国学科分类与代码国家标准》的学科名称	《中华人民共和国学科分类与代码国家标准》中的学科、专业目录
农艺学	农艺学（21030）	研究作物形态学，作物生理学，作物遗传学，作物生态学，种子学，作物育种学（包括航天育种学），良种繁育学，作物栽培学，作物耕作学，作物种质资源学，农艺学其他学科
环境科学	土壤学（21050） 环境学（61020）	研究土壤物理学，土壤化学，土壤地理学，土壤生物学，土壤生态学，土壤耕作学，土壤改良学，土壤肥料学，土壤分类学，土壤环境学（归入 61020），土壤调查与评价，土壤修复，土壤学其他学科 研究大气环境学，水体环境学（包括海洋环境学），土壤环境学，区域环境学，城市环境学，环境学其他学科
园艺学	园艺学（21040）	研究果树学，瓜果学，蔬菜学，茶学（包括茶加工等），观赏园艺学，园艺学其他学科
兽医学	兽医学（23030）	研究预防兽医学，兽医病原学，兽医流行学，家畜解剖学与组织学（原名为家畜解剖学），家畜生理学，家畜组织胚胎学，动物分子病原学，兽医免疫学，家畜病理学（亦称兽医病理学），兽医药理学与毒理学（原名为兽医药理学），兽医临床学，兽医卫生检疫学，家畜寄生虫学，家畜传染病学，家畜病毒学，中兽医学，兽医器械学，兽医学其他学科
农业乳品与动物科学	动物学（18057）	动物生物物理学，动物生物化学，动物形态学，动物解剖学，动物组织学，动物细胞学，动物生理学，动物生殖生物学（包括动物繁殖学），动物生长发育学（包括动物胚胎学），动物遗传学，动物生态学，动物病理学，动物行为学（含动物驯化学），动物地理学（含昆虫生物地理学），动物分类学，实验动物学，动物寄生虫学，动物病毒学，动物学其他学科
渔业学	水产学（240）	水产学基础学科，水产增殖学，水产养殖学，水产饲料学，水产保护学，捕捞学，水产品贮藏与加工，水产工程学，水产资源学，水产经济学，水产学其他学科
林业学	林学（220）	森林气象学，森林地理学，森林水文学，森林土壤学，树木生理学，森林生态学，森林植物学，林业基础学科其他学科
基因与遗传学	遗传学（18031）	研究数量遗传学，生化遗传学，细胞遗传学，体细胞遗传学，发育遗传学（亦称发生遗传学），分子遗传学，辐射遗传学，进化遗传学，生态遗传学，免疫遗传学，毒理遗传学，行为遗传学，群体遗传学，表观遗传学，遗传学其他学科

（续表）

16 个学科	映射到《中华人民共和国学科分类与代码国家标准》的学科名称	《中华人民共和国学科分类与代码国家标准》中的学科、专业目录
生物学	畜牧学（23020） 生物学（180）	农业动物资源学，家畜遗传育种学（原名为家畜育种学），家畜繁殖学，动物营养学，饲料学，家畜饲养管理学，特种经济动物饲养学，家畜行为学，家畜卫生学，草原学（包括牧草学、牧草育种学、牧草栽培学、草地生态学、草地保护学等），畜产品贮藏与加工，畜牧机械化，养禽学，养蜂学，养蚕学，畜牧经济学，畜牧学其他学科 生物数学（包括生物统计学等），生物物理学，生物化学，细胞生物学，生理学，发育生物学，遗传学，放射生物学，分子生物学，生物进化论，生态学，神经生物学，植物学，昆虫学，动物学，微生物学，病毒学，生物工程（亦称生物技术），生物学其他学科
生物技术与应用微生物学	植物保护学（21060） 生物工程（41640） 微生物学（18061）	植物检疫学，植物免疫学，植物病理学，植物药理学，农业昆虫学，植物病毒学，植物真菌学，植物细菌学，植物线虫学，农药学，有害生物监测预警（原名为植物病虫害测报学），抗病虫害育种，有害生物化学防治，有害生物生物防治，有害生物综合防治，有害生物生态调控，农业转基因生物安全学，杂草防除（原名为杂草防治），鸟兽、鼠害防治，植物保护学其他学科 研究基因工程（亦称遗传工程），细胞工程，蛋白质工程，代谢工程，酶工程，发酵工程（亦称微生物工程），生物传感技术，纳米生物分析技术，生物工程其他学科 研究微生物生物化学，微生物生理学，微生物遗传学，微生物生态学，微生物免疫学，微生物分类学，真菌学，细菌学，应用与环境微生物学（具体应用纳入有关学科，原名为应用微生物学），微生物学其他学科
食品科学与技术	农产品贮藏与加工（21045） 食品科学技术（550）	农产品贮藏与加工，粮油产品贮藏与加工，果蔬贮藏与加工，畜产品贮藏与加工，土特产品贮藏与加工，农副产品综合利用，农产品贮藏与加工其他学科 食品科学技术基础学科，食品加工技术，食品包装与储藏，食品机械，食品加工的副产品加工与利用，食品科学技术其他学科
农业工程	农业工程（41650） 材料科学（430）	研究农业机械学（包括农业机械制造等），农业机械化，农业电气化与自动化，农田水利（包括灌溉工程、排水工程等），水土保持学（包括土壤侵蚀学、水土保持监测、水土保持生态学、水土保持工程、荒漠化防治等），农田测量，农业环保工程，农业区划（含农业土地利用学），农业系统工程，农业工程其他学科 材料科学基础学科，材料表面与界面（包括表面优化技术），材料失效与保护（包括材料腐蚀、磨损、老化、断裂及其控制等），材料检测与分析技术，材料实验，材料合成与加工工艺，金属材料，无机非金属材料，有机高分子材料，复合材料，材料科学其他学科

（续表）

16 个学科	映射到《中华人民共和国学科分类与代码国家标准》的学科名称	《中华人民共和国学科分类与代码国家标准》中的学科、专业目录
分析化学与应用化学	分析化学（15025） 应用化学（15055）	研究化学分析（包括定性分析、定量分析等），电化学分析，光谱分析，波谱分析，质谱分析，热化学分析（原名为热谱分析），色谱分析，光度分析，放射分析，状态分析与物相分析，分析化学计量学，分析化学其他学科 应用化学
农业交叉学科	农学其他学科（21099） 畜牧、兽医科学其他学科（23099）	研究动物生物物理学，动物生物化学，动物形态学，动物解剖学，动物组织学，动物细胞学，动物生理学，动物生殖生物学（包括动物繁殖学），动物生长发育学（包括动物胚胎学），动物遗传学，动物生态学，动物病理学，动物行为学（含动物驯化学），动物地理学（含昆虫生物地理学），动物分类学，实验动物学，动物寄生虫学，动物病毒学，动物学其他学科 畜牧、兽医科学其他学科
农业经济政策学	农业经济学（79059）	研究农业生态经济学，农业生产经济学，土地经济学（包括国土经济学、农业资源经济学等），农业经济史，农业企业经营管理，合作经济，世界农业经济，农业区划，林业经济学，畜牧经济学，水产经济学，种植业经济学，农业经济学其他学科
农业信息技术	摄影测量与遥感技术（42020） 信息与系统科学相关工程与技术（413）	研究地物波谱学，近景摄影测量，航空摄影测量，遥感信息工程，摄影测量与遥感技术其他学科 控制科学与技术，仿真科学技术，信息安全技术，信息技术系统性应用，信息与系统科学相关工程与技术其他学科

附录2 技术领域内容描述

专利技术领域分类	领域界定
动物疫病防控	兽药和疫苗相关技术，涉及的IPC主要包括A61K和A61P
农业生物技术	转基因技术、基因组学、遗传及突变工程相关技术，涉及的IPC主要包括C12N、C12R和C07K
作物种质资源与育种	作物新品种培育相关技术，涉及的IPC主要包括A01H和C12Q
动物养殖与管理	包括禽类、鱼类、牲畜的管理，动物育种，动物饲养，以及动物捕捉等相关技术，涉及的IPC主要包括A01K和A01M
作物有害生物防控	包括农药、杀虫剂、害虫驱避和引诱剂等相关技术，涉及的IPC主要包括A01N和A01P
农业机械装备	农业整地、种植、播种、施肥、收获、除草类农业机械，涉及的IPC主要包括A01B、A01C和A01D
动物营养与饲料	动物饲料相关技术，涉及的IPC主要是A23K
植物营养与肥料	植物肥料相关技术，涉及的IPC主要是C05G